AutoCAD 辅助绘图

入门 提高 与实战演练

2015 中文版

九天科技 编著 ◎

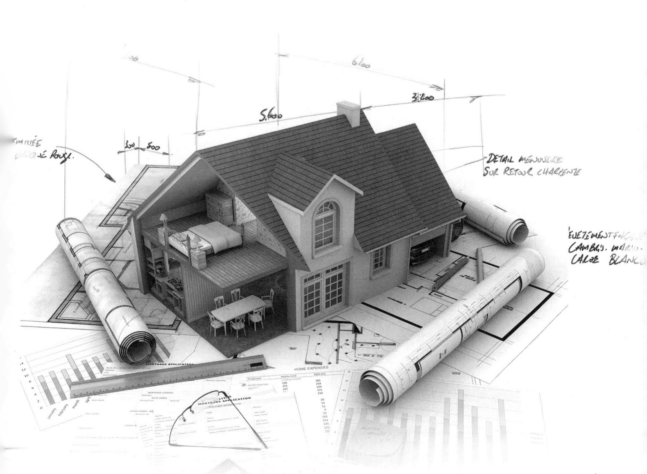

中国铁道出版社

CHINA RAILWAY PUBLISHING HOUSE

内 容 简 介

本书以 AutoCAD 2015 简体中文版为平台，结合软件功能和应用特点，循序渐进地介绍了使用 AutoCAD 2015 进行辅助绘图的各种知识。全书共分为 18 章，内容包括 AutoCAD 2015 轻松入门，图形文件管理与视图操作，图形辅助功能的使用，二维图形的绘制，二维图形的编辑，图层的设置与管理，块、外部参照及设计中心的应用，文字与表格的应用，图形的尺寸标注，三维绘图环境的设置，三维图形的绘制，三维图形的编辑与修改，三维图形的渲染，图形文件的输出与打印，天正建筑基础设施的绘制，天正建筑立面图/剖面图的绘制，天正建筑尺寸标注的绘制，以及 AutoCAD 辅助绘图综合演练。

本书适合无任何基础又想快速掌握 AutoCAD 2015 辅助绘图技术的初学者，也可供广大电脑爱好者及各行各业人员作为 AutoCAD 自学手册使用，同时还可作为大、中专院校或初、中级电脑培训班的培训教材。

图书在版编目（CIP）数据

AutoCAD 辅助绘图入门、提高与实战演练：2015 中文版 / 九天科技编著. — 北京：中国铁道出版社，2015.2
ISBN 978-7-113-18669-2

Ⅰ. ①A… Ⅱ. ①九… Ⅲ. ①AutoCAD 软件 Ⅳ. ①TP391.72

中国版本图书馆 CIP 数据核字（2014）第 237173 号

书　　名：AutoCAD 辅助绘图入门、提高与实战演练（2015 中文版）
作　　者：九天科技　编著

策　　划：武文斌　　　　　　　　　　读者热线电话：010-63560056
责任编辑：张　丹　　　　　　　　　　特邀编辑：王惠凤
责任印制：赵星辰　　　　　　　　　　封面设计：多宝格

出版发行：中国铁道出版社（北京市西城区右安门西街 8 号　　邮政编码：100054）
印　　刷：北京市昌平开拓印刷厂
版　　次：2015 年 2 月第 1 版　　　　2015 年 2 月第 1 次印刷
开　　本：787mm×1092mm　1/16　　印张：24　　字数：563 千
书　　号：ISBN 978-7-113-18669-2
定　　价：55.00 元（附赠光盘）

前　言　ForeWord

➡ 本书内容导读

AutoCAD 是一款重量级的计算机辅助设计软件，它功能强大、性能稳定、兼容性好、扩展性强、使用方便，具有优秀的二维绘图、三维建模、参数化图形设计和二次开发等功能，在机械、电子电气、汽车、航天航空、造船、石油化工、玩具、服装、模具、广告、建筑和装潢等行业应用十分广泛。

本书是以目前最新的 AutoCAD 2015 简体中文版为平台，充分考虑到初学者的学习规律，并以 AutoCAD 2015 应用特点为知识主线，以应用实战为导向，同时结合作者多年设计经验为读者量身打造的学习手册。全书共分为 18 章，内容包括 AutoCAD 2015 轻松入门，图形文件管理与视图操作，图形辅助功能的使用，二维图形的绘制，二维图形的编辑，图层的设置与管理，块、外部参照及设计中心的应用，文字与表格的应用，图形的尺寸标注，三维绘图环境的设置，三维图形的绘制，三维图形的编辑与修改，三维图形的渲染，图形文件的输出与打印，天正建筑基础设施的绘制，天正建筑立面图/剖面图的绘制，天正建筑尺寸标注的绘制，以及 AutoCAD 辅助绘图综合演练。

➡ 本书主要特色

每一位 AutoCAD 初学者都想通过行之有效的学习方法、简洁易懂的讲解方式尽可能多地掌握 AutoCAD 辅助绘图知识和技巧，本书将会成为您上佳的选择。本书由 Autodesk 软件工程师以初学者的学习需求为切入点，结合丰富的软件应用与辅助设计实战经验，采用理论与实践相结合，经验与技巧并举的手法，精心策划编写而成，主要具有以下特色。

■ **以新手入门为切入点：** 从知识讲解、应用技巧、实例演示等多个阶段帮助初学者全方位掌握 AutoCAD 辅助绘图实战技能，即使是零基础的新手也能一学即会。

■ **丰富全面的知识讲解：** 知识讲解涵盖 AutoCAD 应用的方方面面，软件基础知识，绘制二维和三维图形，填充和标注图形，块和外部参照，绘制和编辑三维模型，天正建筑软件使用等，同时还有 AutoCAD 在室内设计、建筑设计、机械产品设计等行业的综合案例制作等。

■ **全新的图解视频模式：** 采用"全程图解教学+多媒体视频讲解"的模式，并以图解标注突出讲解关键性操作步骤，使初学者轻松完成难易程度不同的 AutoCAD 操作技能，即学即用。

■ **别具匠心的栏目设计**：开设"本章学习计划与目标"、"新手上路重点索引"、"本章重点实例展示"、"高手指点"、"新手练兵场"、"高手秘笈"和"秒杀疑惑"等栏目，不仅方便读者阅读学习，而且特别注重读者实际技能的掌握和实践。

➡ 本书光盘说明

本书超值赠送配套交互式、680 分钟超长播放的多媒体视听教学光盘，既是与图书完美结合的视听课堂，又是一套具备完整教学功能的学习软件，直观、便利、实用。

光盘中提供了全书实例涉及的所有素材和效果文件，以及 600 个 CAD 设计模块、222 个 CAD 图集与 183 个效果图和 100 个建筑设计案例图，方便读者上机练习实践，达到即学即用、举一反三的学习效果。

此外，光盘中超值赠送本社出版的《非常实用！Photoshop CC 图像处理从新手到高手（全彩图解视频版）》和《非常实用！网页设计与制作从新手到高手（全彩图解视频版）》的光盘资料，超大容量，物超所值。

➡ 本书适用读者

本书适合无任何基础又想快速掌握 AutoCAD 2015 辅助绘图技术的初学者，也可供广大电脑爱好者及各行各业人员作为 AutoCAD 自学手册使用，同时还可作为大、中专院校或初、中级电脑培训班的培训教材。

➡ 本书售后服务

如果读者在使用本书的过程中遇到问题或者有任何意见或建议，可以通过发送电子邮件（E-mail：jtbook@yahoo.cn）或者通过 **QQ**：843688388 联系我们，我们将及时予以回复，并尽最大努力提供学习上的指导与帮助。

希望本书能对广大读者朋友提高学习和工作效率有所帮助，由于编者水平有限，书中可能存在不足之处，欢迎读者朋友提出宝贵意见，我们将加以改进，在此深表谢意！

编　者

2014 年 11 月

目　录　Contents

第 04 章　二维图形的绘制

第 05 章　二维图形的编辑

第 06 章 图层的设置与管理

第 07 章 块、外部参照及设计中心的应用

第 08 章 文字与表格的应用

第 09 章 图形的尺寸标注

第 10 章　三维绘图环境的设置

第 11 章　三维图形的绘制

第 12 章　三维图形的编辑与修改

第 13 章　三维图形的渲染

第 14 章　图形文件的输出与打印

第 15 章　天正建筑基础设施的绘制

第 16 章　天正建筑立面图/剖面图的绘制

第 **17** 章　天正建筑尺寸标注的绘制

第 **18** 章　AutoCAD 辅助绘图综合演练

本章学习计划与目标

　　AutoCAD 是由 Autodesk 公司开发的绘图程序软件包，经过不断地完善，现已成为国际上流行的绘图工具。本章将对 AutoCAD 2015 的入门知识进行详细介绍。

AutoCAD 2015 轻松入门

 新手上路重点索引

 本章重点实例展示

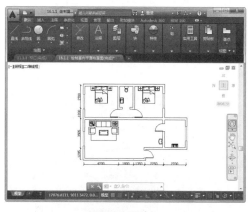

图形选项卡

绘图单位的设置

绘图比例的设置

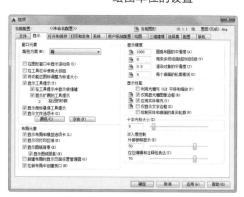

基本参数的设置

1.1　AutoCAD 2015 概述

同传统的手工绘图相比，使用 AutoCAD 绘图速度更快、精度更高。AutoCAD 具有良好的用户界面，通过交互菜单或命令行方式便可以进行各种操作。它的多文档设计环境，让非计算机专业的人员也能很快地学会使用，在不断实践的过程中更好地掌握它的各种应用和开发技巧，从而不断提高工作效率。

AutoCAD 具有广泛的适应性，它可以在各种操作系统支持的微型计算机和工作站上运行。目前，AutoCAD 已经在航空航天、造船、建筑、机械、电子、化工、美工和轻纺等领域得到了广泛应用。

下面对 AutoCAD 2015 中的一些重要的新功能与改进之处进行简要介绍。

1.1.1　AutoCAD 的基本功能

要学习好 AutoCAD 软件，首先要了解该软件的基本功能，例如图形的创建与编辑、图形的标注、图形的显示及图形的打印功能等。下面介绍几项 AutoCAD 基本功能。

Work 1　图形的创建与编辑

在 AutoCAD 中，用户可以使用"直线"、"圆"、"矩形"、"多段线"等基本命令创建二维图形。在图形创建过程中，也可以使用"偏移"、"复制"、"镜像"、"阵列"、"修剪"等编辑命令对图形进行编辑或修改，如下图（左）所示。

通过拉伸、设置标高和厚度等操作，可将二维图形转换为三维图形，还可运用视图命令对三维图形进行旋转查看。此外，还可赋予三维实体光源和材质，通过渲染处理可得到一张具有真实感的图像，如下图（右）所示。

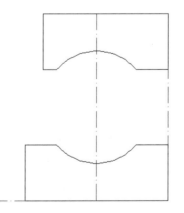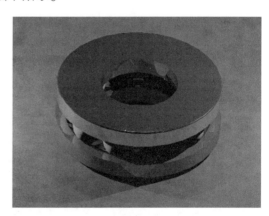

Work 2　图形的标注

图形的标注是制图过程中的一个重要环节。AutoCAD 软件提供了文字标注、尺寸标注及表格标注等功能，如下图所示。

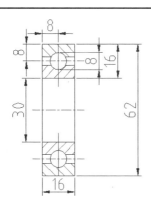
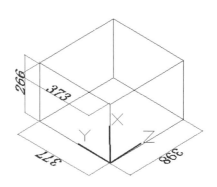

AutoCAD 的标注功能不仅提供了线性、半径和角度三种基本标注类型，还提供了引线标注、公差标注等。标注对象可以是二维图形，也可以是三维图形。

Work 3 图形的输出与打印

AutoCAD 不仅能将绘制的图形以不同样式通过绘图仪或打印机输出，还能将不同格式的图形导入 AutoCAD 软件，或将 CAD 图形以其他格式输出。

Work 4 图形显示控制

在 AutoCAD 中，用户可以多种方式放大或缩小图形。对于三维图形来说，利用"缩放"功能可改变当前视口中的图形视觉尺寸，以便清晰地查看图形的全部或某一部分细节。在三维视图中，用户可将绘图窗口划分成多个视口模式，并从各个视口中查看该三维实体，如下图所示。

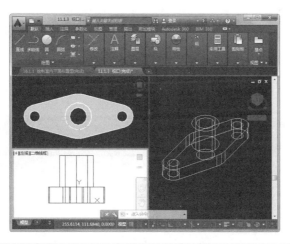

1.1.2 AutoCAD 2015 的新功能

作为 AutoCAD 中的最新版本，AutoCAD 2015 在继承了早期版本中的优点外，还增加了几项新功能。

Work 1
新选项卡

老版本的欢迎界面在 AutoCAD 2015 中变成了新的选项卡。当启动 AutoCAD 2015 时，默认情况下它会打开新选项卡，显示最近打开的文档等信息，如右图所示。

Work 2
图形选项卡

在 AutoCAD 2015 操作界面中增添了一项图形选项卡。使用该选项卡可以在打开的图形之间相互切换。默认情况下，该选项卡位于功能区的下方、绘图窗口的上方，如右图所示。

选项卡若显示锁定图标，则表明该图形文件是以只读的方式打开的；若显示冒号，则表明自上一次保存后此文件被修改过。当光标移动到文件标签上时，可预览该图形的模型和布局。当光标移至所需预览的图上时，相对应的模型或布局会临时显示在绘图窗口中，如下图（左）所示。

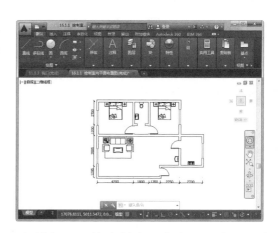

在该选项卡中，单击文件名称右侧的"+"按钮，可快速创建一个空白文件；而单击 x 按钮，可关闭该图形文件。在该选项卡空白处右击，在弹出的快捷菜单中同样可对图形进行新建、打开、保存等操作，如下图（右）所示。

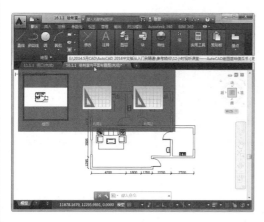

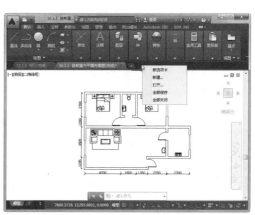

Work 3 命令行

　　AutoCAD 2015 命令行增加了功能搜索选项。例如，在使用"图案填充"命令时，命令行会自动罗列出填充图案，以供用户选择。其方法为：在命令行中输入 H 命令，系统将自动打开与之相关的命令选项。单击"图案填充"后的叠加按钮，打开填充图案列表，选择满意的图案，单击即可进行图案填充操作，如下图所示。

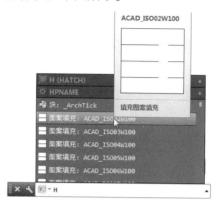

Work 4 Autodesk 360

　　在 AutoCAD 2015 中，使用 Autodesk 360 功能可以将绘制的图纸上传和共享到相关网页上，以便与其他用户交流。用户只需选择 Autodesk 360 选项卡，在"联机文件"、"AutoCAD 联机"及"设置同步"这三个选项区中根据需要单击相关命令，即可进行操作，如右图所示。

Work 5 图层合并

　　在 AutoCAD 2015 中，用户可以使用"图层合并"功能对图纸中需要合并的图层进行合并操作，其方法为：选择"图层特性"命令，打开"图层特性管理器"，选择要合并的图层选项并右击，选择"将选定图层合并到"命令，如下图（左）所示。在弹出的"合并到图层"对话框中选择目标图层选项，单击"确定"按钮，即可完成合并操作，如下图（右）所示。

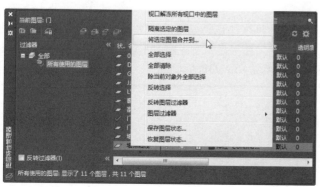

1.1.3 AutoCAD 2015 的系统需求

在安装 AutoCAD 2015 之前，首先需确认用户的电脑是否满足 AutoCAD 2015 的最低系统需求，否则在使用 AutoCAD 2015 时有可能出现程序无法流畅运行、在运行过程中出错等问题。

运行于 32 位操作系统的 AutoCAD 2015 系统需求如下：

操作系统	以下操作系统： Microsoft Windows 7 Enterprise Microsoft Windows 7 Ultimate Microsoft Windows 7 Professional Microsoft Windows 7 Home Premium Microsoft Windows 8 Microsoft Windows 8 Pro Microsoft Windows 8 Enterprise
浏览器	Internet Explorer ® 7.0 或更高版本
处理器	Windows 7 和 Windows 8 操作系统： Intel Pentium 4 或 AMD Athlon 双核，3.0 GHz 或更高，采用 SSE2 技术
内存	2 GB RAM（建议使用 4 GB）
显示器分辨率	1024×768（建议使用 1600×1050 或更高）真彩色
硬盘	安装 6.0 GB
定点设备	MS-Mouse 兼容
.NET Framework	.NET Framework 版本 4.0，更新 1
三维建模其他需求	Intel Pentium 4 处理器或 AMD Athlon，3.0 GHz 或更高，或者 Intel 或 AMD 双核处理器，2.0 GHz 或更高 4 GB RAM 6 GB 可用硬盘空间（不包括安装需要的空间） 1280×1024 真彩色视频显示适配器 128 MB 或更高，Pixel Shader 3.0 或更高版本，支持 Direct3D®功能的工作站级图形卡

1.1.4 AutoCAD 2015 的安装

若用户的电脑符合系统需求，即可对其进行安装。下面将详细介绍 AutoCAD 2015 的安装过程，具体操作方法如下：

STEP 01 解压安装包

在文件夹中双击安装文件，弹出对话框，选择保存路径，单击"确定"按钮。

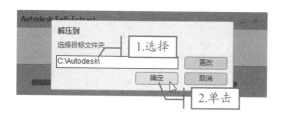

STEP 02 初始化安装包

打开解压的文件夹，双击 Setup.exe 安装文件，打开系统安装初始化界面。

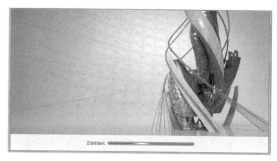

STEP 03 选择"安装"选项

初始化完成后，出现三个选项可供选择。在此，直接选择"安装"选项。

STEP 04 接受许可协议

在打开的"许可协议"窗口中选中"我接受"单选按钮，单击"下一步"按钮。

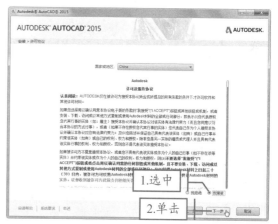

STEP 05 输入产品信息

在打开的"产品信息"窗口中输入产品的序列号及产品密钥信息，单击"下一步"按钮。

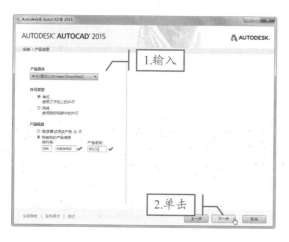

STEP 06 配置安装

在打开的"配置安装"窗口中根据需要选择相应的插件选项，设置安装路径，单击"安装"按钮。

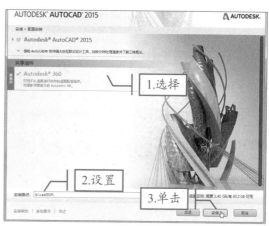

STEP 07 开始安装

开始进行安装，并显示安装的进度。

STEP 08 安装完成

安装完成后单击"完成"按钮，即可完成安装操作。

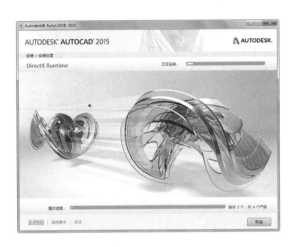

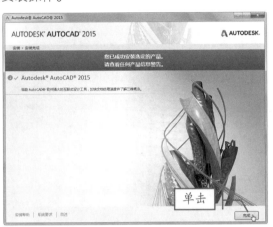

单击

1.2 AutoCAD 2015 工作界面

AutoCAD 2015 工作界面与 AutoCAD 2014 的工作界面大致相似，但 AutoCAD 2015 界面中增添了"新选项卡"功能，在该选项卡中可进行打开最近文档等操作。

Work 1 ## 应用程序菜单

通过应用程序菜单可进行快速的文件管理、图形发布及选项设置。单击界面左上角的软件图标按钮，在展开的列表中可对图形进行新建、打开、保存、输出、发布、打印及关闭等操作。若选择带有符号的命令选项，则说明该命令带有级联菜单。当命令以灰色显示时，则表示命令不可用，如下图所示。

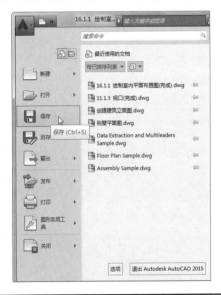

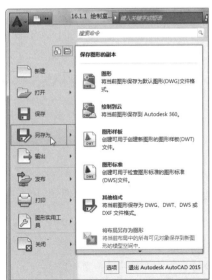

Work 2 快速访问工具栏

快速访问工具栏用于显示常用的工具，如"新建"、"打开"、"保存"、"放弃"和"打印"工具等。单击"工作空间"下拉按钮，可在展开的列表中选择自己所需要的绘图环境选项，如下图所示。

Work 3 标题栏

标题栏位于工作界面的最顶端。标题栏左侧依次显示的是"应用程序菜单"、"快速访问工具栏"选项；标题栏中间则显示当前运用程序的名称及文件名等信息；右侧依次显示的是"搜索"、"登录"、"交换"、"保持连接"、"帮助"及窗口控制按钮，如下图所示。

Work 4 功能区

AutoCAD 2015 功能区集中了 AutoCAD 软件的所有绘图命令，其中包括"默认"、"插入"、"注释"、"参数化"、"视图"、"管理"、"输出"、"附加模块"、Autodesk 360 及 BIM 360 选项卡。选择任意选项卡，就会在其下方显示该命令中所包含的选项区，在选项区中选择所需执行的命令即可，如下图所示。

Work 5 绘图区

绘图区即用户绘制图形的工作区域。用户可以在该区域中进行绘图及编辑图形等操作，所有的绘图结果都将反映在这个窗口中。还可以根据需要关闭功能区，以增大绘图空间，如右图所示。

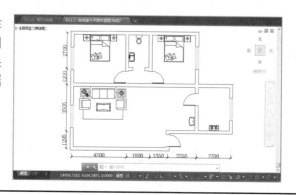

Work 6 命令行

命令窗口即显示命令、系统变量、选项、信息和提示的窗口，可以使用键盘在窗口中输入命令，通过系统变量控制某些命令的工作方式。也可以输入命令缩写快速访问某工具，通过命令行提示进行操作，避免了使用或切换对话框的麻烦，如右图所示。

Work 7 状态栏

状态栏用于显示光标的坐标值、绘图工具、导航工具，以及用于快速查看和注释缩放的工具。用户可以依据图标或文字的形式查看图形工具按钮，如下图所示。

1.3 AutoCAD 2015 绘图环境的设置

用户可在绘图前按自己的操作习惯进行绘图环境设置，以便提高绘图效率。下面将介绍一些常用绘图环境的设置。

1.3.1 工作空间的切换

工作空间是用户在绘制图形时使用的各种工具和功能面板的集合。AutoCAD 2015 提供了三种工作空间，分别为"草图与注释""三维基础"及"三维建模"，其中"草图与注释"为默认工作空间。

Work 1 草图与注释

主要用于绘制二维草图，是最常用的空间。在该工作空间中提供了常用的绘图工具、图层、图形修改等各种功能面板，如下图所示。

Work 2 三维基础

只限于三维模型，可运用所提供的建筑、编辑、渲染等命令创建三维模型，如下图所示。

Work 3 三维建模

与"三维基础"相似，但其功能中增添了"网格"和"曲面"建模。在该工作空间中，也可运用二维命令来创建三维模型，如下图所示。

1.3.2 绘图单位的设置

在绘图前进行绘图单位的设置是很有必要的。对于任何图形来说，都有其大小、精度及所采用的单位。但因各个行业的绘图要求不同，所以单位、大小等也会随之改变。

STEP 01 选择"单位"命令

在 AutoCAD 2015 窗口中选择"格式"|"单位"命令。

STEP 02 设置图形单位

弹出"图形单位"对话框，根据需要设置图形单位选项，单击"确定"按钮。

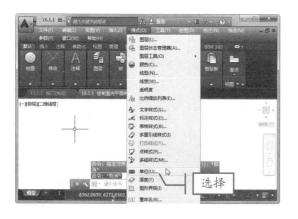

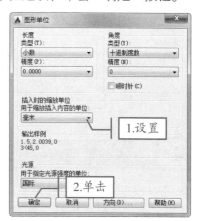

1.3.3 绘图比例的设置

绘图比例的设置与所绘制图形的精确度有很大关系。比例设置得越大，绘图的精度越高。各行业的绘图比例是不相同的，所以在绘图前需要调整好绘图比例值，具体操作方法如下：

STEP 01 选择"比例缩放列表"命令

在 AutoCAD 2015 窗口中选择"格式"|"比例缩放列表"命令。

STEP 02 单击"添加"按钮

弹出"编辑图形比例"对话框，单击"添加"按钮。

STEP 03 输入单位数值

弹出"添加比例"对话框，输入单位数值，单击"确定"按钮。

STEP 04 选择比例

返回"编辑图形比例"对话框，选中添加的比例值，单击"确定"按钮。

1.3.4 基本参数的设置

用户可以根据自己的绘图习惯，在绘图前对一些基本参数进行设置，从而提高绘图效率。单击"应用程序"按钮，在弹出的列表中单击"选项"按钮，在弹出的"选项"对话框中进行所需的参数设置，单击"确定"按钮，如下图所示。

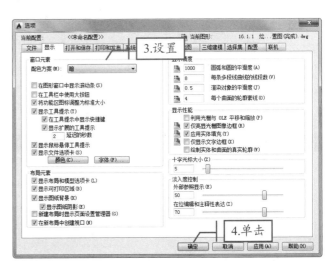

自定义绘图环境

下面将以设置命令行字体、绘图背景颜色及十字光标大小为例，介绍如何对绘图环境进行自定义设置，具体操作方法如下：

STEP 01 执行 OP 命令

在命令窗口输入 OP 命令，按【Enter】键确认操作。

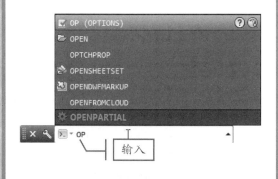

STEP 02 选择字体

弹出"选项"对话框，在"显示"选项卡中单击"窗口元素"选项区中的"字体"按钮。

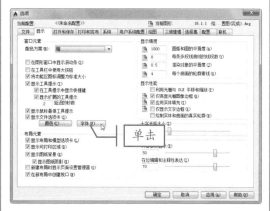

STEP 03 设置字体

弹出"命令行窗口字体"对话框，设置字体样式，单击"应用并关闭"按钮。

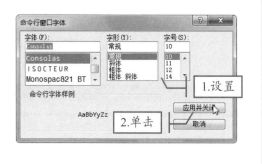

STEP 04 单击"颜色"按钮

返回"选项"对话框，在"显示"选项卡中单击"窗口元素"选项区中的"颜色"按钮。

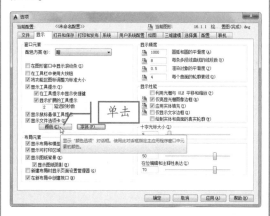

STEP 05 设置颜色

弹出"图形窗口颜色"对话框，在"颜色"下拉列表框中选择合适的颜色，单击"应用并关闭"按钮。

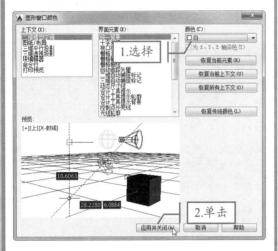

STEP 06 设置十字光标大小

返回"选项"对话框，在"显示"选项卡中将"十字光标大小"调节滑块拖动到合适位置。

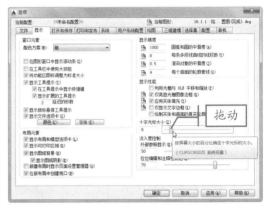

STEP 07 设置靶框大小

选择"绘图"选项卡，将"靶框大小"调节滑块拖动到合适位置，单击"确定"按钮。

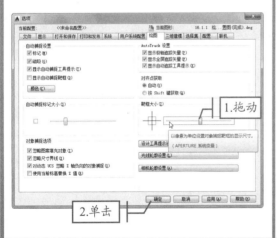

STEP 08 查看设置效果

此时，即可查看自定义绘图环境之后的窗口效果。

高手秘籍——使用 Autodesk 360 共享文档

步骤 01 登录 Autodesk 360

在标题栏中单击"登录"下拉按钮，选择"登录到 Autodesk 360"选项，打开登录界面进行登录。

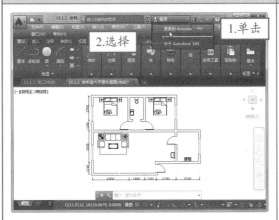

步骤 02 单击"共享文档"按钮

选择 Autodesk 360 选项卡，单击"联机文件"面板上的"共享文档"按钮。

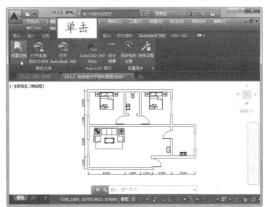

步骤 03 添加共享联系人

弹出 Autodesk 360 对话框，添加联系人，单击"保存并邀请"按钮。

步骤 04 发送邀请

弹出 Autodesk 360 对话框，单击"确定"按钮。

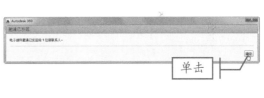

步骤 05 查看共享

协作者将收到用户的邀请邮件。若协作者要在线查看或下载该图形文件，可单击"查看室内平面布置图.dwg"超链接。

步骤 06 查看文件

在 IE 中将启动 AutoCAD 编辑程序 AutoCAD WS。协作者无须在电脑中安装 AutoCAD 程序，即可在线查看和编辑文件。

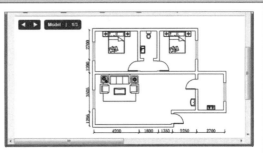

秒杀疑惑

1 是否在每次绘图之前都要进行图形界限的设置？

在使用 AutoCAD 2015 绘图前，可根据需要决定是否设置图形界限，以及是否设置图形界限的区域大小。系统默认未开启图形界限功能，可在绘图区域中的任意位置进行绘制操作。

2 工作空间为何无法删除？

在操作过程中，有时会遇见工作空间无法删除的情况，这很有可能是该空间为当前使用空间。只需将当前空间切换至其他空间，再进行删除操作即可。

3 在绘图过程中 AutoCAD 提示错误中断，然后程序关闭了怎么办？

发生此类问题后，再次打开 AutoCAD，一般会出现图形修复窗口，可以恢复未保存的文件。

本章学习计划与目标

　　了解了 AutoCAD 2015 软件后，本章将学习 AutoCAD 坐标系与坐标，学习图形文件管理与视图操作。这些操作是学习 AutoCAD 绘图最基本的操作。熟练掌握这些操作对以后的绘图会有很大帮助。

Chapter
02

图形文件管理与视图操作

新手上路重点索引

本章重点实例展示

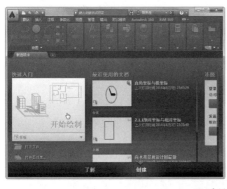

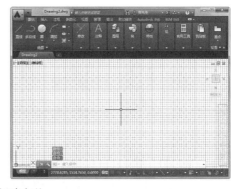

通过单击新建文件

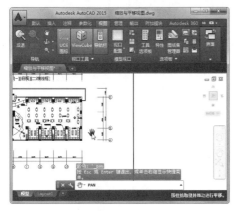

平移视图

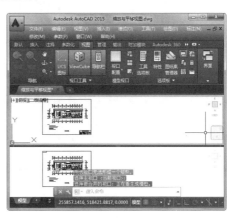

合并视口

2.1 坐标系与坐标

　　AutoCAD 2015 包括世界坐标系和用户坐标系两种。默认情况下，使用世界坐标系进行图形绘制。在世界坐标系中，可分为绝对坐标和相对坐标两种方式，又可分为直角坐标和极坐标两种不同的类型，下面将分别对其进行介绍。

2.1.1 绝对坐标与相对坐标

　　绝对坐标是 AutoCAD 中固定的坐标，每个点都有一组唯一的绝对坐标。相对坐标是某一点相对于另外一点的坐标，即以某个参考点为坐标原点，该点的坐标称为相对坐标。下面以绘制 A4 图框为例介绍绝对坐标与相对坐标的使用方法。

STEP 01 单击"矩形"按钮

　　新建文件，单击"默认"面板中的"矩形"按钮。

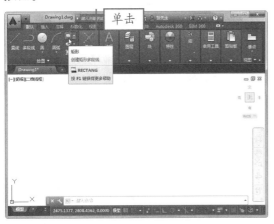

STEP 02 绘制矩形

　　①输入绝对坐标"0,0"并按【Enter】键，指定矩形的第一个角点。②输入相对坐标"@210,297"并按【Enter】键，指定矩形的另一个角点。

> 命令:
>
> RECTANG
>
> 指定第一个角点或 [倒角(C)/标高(E)/圆角(F)/厚度(T)/宽度(W)]: 0,0
>
> 指定另一个角点或 [面积(A)/尺寸(D)/旋转(R)]: @210,297

STEP 03 绘制内框

　　按【Enter】键，重新执行矩形命令。输入绝对坐标"10,5"并按【Enter】键，指定矩形的第一个角点。输入相对坐标"@190,287"并按【Enter】键，指定矩形的另一个角点。

> 命令:
>
> RECTANG
>
> 指定第一个角点或 [倒角(C)/标高(E)/圆角(F)/厚度(T)/宽度(W)]: 10,5
>
> 指定另一个角点或 [面积(A)/尺寸(D)/旋转(R)]: @190,287

STEP 04 完成绘制

　　绘制完毕后，即可查看绘制好的 A4 图框，其中包括外框和内框两部分。

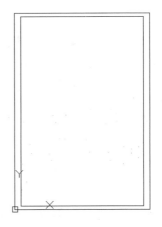

2.1.2 直角坐标与极坐标

直角坐标系又称作笛卡儿坐标系，由一个原点（0,0）和两条通过原点的、相互垂直的坐标轴构成。水平方向为 X 轴，向右为正方向；垂直方向为 Y 轴，向上为正方向。平面上任何一点都可以由 X 轴和 Y 轴的一对坐标值（x,y）来定义。极坐标系由一个极点和一个极轴构成。平面上任何一点都可以由该点到极点的连线长度和连线与极轴的交角定义，即用一对坐标值（$X<a$）来定义一个点，其中 X 表示连线长度，"$<$" 表示角度。

下面以绘制钟表时针和分针为例，介绍绝对坐标与相对坐标的使用方法。

素材文件 光盘\素材\第 2 章\直角坐标与极坐标.dwg

STEP 01 单击"直线"按钮

打开素材文件，单击"绘图"面板中的"直线"按钮。

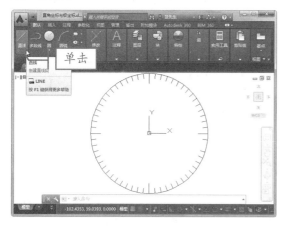

STEP 02 绘制时针

输入直角坐标"0,0"并按【Enter】键，指定直线的第一点。输入直角坐标"37,0"并按【Enter】键，指定直线的下一点。

命令:L
LINE 指定第一点:0,0
指定下一点或 [放弃(U)]: 37,0
指定下一点或 [放弃(U)]:

STEP 03 绘制分针

选择"直线"命令。输入直角坐标"0,0"并按【Enter】键，指定直线的第一点。输入极坐标"45<120"并按【Enter】键，指定直线的下一点。

命令:L
LINE 指定第一点: 0,0
指定下一点或 [放弃(U)]: 45<120
指定下一点或 [放弃(U)]:

STEP 04 完成绘制

此时，即可查看绘制好的图形效果，其中包括刚绘制好的时针和分针。

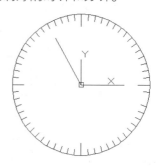

STEP 05 设置线宽

分别选择绘制好的两个图形，通过"特性"面板中的"线宽"下拉列表设置线宽。例如，将分针图形线宽设置为 0.5 毫米，将时针图形线宽设置为 1.00 毫米。

STEP 06 查看效果

查看设置线宽后的图形效果，如果线宽没有显示，则单击状态栏中的"显示/隐藏线宽"按钮将其显示。

2.2 图形文件的管理

在 AutoCAD 图形文件的管理中涉及新建、打开、保存、关闭文件操作，下面分别对其进行介绍。

2.2.1 新建图形文件

在使用 AutoCAD 2015 进行绘图操作之前必须先新建文件，可以通过多种方法创建新文件。

Work 1 通过单击新建文件

在系统桌面上双击 AutoCAD 2015 快捷方式，启动 AutoCAD 2015 程序，此时 AutoCAD 2015 将自动打开新选项卡，单击"开始绘制"图标即可进行新建文件，如下图所示。

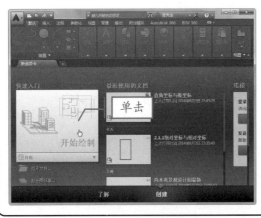
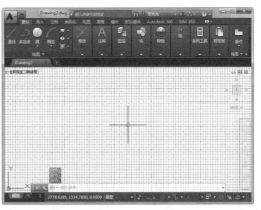

Work 2 通过"新建"按钮新建文件

在 AutoCAD 2015 主窗口上方的快速访问工具栏中单击"新建"按钮，即可打开"选择样板"对话框，选择样板文件完成新建操作，如下图所示。

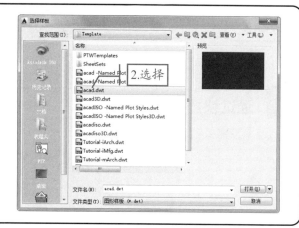

Work 3 通过"新建"选项新建文件

单击"应用程序"按钮 ，选择"新建"命令，在弹出的"选择样板"对话框中选择样本文件，单击"打开"按钮，即可新建文件，如下图所示。

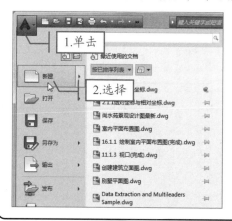

Work 4 通过 new 命令新建文件

在命令窗口输入 new 命令，按【Enter】键确认操作。弹出"选择样板"对话框，选择合适的样板，单击"打开"按钮，即可新建文件，如下图所示。

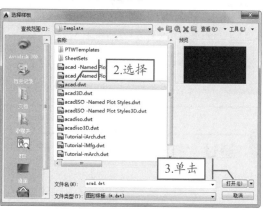

2.2.2 打开图形文件

在学习了如何通过 AutoCAD 创建新图形文件后，下面来学习如何打开现有文件。

Work 1 通过快捷方式打开文件

双击需要打开的文件图标，即可启动 AutoCAD 打开该文件，如下图所示。

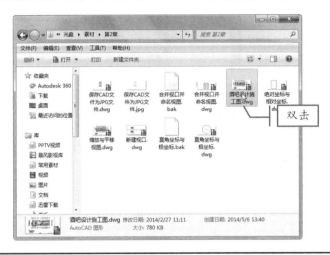

Work 2 通过"打开"按钮打开文件

在主窗口上方的快速访问工具栏中单击"打开"按钮，弹出"选择文件"对话框，选择需要打开的文件，单击"打开"按钮，如下图所示。

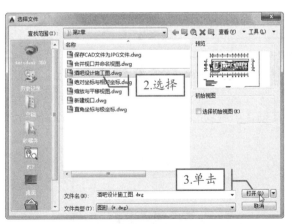

Work 3 通过"打开"选项打开文件

单击"应用程序"按钮 ▲，选择"打开"命令，在级联列表中选择"图形"选项，在弹出的"选择文件"对话框中选择需要打开的文件，单击"打开"按钮，如下图所示。

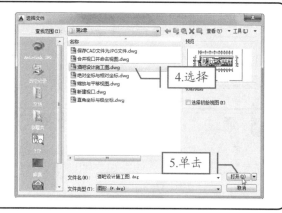

Work 4

通过 open 命令打开文件

在命令窗口中输入 open 命令，按【Enter】键确认操作。弹出"选择文件"对话框，选择需要打开的文件，单击"打开"按钮，如下图所示。

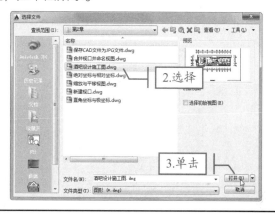

Work 5

局部打开

通过局部打开方式可以选择只加载指定图层的几何图形。在"选择文件"对话框中选择要打开的文件，单击"打开"下拉按钮，选择"局部打开"选项，弹出"局部打开"对话框。选择需要加载的图层，单击"打开"按钮，即可以局部打开方式加载图形，如下图所示。

2.2.3 保存图形文件

在绘图过程中经常对文件进行保存，这样可以防止因出现断电或系统崩溃等意外状况造成图形及数据的丢失，下面就来学习如何保存文件。

Work 1 通过"保存"按钮保存文件

在程序主窗口上方的快速访问工具栏中单击"保存"按钮，即可直接保存图形文件，如右图所示。

Work 2 通过"另存为"选项保存文件

STEP 01 选择"另存为"命令

单击"应用程序"按钮 **A**，弹出应用程序菜单，选择"另存为"命令。

STEP 02 设置另存选项

弹出"图形另存为"对话框，设置存储路径和文件名。单击"文件类型"下拉按钮，选择存储类型，然后单击"保存"按钮。

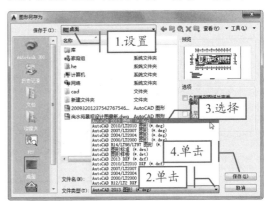

Work 3 通过 save 命令保存文件

在命令窗口输入 save 命令，按【Enter】键确认操作。弹出"图形另存为"对话框，设置相关参数，单击"保存"按钮，即可保存图形文件，如下图所示。

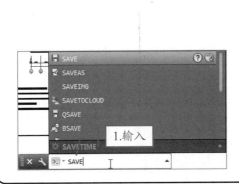

2.2.4 关闭图形文件

在 AutoCAD 2015 中，用户可以采用如下方法关闭图形文件。

Work 1 使用图形选项卡关闭

在图形选项卡中单击文件的"关闭"按钮，或者右击该文件的名称，在弹出的快捷菜单中选择"关闭"命令即可，如下图所示。

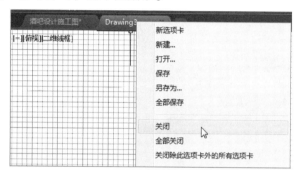

Work 2 使用应用程序菜单命令关闭

单击"应用程序"按钮，选择"关闭"命令，在级联列表中选择当前图形名称，即可关闭当前图形文件，如下图所示。

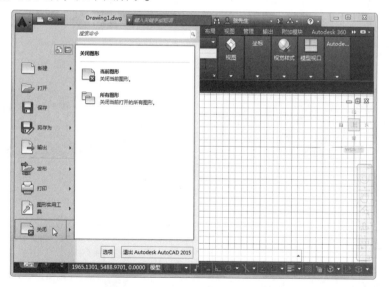

2.3 视图操作

在 AutoCAD 2015 中，用户可对视图进行缩小、放大、平移等操作，以便更加快捷地显示并绘制图形。

2.3.1 缩放与平移视图

在使用 AutoCAD 2015 的过程中，用户可以通过"缩放"与"平移"功能来改变视图显示的部分，从而更细致地观察局部图形，具体操作方法如下：

素材文件	光盘\素材\第 2 章\缩放与平移视图.dwg

STEP 01 选择缩放方式

打开素材文件，选择"视图"选项卡，单击"导航"面板上的"范围"下拉按钮。选择缩放方式，如"窗口"。

STEP 02 绘制窗口

在绘图区中分别单击指定窗口的两个角点，绘制出一个窗口。这时，窗口中的图形将放大显示。

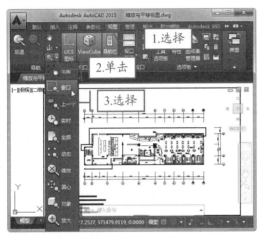

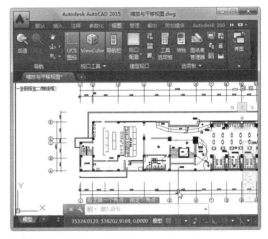

STEP 03 单击"平移"按钮

单击"导航"面板上的"平移"按钮。

STEP 04 平移视图

此时鼠标指针将变为小手形状，按住鼠标左键进行拖动，即可平移视图。

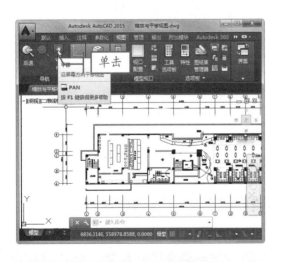

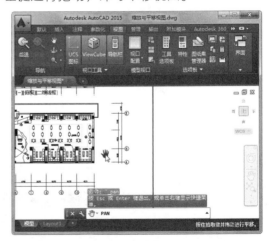

2.3.2 新建视口

用户可以根据需要创建视口，并将创建好的视口进行保存，以便下次使用，具体操作方法如下：

STEP 01 选择"新建视口"命令

在 AutoCAD 窗口中选择"视图"|"视口"|"新建视口"命令。

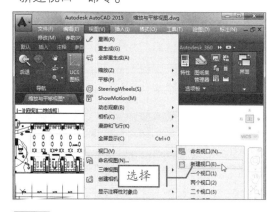

STEP 02 选择视口样式

弹出"视口"对话框，输入视口名称，选择视口样式，单击"确定"按钮。

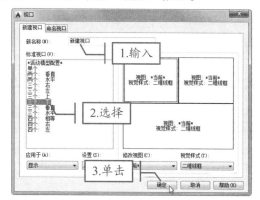

STEP 03 查看视口效果

此时，在绘图区中系统将自动按照要求进行视口分割。

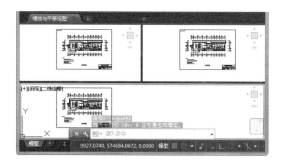

STEP 04 更改当前视图

单击各视口左上角的视口名称选项，在弹出的下拉列表中选择需要的视口名称，即可更改当前视图。

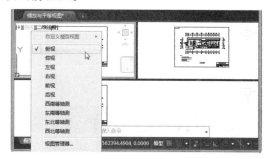

2.3.3 合并视口

在 AutoCAD 2015 中可将多个视口进行合并，方法为：在 AutoCAD 窗口中选择"视图"|"视口"|"合并"命令，选择所要合并的视口，即可完成合并，如下图所示。

将 CAD 文件保存为 JPG 文件

对于绘制好的 CAD 图形文件，可根据用户需求将其保存为其他格式的文件，方法如下：

效果文件	光盘\效果\第 2 章\保存 CAD 文件为 JPG 文件.dwg

STEP 01 执行 JPGOUT 命令

打开素材文件，在命令行窗口输入 JPGOUT 命令，按【Enter】键确认。

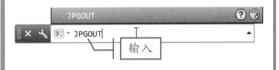

STEP 02 输入文件名

弹出"创建光栅文件"对话框，输入文件名，设置保存路径，单击"保存"按钮。

STEP 03 选择对象

返回绘图区，选择要保存的图形，按【Enter】键确认。

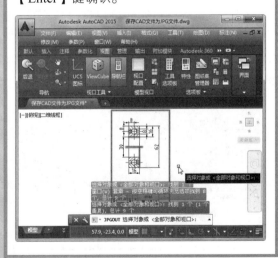

STEP 04 查看文件

此时，即可在保存的路径下查看文件。

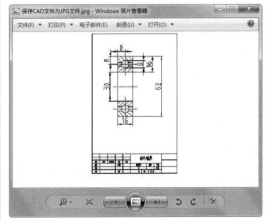

高手秘籍——合并视口并命名视图

 素材文件　光盘\素材\第 2 章\合并视口并命名视图.dwg

步骤 01 选择"合并"命令

打开素材文件，选择"视图"|"视口"|"合并"命令，AutoCAD 命令行提示选择合并窗口。

步骤 02 合并视口

选择左视口为主视口，右视口为要合并的视口，合并完成后查看效果。

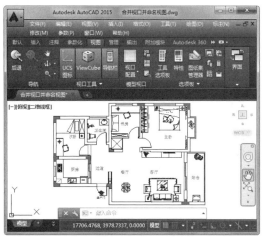

步骤 03 单击"新建"按钮

选择"视图"|"命名视图"命令，弹出"视图管理器"对话框，单击"新建"按钮。

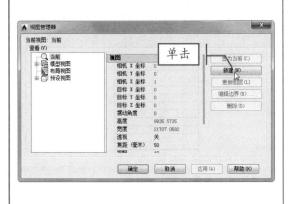

步骤 04 重命名

弹出"新建视图/快照特性"对话框，在"视图名称"文本框中输入"餐桌"，在"边界"选项区中选中"定义窗口"单选按钮。

步骤 05　拾取角点

在图形上拾取第一角点，拖动鼠标并单击指定第二角点。

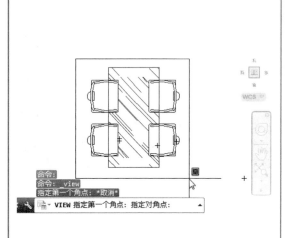

步骤 06　确认新建视图

按【Enter】键，返回"新建视图/快照特性"对话框，单击"确定"按钮。

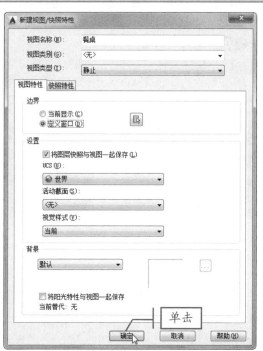

步骤 07　选择视图

返回"视图管理器"对话框，在"模型视图"下选择"餐桌"选项，单击"置为当前"按钮，单击"确定"按钮。

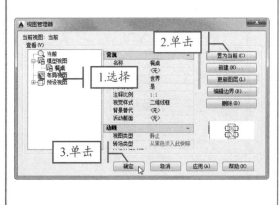

步骤 08　查看视图效果

此时查看设置效果，绘图区中的视图为餐桌视图。

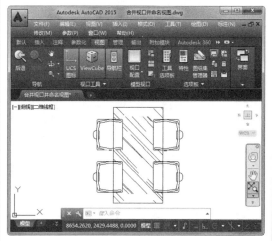

秒杀疑惑

1 在打开 CAD 文件时提示"图形文件无效",怎么办?

该问题说明当前使用版本过低,需要安装与文件同等版本的软件才可以打开。高版本可以打开低版本文件,但低版本则不能打开高版本的图形文件。遇到该情况时,在保存 CAD 文件时保存成相应的版本即可。

2 如何创建和恢复备份?

打开"选项"对话框,在"打开和保存"选项卡中的"文件安全措施"选项区中选中"每次保存时均创建备份副本"复选框,即可指定在保存图形时创建备份文件。完成设置后,每次保存图形时,图形的早期版本将保存为具有相同名称并带有扩展名.bak的文件,而该备份文件与图形文件位于同一个文件夹中。

3 如何修复损坏的图形文件?

如果在绘图时系统突发故障后要求保存图形,那么该图形文件将标记为损坏。如果只是轻微损坏,有时只需要打开图形便可将其自动修复。

本章学习计划与目标

AutoCAD 2015 提供了强大的精确绘图功能,可以进行各种图形处理和数据分析,数据结果的精度能够达到工程应用所需的程度,既降低了工作量,又提高了绘图效率。

AutoCAD 图形辅助功能的使用

新手上路重点索引

▶ 捕捉功能的使用　**33**　　　　▶ 夹点功能的使用　**48**

▶ 参数化功能的使用　**40**　　　　▶ 特性面板的使用　**51**

▶ 测量与查询功能的使用　**45**

本章重点实例展示

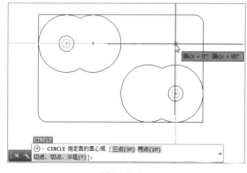

捕捉交点

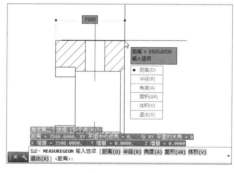

查看测量距离

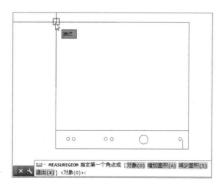

指定第一个角点

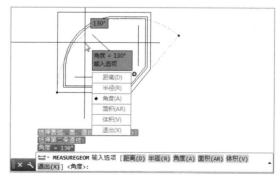

查询角度

3.1 捕捉功能的使用

通过"对象捕捉"、"对象捕捉追踪"和"正交"等功能可以精确、快速地指定对象上的位置，从而提高绘制图形的精确度与工作效率。

3.1.1 对象捕捉

通过对象捕捉功能能够快速定位图形中点、垂足、端点、圆心、切点及象限点等。在使用对象捕捉功能前，应先右击状态栏中的"对象捕捉"按钮，在弹出的快捷菜单中选择"对象捕捉设置"命令，如下图（左）所示。在弹出的对话框中的"对象捕捉"选项卡下进行设置，选中所需对象捕捉模式前的复选框，单击"确定"按钮，如下图（中）所示。

也可右击状态栏中的"对象捕捉"按钮，在弹出的快捷菜单中快速选择所需对象捕捉模式，如下图（右）所示。

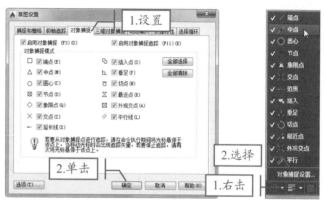

下面以绘制装饰图案为例，详细介绍对象捕捉的使用方法，具体操作方法如下：

素材文件 光盘\素材\第 3 章\对象捕捉.dwg

STEP 01 选择"对象捕捉设置"命令

打开素材文件，右击状态栏中的"对象捕捉"按钮，在弹出的快捷菜单中选择"对象捕捉设置"命令。

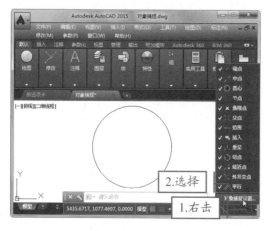

STEP 02 选择对象捕捉模式

弹出"草图设置"对话框，选择所需对象捕捉模式，单击"确定"按钮。

STEP 03 选择多边形

单击"绘图"面板中的"矩形"下拉按钮，选择"多边形"选项。

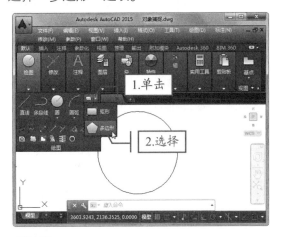

STEP 05 绘制多边形

根据命令行提示选择"外切于圆"，捕捉象限点，完成正五边形的绘制。

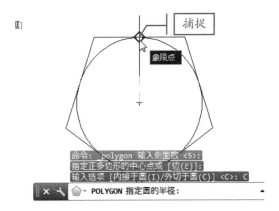

STEP 07 捕捉象限点

将光标移动到圆图形的指定位置，当捕捉到象限点时单击，指定直线的第一点。

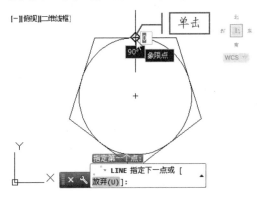

STEP 04 捕捉圆心点

根据命令行提示输入边数值为 5，在绘图区捕捉圆心点。

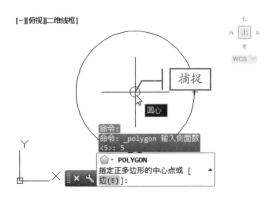

STEP 06 单击"直线"按钮

单击"绘图"面板中的"直线"按钮。

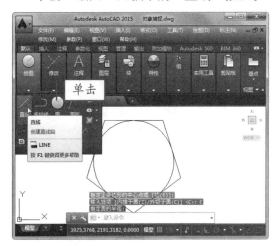

STEP 08 完成矩形的绘制

依次捕捉其他象限点，即可完成矩形的绘制。

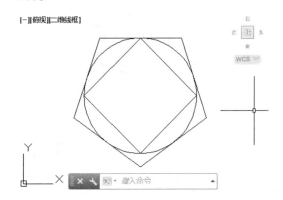

3.1.2　对象捕捉追踪

使用对象捕捉追踪功能可以沿着基于对象捕捉点的对齐路径进行追踪。将光标移动到要追踪的对象捕捉点上，出现一个加号"+"，一次最多可以获取 7 个追踪点。获取点之后，当在绘图路径上移动光标时显示相对于获取点的水平、垂直或极轴对齐路径，可通过单击状态栏中的"对象捕捉追踪"按钮或在"草图设置"对话框中进行设置来开启对象捕捉追踪，如下图所示。

下面以完成轴圈图案绘制为例，介绍对象捕捉追踪的方法，具体操作方法如下：

| 素材文件 | 光盘\素材\第 3 章\对象捕捉追踪.dwg |

STEP 01 选择"对象捕捉设置"命令

打开素材文件，右击状态栏中的"对象捕捉"按钮，选择"对象捕捉设置"命令。

STEP 02 选择对象捕捉模式

在弹出的对话框中分别选中"圆心"、"交点"、"启用对象捕捉"、"启用对象捕捉追踪"复选框，单击"确定"按钮。

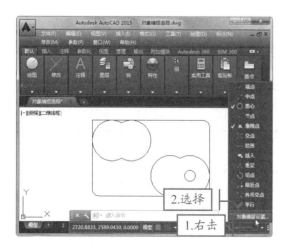

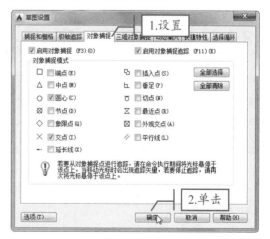

STEP 03 设置追踪点

执行"圆心，半径"命令，将光标置于最上方圆的圆心位置，当出现"+"号时说明已设置追踪点。绘制一个半径为 50 的圆。

STEP 04 绘制圆

以同样的方法，在最下方圆的圆心添加追踪点，绘制一个半径为 50 的圆。

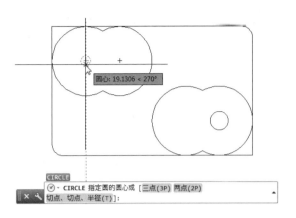

STEP 05 捕捉交点

执行"圆心，半径"命令，将光标移动到指定位置，当出现提示时说明已捕捉到其交点，单击指定要绘制的圆的圆心，绘制一个半径为 100 的圆。

STEP 06 绘制圆

以同样的方法，在最下方圆的圆心添加追踪点，绘制一个半径为 100 的圆，即可完成图形的绘制。

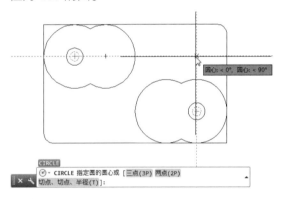

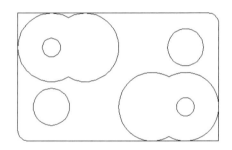

3.1.3 动态输入

动态输入是在执行某项命令时在光标右侧显示的一个命令界面，它可以帮助用户完成图形的绘制。该命令界面可根据光标的移动而动态更新。

Work 1 启用指针输入

在状态栏中右击"动态输入"按钮，在弹出的快捷菜单中选择"动态输入设置"命令，如下图所示。

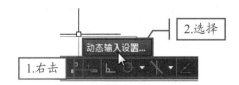

弹出"草图设置"对话框，选中"启用指针输入"复选框，启动指针输入功能，如下图（左）所示。单击"指针输入"选项区中的"设置"按钮，在弹出的"指针输入设置"对话框中设置指针的格式和可见性，单击"确定"按钮，如下图（右）所示。

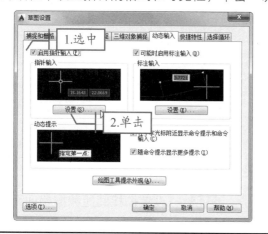
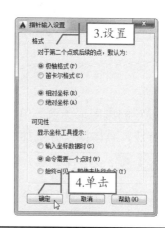

Work 2 启用标注输入

在"草图设置"对话框中选中"可能时启用标注输入"复选框，启动该功能，如下图（左）所示。单击"标注输入"选项区中的"设置"按钮，在弹出的"标注输入的设置"对话框中设置可见性，单击"确定"按钮，如下图（右）所示。

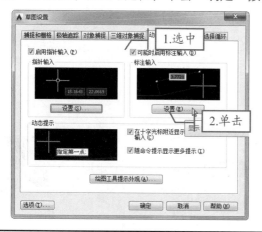

3.1.4 栅格与捕捉

使用捕捉工具可以创建一个栅格，使用它可以捕捉光标，并约束光标只能定位在某一栅格点上。单击状态栏中的"栅格显示"和"捕捉模式"按钮分别将其开启，如下图（左、右）所示。

用户可通过"草图设置"对话框中的"捕捉和栅格"选项卡对其参数进行自定义，如设置"捕捉间距"和"栅格间距"，设置"栅格行为"是否为"自适应栅格"，设置是否为"显示超出界限的栅格"，如右图所示。

　　下面以绘制床图形为例，介绍栅格与捕捉的使用方法，具体操作方法如下：

◉ 素材文件	光盘\素材\第3章\栅格与捕捉.dwg

STEP 01 选择"捕捉设置"命令

　　打开素材文件，分别单击状态栏中的"捕捉模式"和"栅格显示"按钮。右击状态栏中的"栅格捕捉"按钮，选择"捕捉设置"按钮。

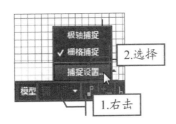

STEP 02 设置捕捉间距和栅格间距

　　弹出"草图设置"对话框，设置捕捉间距和栅格间距，单击"确定"按钮。

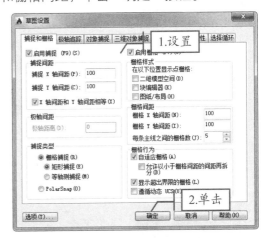

STEP 03 绘制矩形

　　通过捕捉栅格点绘制一个长为 20 个栅格、宽为 12 个栅格的矩形。

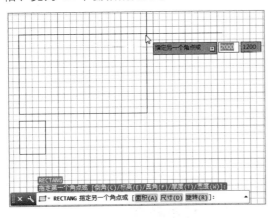

STEP 04 绘制另外一个矩形

　　通过捕捉栅格点绘制一个长为 4 个栅格、宽为 5 个栅格的矩形。

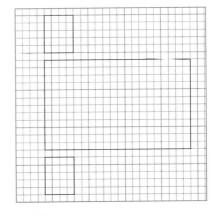

3.1.5 极轴追踪

使用极轴追踪模式可以使光标按指定的角度进行移动，可以通过单击状态栏中的"极轴追踪"按钮开启该模式，如右图所示。

使用极轴追踪模式可以使光标沿着 90°、60°、45°、30°、22.5°、18°、15°、10° 和 5° 的极轴角增量进行追踪，也可以指定其他角度。

下面以完成钟表秒针的绘制为例，介绍极轴追踪的使用方法，具体操作方法如下：

素材文件　光盘\素材\第 3 章\极轴追踪.dwg

STEP 01 选择"正在追踪设置"命令

打开素材文件，右击状态栏中的"极轴追踪"按钮，选择"正在追踪设置"命令。

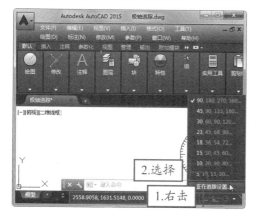

STEP 02 新建附加角

弹出"草图设置"对话框，新建附加角，然后选中"附加角"复选框，单击"确定"按钮。

STEP 03 指定极轴角度

执行"直线"命令，指定大圆的圆心为直线第一点，指定极轴角度为 120°。

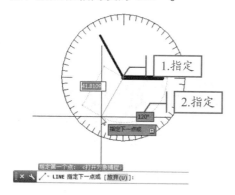

STEP 04 绘制直线

绘制一条长为 50 的直线，即可完成钟表秒针的绘制。

3.1.6 正交模式

使用正交模式可以将光标限制在水平或垂直方向上移动，以便于精确地创建和修改对象。通过单击状态栏中的"正交限制光标"按钮，即可开启该功能，如右图所示。

下面以完成螺栓图形的绘制为例，介绍正交模式的使用方法，具体操作方法如下：

🔘 素材文件	光盘\素材\第 3 章\正交模式.dwg

STEP 01 开启正交模式和对象捕捉模式

打开素材文件，单击状态栏中的"正交限制光标"按钮和"对象捕捉"按钮，开启正交模式和对象捕捉模式。

STEP 02 绘制直线

执行"直线"命令，捕捉图形的端点，向左移动光标，并指定直线的长度为 22。

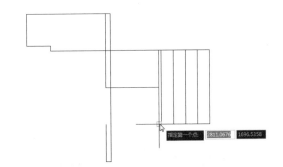

STEP 03 继续绘制直线

向上移动光标，绘制长为 15 的直线。

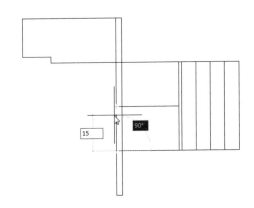

STEP 04 继续绘制直线

按照同样的方法捕捉端点，分别向左、向上、向右、向上、向右移动光标，绘制长分别为 33、13、10、2、23 的直线。

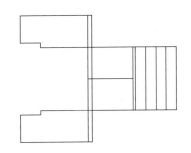

3.2 参数化功能的使用

参数化工具包括几何约束工具和标注约束工具两种类型。通过约束工具可以快速对图形对象进行处理，使图形对象符合设计规范与设计要求。

3.2.1 几何约束

几何约束用于限制二维图形或对象上点的位置，确定了二维几何对象之间或对象上的每个点之间的关系。下面将通过实例对其进行介绍，具体操作方法如下：

🔘 素材文件	光盘\素材\第 3 章\几何约束.dwg

STEP 01 单击"重合"按钮

打开素材文件，选择"参数化"选项卡，单击"几何"面板中的"重合"按钮。

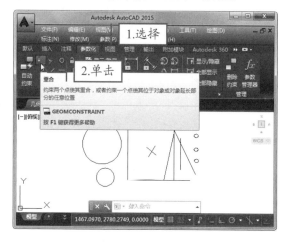

STEP 02 选择第一点

选择两条辅助线的交点为要重合到的点。

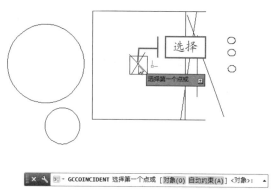

STEP 03 选择第二点

选择左侧小圆上的圆心为要重合的点。

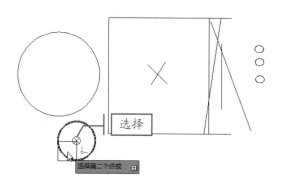

STEP 04 重合对象

此时，即可将圆重合到辅助线交点位置。

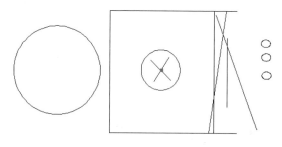

STEP 05 单击"同心"按钮

单击"几何"面板中的"同心"按钮。

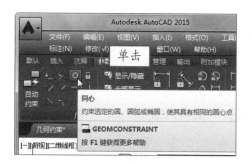

STEP 06 选择对象

选择小圆为要同心到的对象，选择大圆为移动对象，即可使两个圆成为同心圆。

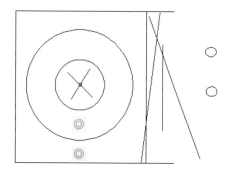

STEP 07 单击"垂直"按钮

单击"几何"面板中的"垂直"按钮。

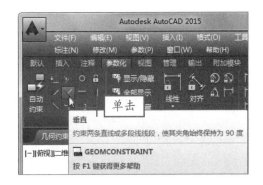

STEP 08 选择第一个对象

选择图形下方的直线为第一个对象。

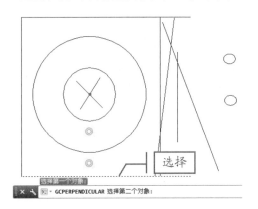

STEP 09 选择第二个对象

选择左侧直线为第二个对象。

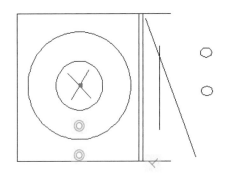

STEP 10 单击"平行"按钮

单击"几何"面板中的"平行"按钮。

STEP 11 选择第一个对象

选择图形上的辅助线，作为平行的第一个对象。

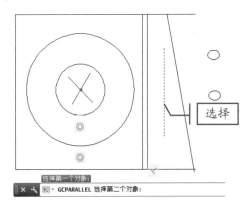

STEP 12 选择第二个对象

选择图形右侧的直线，作为平行的第二个对象。

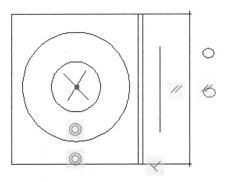

STEP 13 单击"重合"按钮

单击"几何"面板中的"重合"按钮。

STEP 14 重合对象

选择辅助线的端点为重合的第一点，选择图形右侧的小圆为第二点。按照同样的方法，完成辅助线另一端点的重合对象。

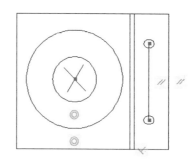

3.2.2 标注约束

标注约束用于控制设计图形的大小和比例。标注约束可以约束对象之间或对象上的点之间的距离，约束对象之间或对象上的点之间的角度、圆弧和圆的大小等。下面将通过实例对其进行介绍，具体操作方法如下：

素材文件	光盘\素材\第 3 章\标注约束.dwg

STEP 01 单击"线性"按钮

打开素材文件，选择"参数化"选项卡，单击"标注"面板中的"线性"按钮。

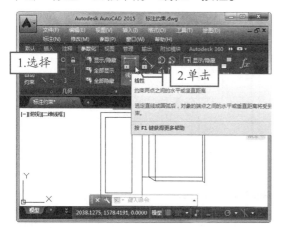

STEP 02 指定第一个约束点

指定右侧直线的中点为第一个约束点。

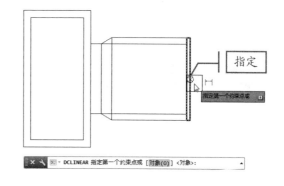

STEP 03 指定第二个约束点

指定其上方端点为第二个约束点。

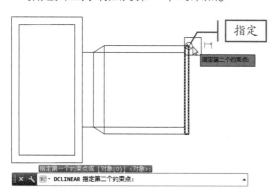

STEP 04 输入标注

将光标移动到合适位置，指定尺寸线位置。输入需要约束的标注，如输入 60，并按【Enter】键。

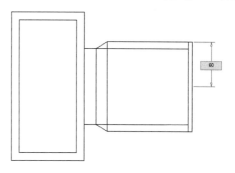

STEP 05 查看约束

此时，该对象将被约束为固定的长度。

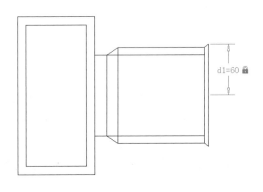

STEP 06 选择"水平"选项

单击"线性"下拉按钮，在弹出的下拉列表中选择"水平"选项。

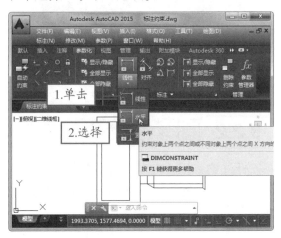

STEP 07 选择第一个约束点

指定第二条竖直线的中点为第一个约束点。

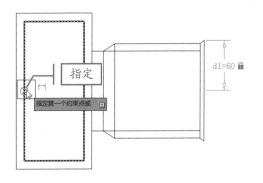

STEP 08 选择第二个约束点

指定第三条竖直线的中点为第二个约束点。

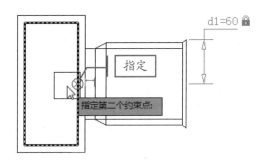

STEP 09 输入标注

将光标移动到合适位置，指定尺寸线位置。输入需要约束的标注，如输入 60，并按【Enter】键。

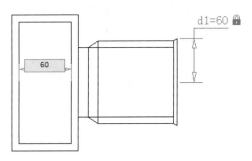

STEP 10 查看约束

此时，该对象将被约束为固定的长度。

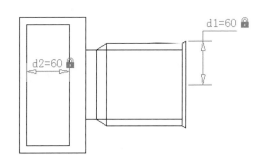

3.3　测量与查询功能的使用

通过"测量"工具可以查询图形中对象的相关信息，如距离、半径、角度、面积、体积等信息。通过"点坐标"工具可以获取某点的坐标，下面将进行详细介绍。

3.3.1　查询点坐标与距离

下面将通过实例介绍如何获取点坐标与两点之间的距离，具体操作方法如下：

素材文件　　光盘\素材\第 3 章\查询点坐标与距离.dwg

STEP 01 选择"距离"选项

打开素材文件，单击"实用工具"面板中的"测量"下拉按钮，选择"距离"选项。

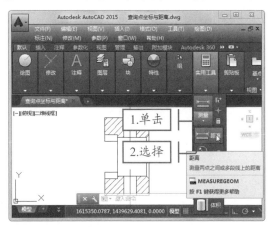

STEP 02 指定第一点

指定图形左侧的端点为测量的第一点。

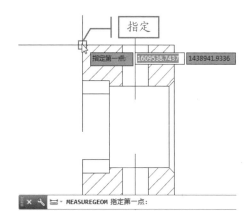

STEP 03 指定第二点

指定图形右侧的端点为测量的第二点。

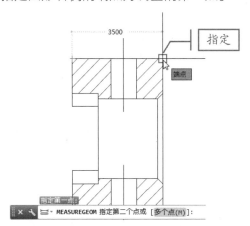

STEP 04 查看测量距离

此时，即可出现测量距离的相关信息。

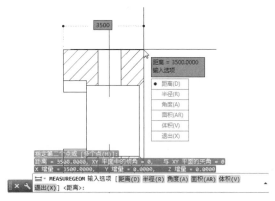

STEP 05 获取点坐标

单击"实用工具"下拉按钮，在弹出的下拉列表中选择"点坐标"选项。

STEP 06 指定点

在图形上指定需要查询的点，即可出现坐标信息（统一剖面线方向）。

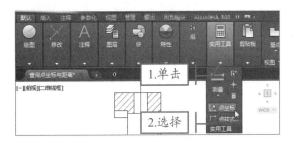

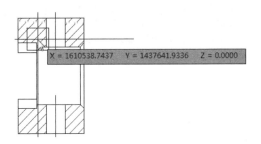

3.3.2 测量面积与周长

通过测量工具可以测量指定对象的面积和周长。下面将通过实例介绍如何对面积与周长进行测量，具体操作方法如下：

素材文件	光盘\素材\第 3 章\测量面积与周长.dwg

STEP 01 选择"面积"选项

打开素材文件，单击"实用工具"面板中的"测量"下拉按钮，选择"面积"选项。

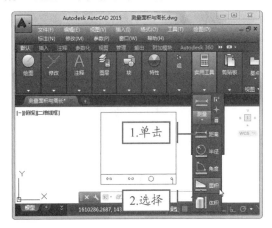

STEP 02 指定第一个角点

指定图形上方的端点为测量面积的第一个角点。

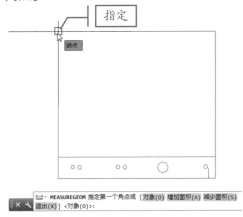

STEP 03 指定其他角点

指定其下方的端点为第二个点，指定其右侧的端点为第三个点，此时将绘制出一个绿色的三角形测量区域。

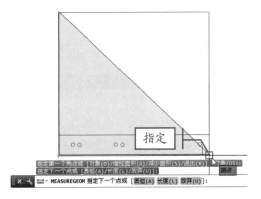

STEP 04 查看面积和周长

指定右上角的点为第四个点，此时将绘制出一个绿色的矩形测量区域。按【Enter】键，即可查看该区域的面积和周长。

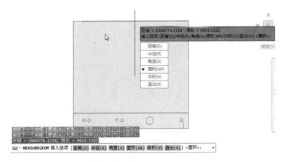

3.3.3 测量半径与角度

通过测量工具可以测量指定对象的半径和角度。下面将通过实例对半径和角度的测量方法进行介绍，具体操作方法如下：

素材文件	光盘\素材\第 3 章\测量半径与角度.dwg

STEP 01 选择"半径"选项

打开素材文件，单击"实用工具"面板中的"测量"下拉按钮，选择"半径"选项。

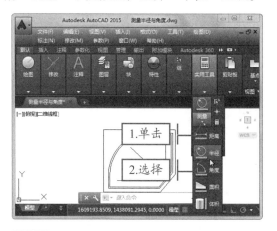

STEP 02 选择对象

在绘图区中选择要测量半径的对象。

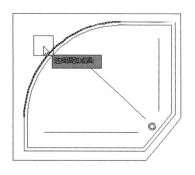

STEP 03 选择"角度"选项

此时即可弹出提示信息，显示对象半径。选择"角度"选项。

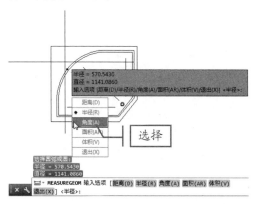

STEP 04 指定两条边

分别指定要测量角度的对象的两条边。

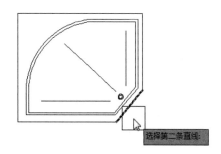

STEP 05 查询角度

此时即可弹出提示信息，显示对象角度。

小提示

如果未开启状态栏中的"动态输入"功能，则将在命令行窗口中显示查询到的参数信息。

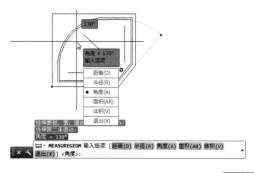

3.4 夹点功能的使用

夹点是一些实心的小方框，在选中对象时对象关键点上将呈现夹点。用户可以通过编辑夹点来快速拉伸、移动、旋转、缩放或镜像对象，还可以通过特性面板快捷地修改对象的各种特性。

3.4.1 夹点的设置

用户可以对夹点大小、颜色等进行自定义设置，也可以选择是否启用夹点功能。在命令窗口输入 OP 并按【Enter】键，弹出"选项"对话框。选择"选择集"选项卡，即可对夹点的相关参数进行设置，如下图所示。

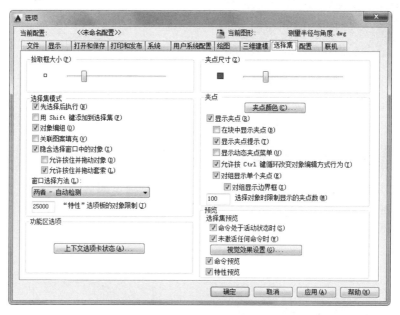

通过"夹点尺寸"选项区中的调节滑块来控制夹点的显示尺寸。单击"夹点颜色"按钮，在弹出的对话框中可以分别设置未选中夹点、选中夹点及悬停夹点的颜色，如下图（左）所示。悬停夹点颜色即光标在夹点上滚动时夹点所显示的颜色。由于夹点显示会降低系统性能，因此电脑配置低的用户或不需要夹点编辑功能的用户可以取消选择"显示夹点"复选框，从而优化系统性能。

单击"上下文选项卡状态"按钮，在弹出的对话框中可设置选项卡选项，如下图（右）所示。

通过最下方的数值框可以限定夹点数目。当初始选择集包括多于指定数目的对象时，将不显示夹点。默认设置是 100，如将数值改为 22，在选择图形时若图形总数多于22，则所选图形均不会显示夹点，如右图所示。

3.4.2　夹点的编辑

使用夹点编辑图形时需要选择作为操作基点的基准夹点，然后选择一种夹点模式。用户可以通过按【Enter】键或空格键来循环选择这些模式，还可以使用快捷键或右键快捷菜单查看所有模式和选项。下面将通过实例对其进行介绍，具体操作方法如下：

素材文件　　光盘\素材\第 3 章\夹点的编辑.dwg

STEP 01　选择编辑对象

打开素材文件，选择需要编辑的对象，在对象上将出现蓝色夹点。

STEP 02　选择夹点

在图形中单击选择需要编辑的夹点。

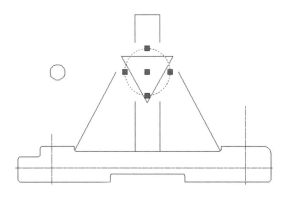

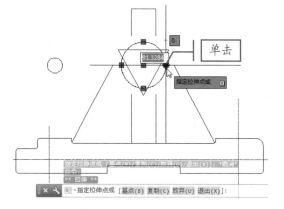

STEP 03　选择夹点模式

右击该夹点，在弹出的快捷菜单中选择"拉伸"命令。

STEP 04　拉伸对象

指定拉伸对象到直线的端点。

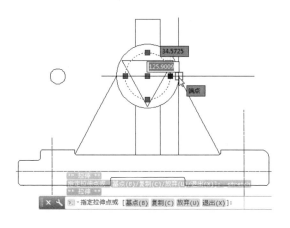

STEP 05 选择"移动"命令

选择图形，单击要编辑的夹点，右击该夹点，选择"移动"命令。

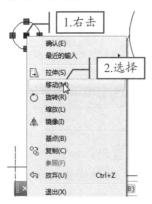

STEP 06 移动对象

将其移动到大圆圆心的位置上。

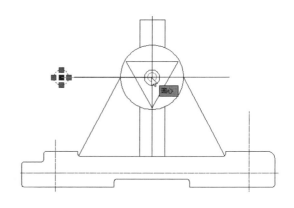

STEP 07 选择"缩放"命令

单击要编辑的夹点，右击该夹点，选择"缩放"命令。

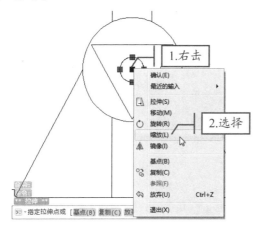

STEP 08 放大对象

在命令行窗口输入 2，并按【Enter】键放大对象。

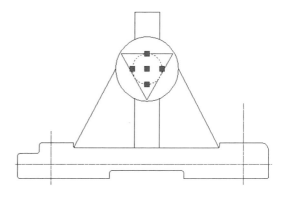

STEP 09 选择"旋转"命令

选择图形，单击要编辑的夹点，右击该夹点，选择"旋转"命令。

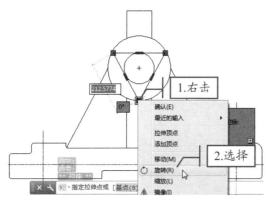

STEP 10 旋转对象

指定要旋转的角度为 180°，按【Enter】键旋转对象。

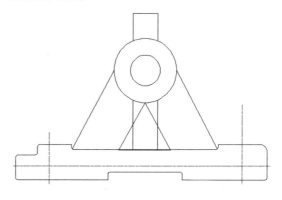

3.5　特性面板的使用

通过特性面板可以在图形中显示和更改任何对象的当前特性。选中多个对象时，特性面板只显示选择集中所有对象的共有特性。如果未选中对象，特性面板只显示当前图层的常规特性、附着到图层的打印样式表的名称、视图特性及有关 UCS 的信息。下面将通过实例对其进行介绍，具体操作方法如下：

| 素材文件 | 光盘\素材\第 3 章\特性面板的使用.dwg |

STEP 01 更改直径

打开素材文件，双击需要编辑的对象，弹出特性面板，对其各项参数进行编辑，如将直径设置为 80。

STEP 02 编辑矩形

按【Esc】键取消选择。选择矩形，在特性面板中选择其线宽为 0.60 毫米。

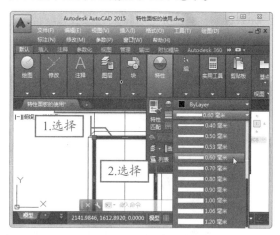

STEP 03 更改颜色

按【Esc】键取消选择。选择小圆，在特性面板中选择其颜色为蓝色。

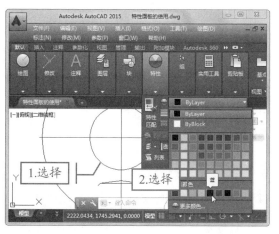

STEP 04 查看更改特性效果

此时，即可查看绘图区中图形更改特性后的效果。

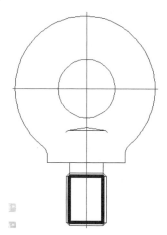

查询图纸相关信息

一般情况下，在做完整套设计图纸后，为了能够核算出工程所需的费用，就需要计算出室内各房间的面积。下面通过查询一居室各房间面积为例，介绍其具体操作方法。

效果文件	光盘\效果\第 3 章\查询图纸相关信息.dwg

STEP 01 捕捉第一个角点

打开素材文件，单击"实用工具"面板中的"测量"下拉按钮，选择"面积"选项。根据命令行提示捕捉卧室第一个角点。

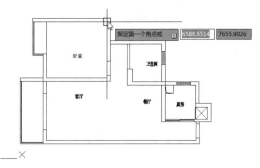

STEP 02 捕捉第二个测量点

捕捉卧室第二个角点。

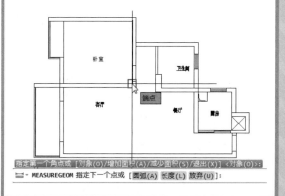

STEP 03 显示测量信息

按照同样方法，沿室内墙线依次捕捉其他测量点，直到完成卧室范围的选择为止。按【Enter】键，显示卧室面积及周长信息。

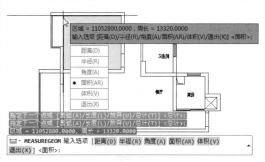

STEP 04 拖出文字范围

单击"注释"面板中的"文字"下拉按钮，选择"多行文字"选项。在卧室区域按住鼠标左键，拖出文字范围。

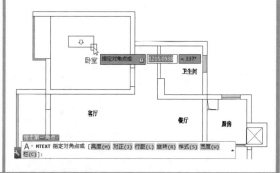

STEP 05 输入信息

框选完成后，即可进入文字编辑状态，输入卧室信息。单击绘图区空白区域，完成文字的输入。

STEP 06 输入客厅信息

按照同样的方法，完成客厅房间面积和周长的计算，并输入相应的文本内容。

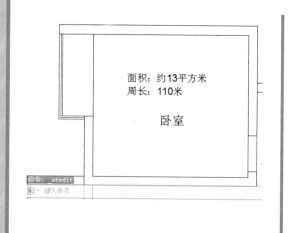

STEP 07 输入卫生间信息

按照同样的方法，完成卫生间房间面积和周长的计算，并输入相应的文本内容。

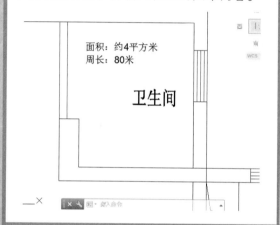

STEP 08 输入厨房信息

按照同样的方法，完成厨房房间面积和周长的计算，并输入相应的文本内容，查看最终效果。

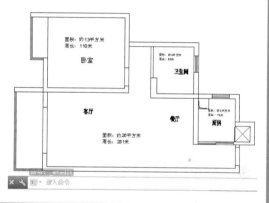

高手秘籍——计算器的使用

素材文件　光盘\素材\第3章\计算器的使用.dwg

步骤 01　选择"快速计算器"命令

打开素材文件，选择"工具"|"选项板"|"快速计算器"命令。

步骤 02　单击"两点之间距离"按钮

弹出"快速计算器"面板，单击面板中的"两点之间距离"按钮。

步骤 03　测量距离

使用端点捕捉模式捕捉图形上的两个端点，得出距离。

步骤 04　得出两点距离

返回"快速计算器"面板，在输入框中快速得出两点距离。

步骤 05 单击 + 号按钮

单击"数字键区"中的 + 号按钮。

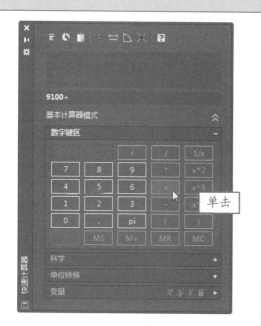

步骤 06 测量距离

继续单击"两点之间距离"按钮，测量其他两点之间的距离。

步骤 07 得出结果

返回"快速计算器"面板，单击数字键区中的"="按钮，得出结果。

步骤 08 清除历史记录

单击面板中的"清除历史记录"按钮，删除历史记录。

秒杀疑惑

1 如何调整 AutoCAD 中的坐标？

若要调整 AutoCAD 中的坐标，可按【F6】键进行切换，或将 COORDS 的系统变量修改为 1 或者 2。当系统变量为 0 时，指用定点设备指定点时更新坐标显示；当系统变量为 1 时，指不断更新坐标显示；当系统变量为 2 时，指不断更新坐标显示，当需要距离和角度时显示到上一点的距离和角度。

2 在 AutoCAD 中如何调用"特性匹配"功能？

只需单击"剪贴板"面板中的"特性匹配"按钮，即可调用"特性匹配"功能。也可在命令行窗口中输入 MA 后按【Enter】键，调用该功能。

3 绘图时没有虚线框显示怎么办？

修改系统变量 DRAGMODE，建议修改为 AUTO。系统变量为 ON 时，在选定要拖动的对象后，仅当在命令行窗口中输入 DRAG 后才在拖动时显示对象的轮廓；系统变量为 OFF 时，在拖动时不显示对象的轮廓；系统变量为 AUTO 时，在拖动时总是显示对象轮廓。

本章学习计划与目标

　　使用二维图形命令进行绘图是 AutoCAD 最基本的功能之一，可以绘制出各种各样的基本图形。本章将介绍各种二维图形的绘制方法，其中包括点、线段、曲线、矩形、多边形即多线等。

Chapter 04

二维图形的绘制

本章重点实例展示

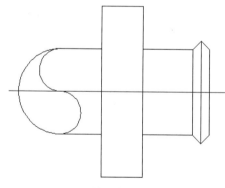

绘制多段线

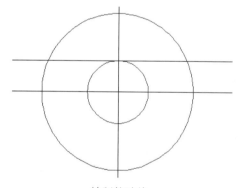

绘制构造线

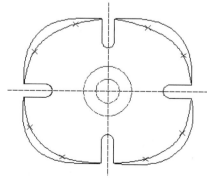

绘制样条曲线

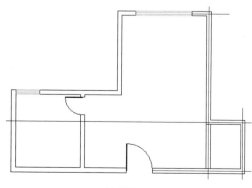

绘制多线

4.1 点的绘制

　　点是组成其他图形的最基本的元素。在 AutoCAD 中点可以分为三种形式，即点、定数等分点和定距等分点。点样式是可以根据需要进行设置的。

4.1.1 设置点样式

　　在默认情况下点是没有长度和大小的，在绘图区中绘制一个点会很难看见。为了能够清晰地显示出点的位置，用户可对点样式进行设置。

　　选择"格式"|"点样式"命令，弹出"点样式"对话框，选中所需点的样式，并在"点大小"文本框中输入点的大小，单击"确定"按钮即可完成设置，如下图所示。

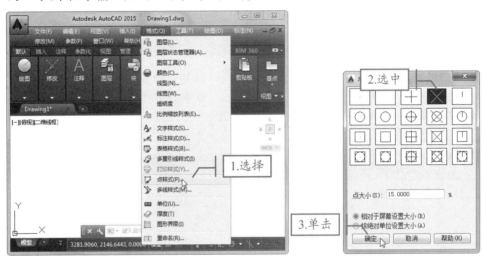

4.1.2 绘制点

　　点可以作为节点或参照几何图形的点对象，其对于对象捕捉和相对偏移非常有用。下面将通过实例进行介绍，具体操作方法如下：

素材文件	光盘\素材\第 4 章\绘制点.dwg

STEP 01 设置点样式

　　打开素材文件，选择"格式"|"点样式"命令，弹出"点样式"对话框。选中所需设置的点样式，并在"点大小"文本框中输入数值，单击"确定"按钮。

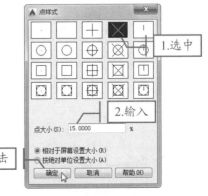

STEP 02 单击"多点"按钮

单击"绘图"下拉按钮，在弹出的"绘图"面板中单击"多点"按钮 ✕ 。

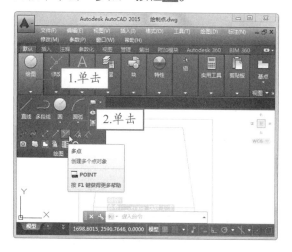

STEP 03 绘制点

开启对象捕捉模式，将光标移动到指定位置，捕捉端点。单击绘制点。

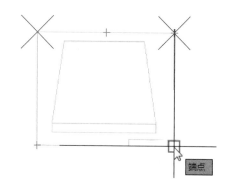

4.1.3 定数等分

通过"定数等分"按钮可以将所选对象等分为指定数目的相等长度。下面以完成置物柜的绘制为例介绍如何绘制定数等分点，具体操作方法如下：

素材文件	光盘\素材\第 4 章\定数等分.dwg

STEP 01 单击"定数等分"按钮

打开素材文件，单击"绘图"下拉按钮，弹出"绘图"面板，单击"定数等分"按钮 ﹀ 。

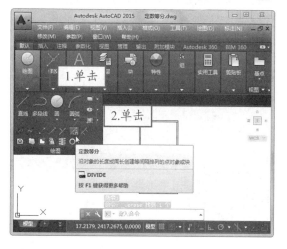

STEP 02 选择对象

在绘图区中的图形中指定位置，选择要定数等分的对象。

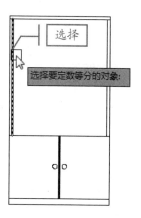

STEP 03 输入线段数目

输入要定数等分的线段数目 5，按【Enter】键确认，即可出现三个定数等分点。

STEP 04 捕捉节点

单击"绘图"面板中的"直线"按钮，通过捕捉模式捕捉新绘制的节点。

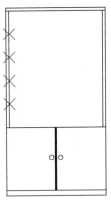

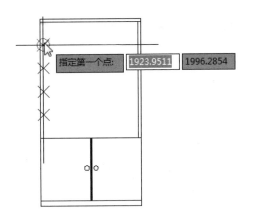

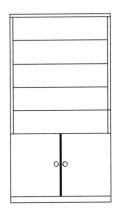

STEP 05 绘制直线

分别绘制 4 条通过节点的水平直线,删除定数等分点。

小提示

"定数等分"命令不是将对象（如某条直线）分成独立的几部分,它仅仅是标明定数等分的位置,以便将它们作为几何参考点。

4.1.4 定距等分

通过"定距等分"按钮可以用指定的间隔标记对象,等分对象的最后一段有可能要比指定的间隔短。下面以完成置物柜的绘制为例介绍绘制定距等分点,操作方法如下:

素材文件 光盘\素材\第 4 章\定距等分.dwg

STEP 01 单击"定距等分"按钮

打开素材文件,单击"绘图"下拉按钮,弹出"绘图"面板,单击"定距等分"按钮。

小提示

定距等分或定数等分的起点随对象类型变化。对于直线或非闭合的多段线,起点是距离选择点最近的端点。对于闭合的多段线,起点是多段线的起点。

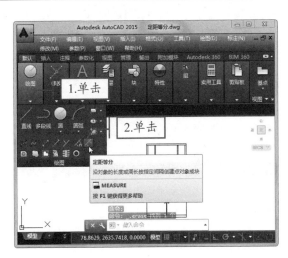

STEP 02 选择对象

在绘图区的图形中指定位置，选择要定距等分的对象。

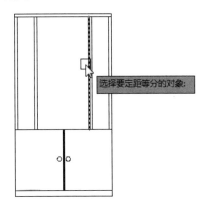

选择要定距等分的对象：

STEP 03 指定线段长度

输入线段长度 210，按【Enter】键确认，即可出现三个定距等分点。

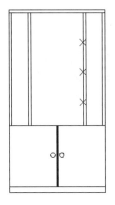

STEP 04 捕捉节点

单击"绘图"面板中的"直线"按钮，通过捕捉模式捕捉新绘制的节点。

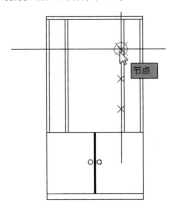

节点

STEP 05 绘制直线

分别绘制 4 条通过节点的水平直线，删除定距等分点。

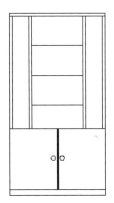

4.2 线段的绘制

在 AutoCAD 中，线段的类型分为多种，其中包括直线、多段线、构造线及射线等。线段是绘制图形的基础，下面将详细介绍如何绘制线段。

4.2.1 绘制直线

在 AutoCAD 中绘制直线后，可以指定直线的特性，包括颜色、线型和线宽，可以对每条线段进行编辑。

下面通过实例对"直线"的绘制方法进行介绍，具体操作方法如下：

| 素材文件 | 光盘\素材\第 4 章\绘制直线.dwg |

STEP 01 单击"直线"按钮

打开素材文件，单击"绘图"面板中的"直线"按钮。

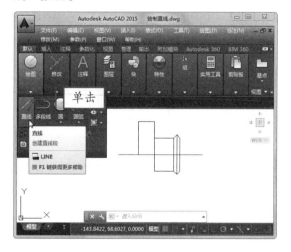

STEP 02 绘制直线

在命令行窗口中依次输入直线的端点坐标，绘制连续的多条直线段。绘制完毕后按【Esc】键退出绘制状态，命令行提示如下：

> 命令：_line 指定第一点：0,0
> 指定下一点或 [放弃(U)]：0,-50
> 指定下一点或 [放弃(U)]：25,0
> 指定下一点或 [闭合(C)/放弃(U)]：0,25
> 指定下一点或 [闭合(C)/放弃(U)]：

STEP 03 查看直线

在命令行完成命令输入后，即可查看绘制完成的图形。

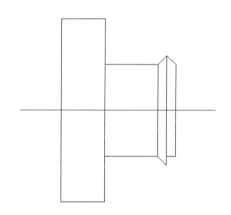

STEP 04 选择"拉伸"选项

单击图形上要编辑的直线，选中要编辑的夹点，当夹点呈红色状态时弹出下拉列表，选择"拉伸"选项。

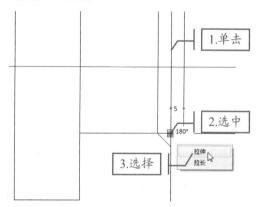

STEP 05 查看拉伸效果

拉伸夹点，捕捉到图形上的端点，按【Esc】键退出绘制状态。

小提示

在命令行提示下，输入 L 命令可以快速执行"直线"命令。

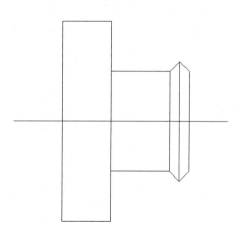

4.2.2 绘制多段线

多段线是作为单个对象创建的相互连接的线段序列,可以通过"多段线"按钮创建直线段、圆弧段或两者的组合线段。下面以绘制圆柱头螺钉图形为例,介绍多段线的绘制方法,具体操作方法如下:

素材文件	光盘\素材\第 4 章\绘制多段线.dwg

STEP 01 单击"多段线"按钮

打开素材文件,单击"绘图"面板中的"多段线"按钮。

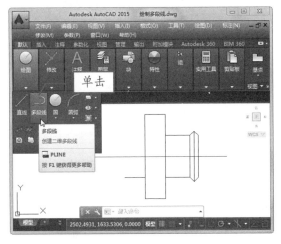

STEP 02 绘制多段线

开启捕捉命令,捕捉直线上的中点,绘制一条长 25 的直线。

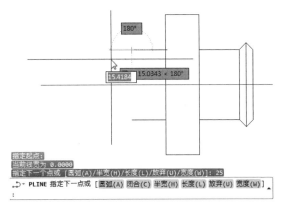

STEP 03 切换状态

在命令行窗口输入 A。切换至圆弧状态,移动鼠标,指定圆弧另一端点。

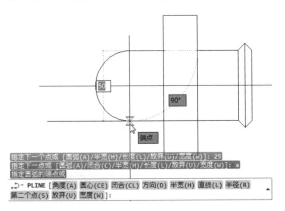

STEP 04 捕捉圆心和端点

分别捕捉图形上的圆心和另一端点,按【Enter】键完成绘制。

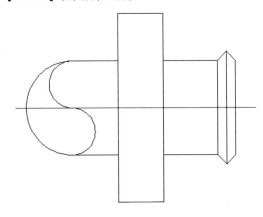

小提示

在执行"多段线"命令并指定起点后,可在命令行窗口中输入 W 并按【Enter】键,然后设置多段线起点与端点的宽度,即可创建带有宽度的多段线。

4.2.3 绘制构造线

构造线是无限延伸的线，也可以用作创建其他直线的参照。在 AutoCAD 中可以创建出水平、垂直、具有一定角度的构造线。下面通过实例介绍构造线的绘制，具体操作方法如下：

💿 素材文件	光盘\素材\第 4 章\绘制构造线.dwg

STEP 01 单击"构造线"按钮

打开素材文件，单击"绘图"面板中的"构造线"按钮。

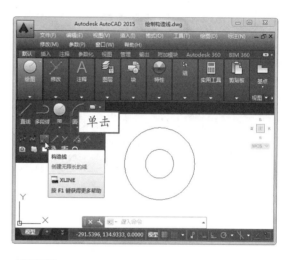

小提示

在命令行提示下，输入 XL 命令可以快速执行"构造线"命令。

STEP 02 指定通过点

在命令行窗口输入 H，设置为水平构造线。输入"0,0"、"0,40"为指定通过点，按【Enter】键确认。

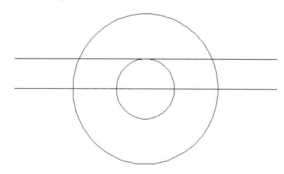

STEP 03 设置垂直构造线

单击"构造线"按钮。在命令行窗口输入 V，设置为垂直构造线。输入"0,0"为指定通过点，按【Enter】键确认。

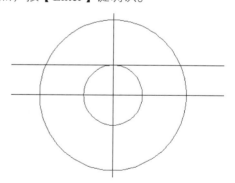

4.2.4 绘制射线

射线是以一个起点为中心，向某方向无限延伸的直线。射线一般用作创建其他直线的参照。下面通过实例介绍如何绘制射线，具体操作方法如下：

💿 素材文件	光盘\素材\第 4 章\绘制射线.dwg

STEP 01 单击"射线"按钮

打开素材文件，单击"绘图"面板中的"射线"按钮 ↗。

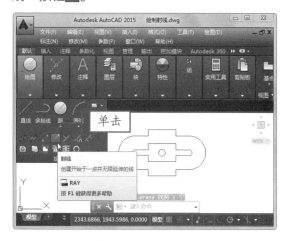

STEP 02 启动对象捕捉

右击状态栏中的"对象捕捉"按钮，选择"对象捕捉设置"命令。

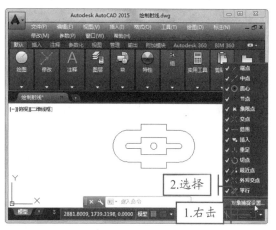

STEP 03 设置对象捕捉

弹出"草图设置"对话框，分别选中"启用对象捕捉"和"圆心"复选框，启用圆心对象捕捉，单击"确定"按钮。

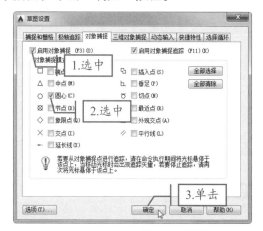

STEP 04 指定射线角度

捕捉图形上圆的圆心为射线的起点。在命令行窗口输入"<30"并按【Enter】键确认，限制射线角度为30°。

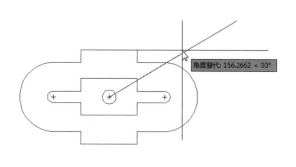

STEP 05 指定任意一点

沿射线方向单击指定任意一点，即可完成该条射线的绘制。

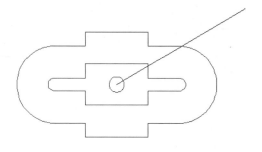

STEP 06 绘制其他射线

采用同样的方法，沿 - 45°绘制另一条射线。

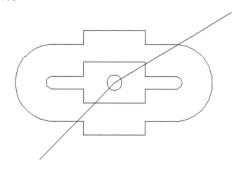

4.3　曲线的绘制

在 AutoCAD 2015 中，曲线型对象包括圆、圆弧、多段线圆弧、圆环、椭圆和样条曲线，下面来学习它们各自的绘制方法。

4.3.1　绘制圆

圆是一种简单的图形，可用于表示机械图中的轴、孔和柱等对象。用户可以使用多种方法创建圆，默认方法是通过指定圆心和半径来创建圆。下面通过实例对绘制圆的不同方法分别进行介绍，具体操作方法如下：

素材文件	光盘\素材\第 4 章\绘制圆.dwg

STEP 01 选择"圆心，半径"选项

打开素材文件，单击"绘图"面板中的"圆"下拉按钮，选择"圆心，半径"选项。

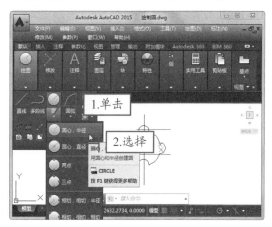

STEP 02 指定圆心

启用交点对象捕捉，捕捉图形内辅助线的交点，以确定圆心的位置。

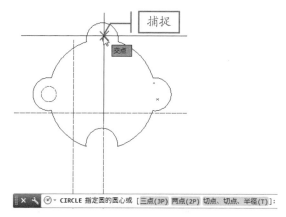

STEP 03 指定半径

指定小圆半径为 60，按【Enter】键确认，绘制出一个圆对象。

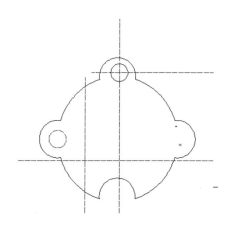

STEP 04 选择"两点"选项

再次打开"圆"下拉列表，选择"两点"选项。

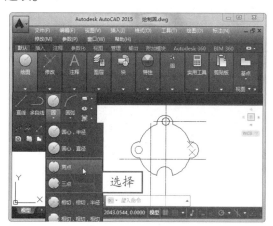

STEP 05 绘制圆

依次捕捉图形上的两个点对象，以"两点"绘制方式创建出一个小圆对象。

STEP 06 选择"相切，相切，相切"选项

再次打开"圆"下拉列表，选择"相切，相切，相切"选项。分别单击辅助线的任意三个点，即可创建圆。

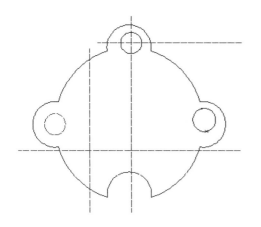

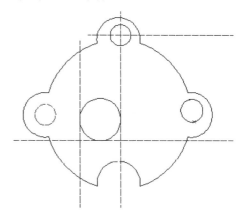

4.3.2 绘制圆弧

圆弧是圆对象上的一部分。绘制圆弧一般需要指定三个点，即圆弧的起点、圆弧的圆心和圆弧的端点。下面通过实例来介绍圆弧的绘制方法，具体操作方法如下：

⊙ 素材文件	光盘\素材\第 4 章\绘制圆弧.dwg

STEP 01 选择"起点，圆心，端点"选项

打开素材文件，单击"绘图"面板中的"圆弧"下拉按钮，选择"起点，圆心，端点"选项。

STEP 02 指定圆弧起点

启用端点对象捕捉，捕捉图形上圆弧的起点。

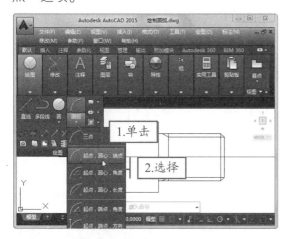

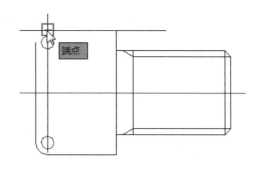

STEP 03 指定圆弧圆心

捕捉图形上小圆的圆心为圆弧的圆心。

STEP 04 绘制圆弧

捕捉图形上另一端点为圆弧的端点，绘制圆弧。

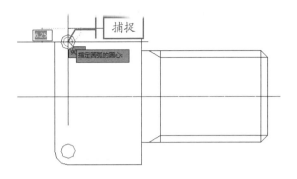

STEP 05 选择"起点，端点，方向"选项

单击"绘图"面板中的"圆弧"下拉按钮，选择"起点，端点，方向"选项。

STEP 06 指定圆弧起点

捕捉图形上的端点为圆弧的起点。

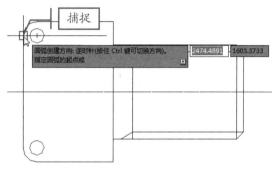

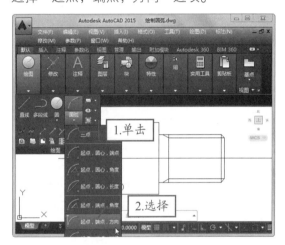

STEP 07 指定圆弧端点

捕捉图形上另一个端点为圆弧的端点。

STEP 08 指定圆弧方向

捕捉图形上辅助线的端点为圆弧的方向。即可绘制出一段圆弧。

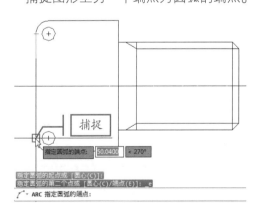

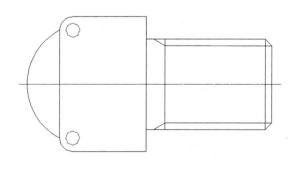

4.3.3 绘制椭圆和椭圆弧

椭圆是圆锥曲线的一种，由定义其长度和宽度的两条轴决定。下面通过绘制密封垫圈为例来介绍椭圆的绘制方法，具体操作方法如下：

⊛ 素材文件　光盘\素材\第 4 章\绘制椭圆和椭圆弧.dwg

STEP 01 选择"圆心"选项

　　打开素材文件，单击"绘图"面板中的"圆心"下拉按钮，选择"圆心"选项。

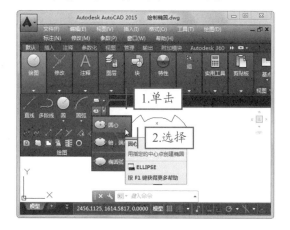

STEP 03 指定轴端点

　　通过捕捉模式捕捉图形上其他的参照点为椭圆的轴端点。

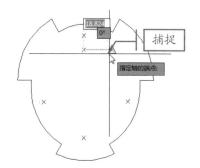

STEP 05 选择"椭圆弧"选项

　　单击"绘图"面板中的"圆心"下拉按钮，选择"椭圆弧"选项。

STEP 02 指定椭圆中心点

　　通过捕捉模式捕捉图形上的参照点为椭圆的中心点。

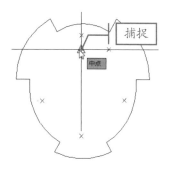

STEP 04 指定椭圆半径

　　通过捕捉模式捕捉图形上的参照点为椭圆的半径。

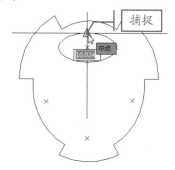

STEP 06 指定椭圆的轴端点

　　通过捕捉模式捕捉图形上的参照点为椭圆弧的轴端点。

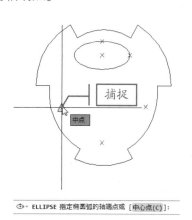

⊙▸ ELLIPSE 指定椭圆弧的轴端点或 [中心点(C)]：

STEP 07 指定另一个轴端点

通过捕捉模式捕捉图形上的参照点为椭圆弧的另一个轴端点。

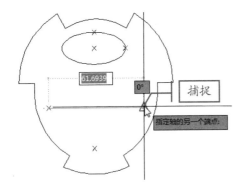

STEP 08 指定另一条半轴长

通过捕捉模式捕捉图形上的参照点为椭圆弧的另一条半轴长。

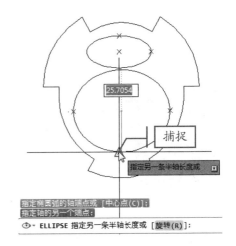

STEP 09 指定起点角度

输入指定起点角度为 0°。

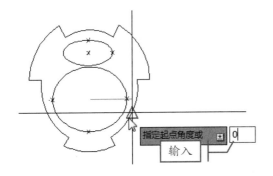

STEP 10 指定端点角度

输入端点角度为 180°，按【Enter】键确认，即可完成图形绘制。

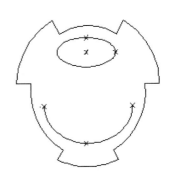

4.3.4 绘制圆环

在 AutoCAD 2015 中，圆环包括填充环和实体填充圆两种类型。圆环是一种带有宽度的闭合多段线，可以通过指定圆环的内外直径和圆心来创建圆环。在创建一个圆环后，通过指定不同的中心点可以继续创建具有相同直径的多个副本。下面通过实例来介绍如何绘制圆环，具体操作方法如下：

素材文件	光盘\素材\第 4 章\绘制圆环.dwg

STEP 01 单击"圆环"按钮

打开素材文件，单击"绘图"面板中的"圆环"按钮。

STEP 02 指定圆环内半径

通过依次捕捉圆的象限点，指定圆环内半径。

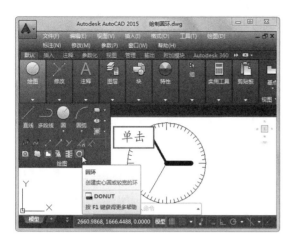

STEP 03 指定圆环外半径

依次在图形两侧单击指定两点，从而指定圆环的外半径。

STEP 04 绘制圆环

通过捕捉圆心指定圆环的中心点，在原有图形的外侧绘制出一个圆环。

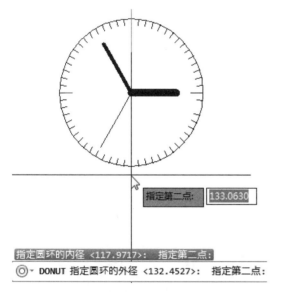

4.3.5 绘制样条曲线

样条曲线是通过一系列指定点生成的光滑曲线。用户可以通过指定点来创建样条曲线，可以封闭样条曲线，使起点和端点重合，也可以控制曲线与点的拟合程度。下面将通过实例介绍样条曲线的绘制方法，具体操作方法如下：

素材文件	光盘\素材\第 4 章\绘制样条曲线.dwg

STEP 01 单击"样条曲线拟合"按钮

打开素材文件，单击"绘图"面板中的"样条曲线拟合"按钮。

STEP 02 启动对象捕捉

右击状态栏中的"对象捕捉"按钮，选择"对象捕捉设置"命令。

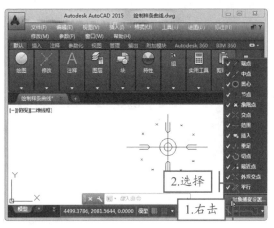

STEP 03 设置对象捕捉

弹出"草图设置"对话框，分别选中"启用对象捕捉"、"端点"和"交点"复选框，单击"确定"按钮。

STEP 04 通过拟合点绘制样条曲线

依次捕捉图形的端点和交点，通过拟合点绘制样条曲线。用同样的方法，完成图形样条曲线的绘制。

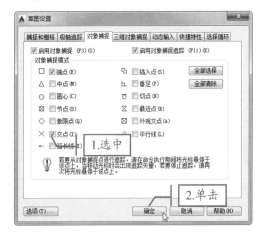

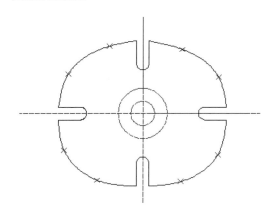

STEP 05 单击"样条曲线控制点"按钮

单击"绘图"面板中的"样条曲线控制点"按钮 。

STEP 06 通过控制点绘制样条曲线

通过捕捉图形中的端点与交点，以指定控制点的方式绘制样条曲线。

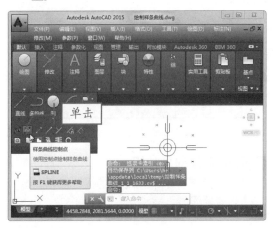

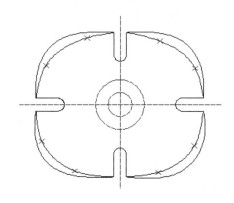

4.4 矩形和多边形的绘制

矩形和多边形的各边不可单独进行编辑，它们是一个整体的闭合多段线。下面来学习矩形和正多边形的绘制方法。

4.4.1 绘制矩形

在绘制矩形时，可以指定矩形的基本参数，如长度、宽度、旋转角度，并可控制角的类型，如圆角、倒角或直角等。下面以绘制茶几为例介绍矩形的绘制方法，具体操作方法如下：

素材文件	光盘\素材\第 4 章\绘制矩形.dwg

STEP 01 单击"矩形"按钮

打开素材文件，单击"绘图"面板中的"矩形"按钮。

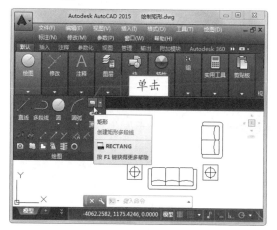

STEP 02 输入坐标

输入"0,0"并按【Enter】键确认，再输入"1200,700"并按【Enter】键确认。

命令: _rectang
指定第一个角点或 [倒角(C)/标高(E)/圆角(F)/厚度(T)/宽度(W)]: 0,0
指定另一个角点或 [面积(A)/尺寸(D)/旋转(R)]: 1200,700

STEP 03 绘制矩形

此时，即可绘制出一个长为 1200，宽为 700 的矩形。

STEP 04 输入坐标

输入"100,100"并按【Enter】键确认，再输入"1000,500"并按【Enter】键确认。此时，即可绘制出一个长为 1000，宽为 500 的矩形。

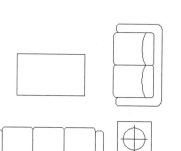

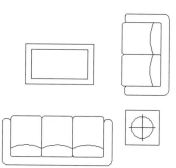

4.4.2　绘制正多边形

使用"多边形"命令可以轻松地绘制等边三角形、正方形、五边形、六边形等图形。下面通过实例介绍正多边形的绘制方法，具体操作方法如下：

素材文件	光盘\素材\第4章\绘制正多边形.dwg

STEP 01 选择"多边形"选项

打开素材文件，单击"绘图"面板中的"矩形"下拉按钮，选择"多边形"选项。

STEP 02 输入边的数目

输入正多边形的侧面数为3，并按【Enter】键确认。

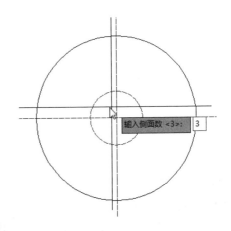

STEP 03 指定中心点

通过对象捕捉模式指定辅助线的交点为正多边形的中心点。

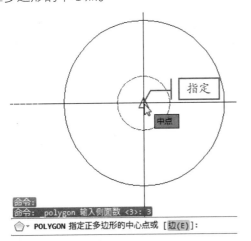

STEP 04 选择"内接于圆"选项

在弹出的快捷菜单中选择"内接于圆"选项。

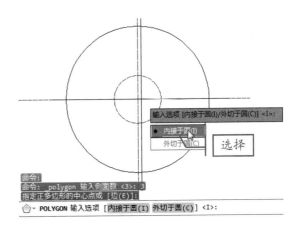

STEP 05 指定圆的半径

通过捕捉圆的象限点指定半径，此时即可出现一个内接于圆的正三边形。

STEP 06 绘制正六边形

采用同样的方法，输入正多边形的侧面数为6，并按【Enter】键确认。

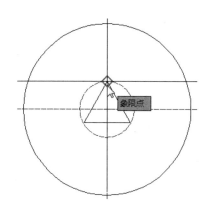

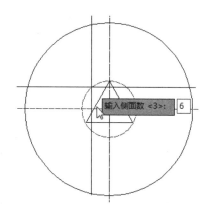

STEP 07 选择"外切于圆"选项

通过对象捕捉模式指定辅助线的交点为正多边形的中心点，选择"外切于圆"选项。

STEP 08 指定圆的半径

通过捕捉大圆的象限点指定半径，此时即可出现一个外切于圆的正六边形。

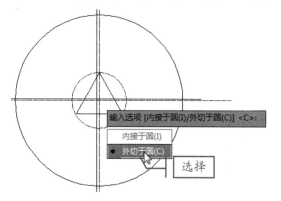

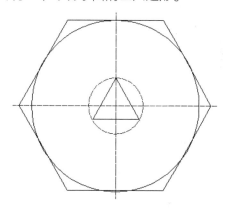

小提示

多边形可以用于绘制等边三角形、正方形、五边形、六边形和其他多边形。在命令行提示下，输入 POL 命令可以快速执行"正多边形"命令。

4.5 多线的绘制

多线一般是由多条平行线组成的对象，平行线之间的间距和线数是可以设置的，多用于绘制建筑平面图中的墙体图形。

4.5.1 新建多线样式

在绘制多线时，可以使用包含两个元素的 STANDARD 样式，也可以自定义多线样式或新建多线样式，具体操作方法如下：

STEP 01 选择"多线样式"命令

在 AutoCAD 窗口中选择"格式"|"多线样式"命令。

STEP 02 新建多线样式

弹出"多线样式"对话框，单击"新建"按钮，弹出"创建新的多线样式"对话框，输入多线样式名称，单击"继续"按钮。

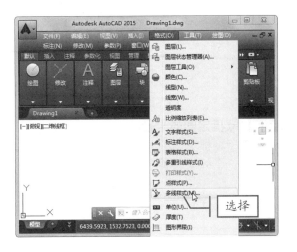

STEP 03 设置图元

在弹出的"新建多线样式：1"对话框中单击"添加"按钮，在"偏移"文本框中设置偏移量，单击"添加"按钮，添加图元偏移量，单击"确定"按钮。

STEP 04 置为当前

返回"多线样式"对话框，选择新建的样式1，单击"置为当前"按钮，单击"确定"按钮。

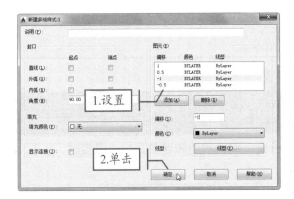

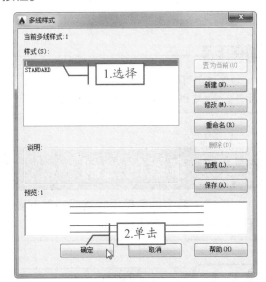

小提示

多线样式列表中可以包含外部参照的多线样式，不能将外部参照中的多线样式设置为当前样式。而且不能删除 STANDARD 多线样式、当前多线样式或正在使用的多线样式。

4.5.2 绘制多线

在设置所需的多线样式后，即可进行多线的绘制。下面以绘制室内平面图为例介绍多线的绘制方法，具体操作方法如下：

素材文件	光盘\素材\第 4 章\绘制多线.dwg

STEP 01 选择"多线"命令

打开素材文件，选择"绘图"|"多线"命令。

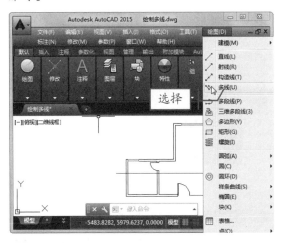

STEP 02 指定起点

捕捉图形上辅助线的端点为多线的起点。

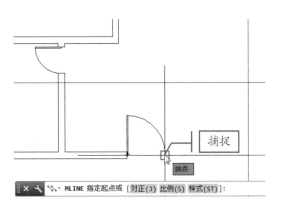

STEP 03 指定下一点

通过捕捉模式依次捕捉辅助线的交点绘制多线，并按【Enter】键确认。

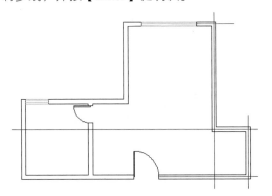

STEP 04 绘制其他多线

用同样的方法，绘制其他多线。

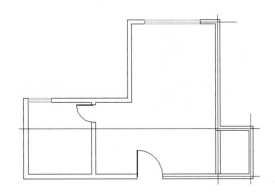

新手 练兵场

绘制沙发组合平面图

下面以绘制沙发组合平面图为例，巩固之前所学的直线、椭圆、构造线的绘制，矩形与正六边形的绘制，以及圆与圆弧的绘制等知识。

STEP 01 绘制矩形

执行"矩形"命令，绘制一个长为 1900，宽为 700 的矩形。

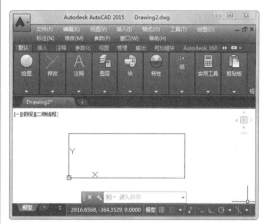

STEP 02 分解图形

单击"修改"面板中的"分解"按钮，分解矩形。

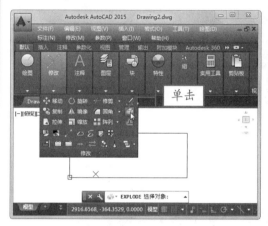

STEP 03 定数等分

执行"定数等分"命令，选择对象，在命令行窗口输入 3，并按【Enter】键确认。

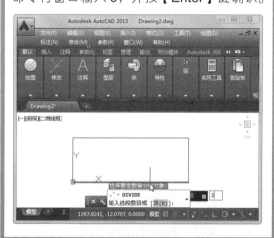

STEP 04 设置点样式

打开"点样式"对话框，选择点样式，单击"确定"按钮。

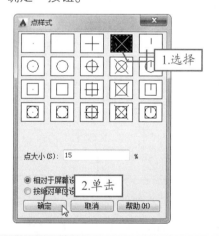

STEP 05 偏移直线

执行"偏移"命令，选择要偏移的直线，向下偏移 150。

STEP 06 绘制直线

执行"直线"命令，捕捉等分点（第 2 点）作为直线的起点，捕捉偏移直线上的垂足点为第二点。

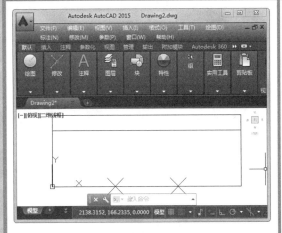

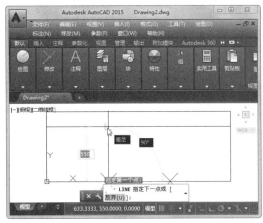

STEP 07 绘制矩形

执行"矩形"命令，绘制一个长为 120，宽为 700 的矩形。

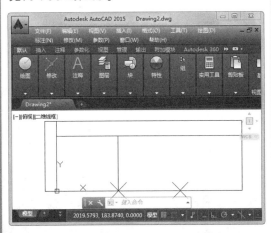

STEP 08 镜像矩形

执行"镜像"命令，选择刚绘制的矩形，捕捉直线的中点为镜像点和镜像线，不删除源图形。

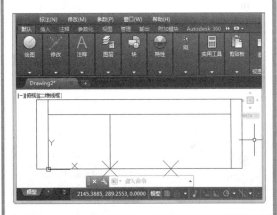

STEP 09 绘制圆

在绘图区绘制一个半径为 300 的圆。

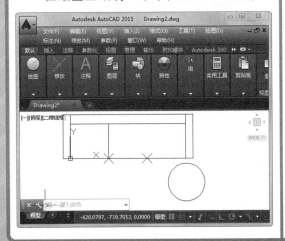

STEP 10 绘制椭圆

执行"椭圆"命令，捕捉象限点，绘制一个指定轴端点为 300，指定另一半半轴长度为 60 的椭圆。

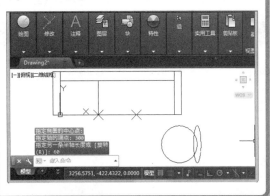

STEP 11 绘制矩形

执行"矩形"命令，绘制一个长为 800，宽为 500 的矩形。

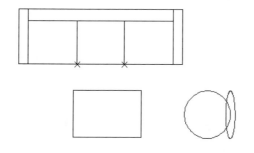

STEP 12 执行"偏移"命令

执行"偏移"命令，选择刚绘制的矩形，向外偏移 50。

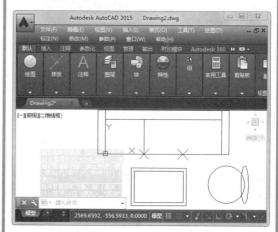

STEP 13 执行"圆弧"命令

执行"圆弧"命令，捕捉第一个矩形的端点作为圆弧的起点，捕捉第二个矩形的中点作为圆弧的第二点，捕捉第一个矩形的端点，作为圆弧的端点。

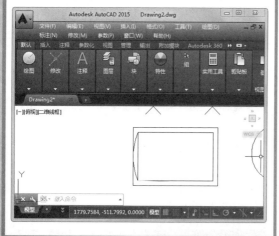

STEP 14 镜像圆弧

删除偏移的矩形，执行"镜像"命令，捕捉矩形的边线的中点为镜像点和镜像线，不删除源图形。

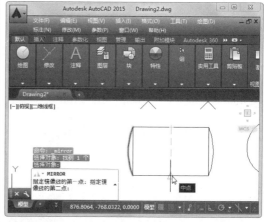

STEP 15 查看最终效果

绘制完成，即可查看沙发组合平面图的最终效果。

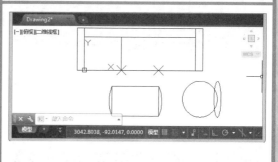

高手秘籍——AutoCAD 中区域覆盖功能的运用

区域覆盖是 AutoCAD 的一个基础绘图功能，使用该功能可有效遮挡后面的图形图案，下面将通过实例来介绍其使用方法。

素材文件	光盘\素材\第 4 章\AutoCAD 中区域覆盖功能的运用.dwg

步骤01 绘制矩形

打开素材文件，单击"绘图"面板中的"矩形"按钮，在图形中合适的位置绘制一个矩形。

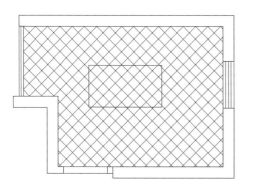

步骤02 区域覆盖

单击"绘图"面板中的"区域覆盖"按钮。

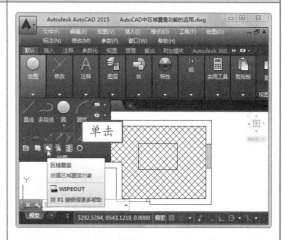

步骤03 指定第一点

启用捕捉模式，捕捉矩形的任意角点为区域覆盖的第一点，依次捕捉绘制区域覆盖。

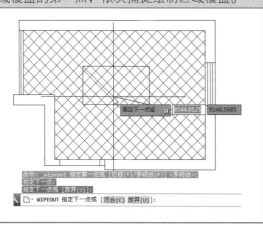

步骤04 覆盖图案

捕捉完成后按【Enter】键确认，即可覆盖矩形后面的填充图案。

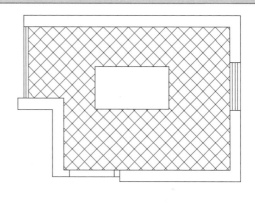

秒杀疑惑

1 直线和多段线有什么区别？

直线绘制出来的是单一的个体，多段线一次性绘制出来的是一个整体。用直线不能画出多段线，用直线画出连续的线段后可将其合并成多段线。当然，也可将多段线分解成单一的多条直线。

2 构造线除了定位，还有其他什么用途？

构造线主要用来作为辅助线，作为创建其他对象的参照。例如，可以利用构造线来定位一个打孔的中心点，为同一个对象准备多重视图，或者创建可用于对象捕捉的临时截面等。

3 如何利用"圆环"命令绘制出实心填充圆和普通圆？

执行"圆环"命令，将圆环的内径设置为 0，圆环外径设置的数值大于 0，此时绘制出的圆环则为实心填充圆。

如果将圆环的内径与外径设置为相同值，此时绘制出的圆环则为普通圆。

本章学习计划与目标

在 AutoCAD 2015 中，可以对二维图形对象进行复制、偏移、镜像、删除、移动、旋转等操作，还可以通过修剪、打断、夹点编辑、阵列等操作创建复杂的二维图形。本章将对各种编辑操作进行详细介绍。

Chapter
05

二维图形的编辑

新手上路重点索引

本章重点实例展示

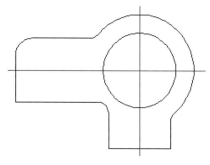

添加圆角

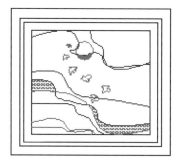

偏移对象

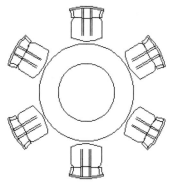

阵列图形

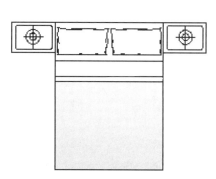

填充渐变色

5.1 图形对象的选取

在通过选择对象进行编辑时，可以进行多种选择。例如，通过单击逐个选择对象，也可以通过矩形选择、快速选择等方式同时选择多个对象。

5.1.1 单击选择和矩形选择

将矩形拾取框光标放在要选择的对象上，此时对象将亮显，单击即可进行选择。通过绘制矩形，可进行窗口选择或窗交选择。使用窗口选择，所有部分均位于矩形窗口内的对象将被选中，只有部分位于矩形窗口内的对象将不会被选中；使用窗交选择，所有部分均位于矩形窗口内的对象，以及只有部分位于矩形窗口内的对象都将被选中。下面将通过实例对其进行介绍，具体操作方法如下：

> 🔘 **素材文件** 　光盘\素材\第 5 章\单击选择和矩形选择.dwg

STEP 01 打开素材

打开素材文件，将光标移动到要选择的对象上，此时对象处于亮显状态。

STEP 02 选中对象

单击此对象出现蓝色夹点，即可选中图形对象。

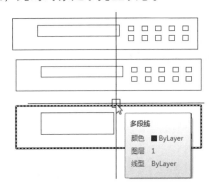

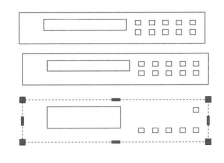

STEP 03 窗交选择

按【Esc】键取消选择。在绘图区右侧空白处单击，向左移动鼠标，出现一个绿色矩形。

STEP 04 选中图形

单击即可全部选中图形。

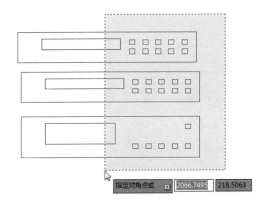

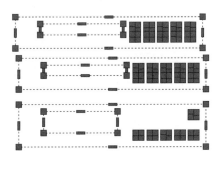

STEP 05 窗口选择

按【Esc】键取消选择。在绘图区左侧空白处单击，向右移动鼠标，出现一个蓝色矩形。

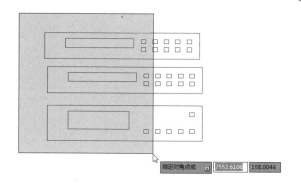

STEP 06 选中部分图形

单击即可选中蓝色矩形中的图形。若图形是一个整体，窗口选择蓝色矩形只覆盖一部分，则这个图形不会被选中。

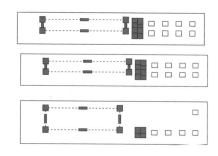

5.1.2 快速选择

当需要选择具有某些共同特性的对象时，可以通过"快速选择"工具来实现。当需要选择的对象不便通过绘制矩形窗口选择时，可以通过围栏选择选取该对象。下面将通过实例对其进行介绍，具体操作方法如下：

素材文件	光盘\素材\第 5 章\快速选择.dwg

STEP 01 单击"快速选择"按钮

打开素材文件，单击"实用工具"面板中的"快速选择"按钮。

STEP 02 设置图形特性

弹出"快速选择"对话框，在"特性"列表中选择"图层"选项，在"值"下拉列表中选择"软包"选项，单击"确定"按钮。

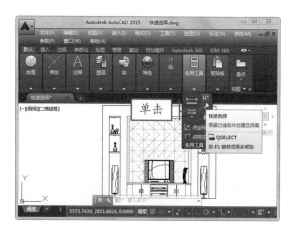

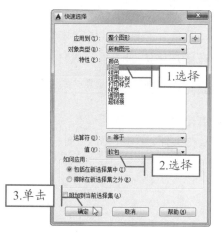

STEP 03 选择图形

此时，在绘图区图层中的所有对象将被快速选择。

STEP 04 围栏选择

在命令行窗口输入 SELECT 命令，然后按【Enter】键确认。在命令行窗口输入 F 并按【Enter】键确认，打开围栏选择。

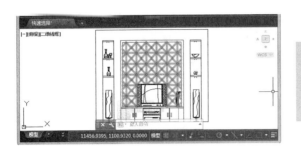

命令：SELECT
选择对象：F
指定第一个栏选点：

STEP 05 绘制栏选直线

在图形指定位置依次单击，绘制栏选直线。按【Enter】键确认操作，即可选择对象。

小提示

在选择对象时，按住【Shift】键再次选择已选中对象，可以从中减选对象，按【Esc】键终止当前选择，放弃已选中的对象。

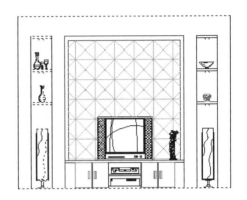

5.2 圆角与倒角的添加

使用"圆角"工具可以创建与对象相切并且具有指定半径的圆弧来连接两个对象，使用"倒角"工具可以使两个对象以平角或倒角相连接，下面将分别对其进行详细介绍。

5.2.1 添加圆角

使用"圆角"工具可以指定半径的圆弧与对象相切来连接两个对象。下面通过实例来介绍如何在图形中添加圆角，具体操作方法如下：

素材文件	光盘\素材\第 5 章\圆角.dwg

STEP 01 单击"圆角"按钮

打开素材文件，单击"修改"面板中的"圆角"按钮。

小提示

在执行"圆角"命令前，可以设置是否修建对象，即在添加圆角后是否删除源对象。

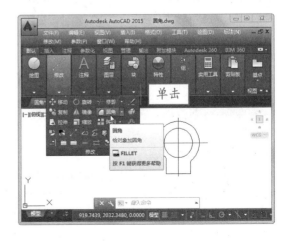

STEP 02 指定圆角半径

输入 r，并按【Enter】键确认。再输入圆角半径 100，并按【Enter】键确认。

> 命令：fillet
> 当前设置：模式 = 修剪，半径 = 0.0000
> 选择第一个对象或 [放弃(U)/多段线(P)/半径(R)/修剪(T)/多个(M)]: r
> 指定圆角半径 <0.0000>: 100

STEP 03 选择第一个边

选择需要设置圆角对象的一边。

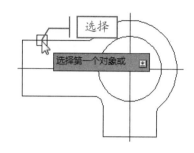

STEP 04 选择第二个边

选择需要设置圆角对象的另一边。

STEP 05 添加圆角

此时，即可形成一个指定的圆角。

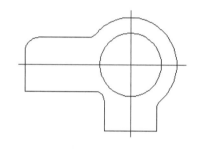

5.2.2 添加倒角

在实际图形绘制过程中，使用"倒角"工具可将直角或锐角进行倒角处理。下面通过实例来介绍如何添加倒角，具体操作方法如下：

素材文件	光盘\素材\第 5 章\倒角.dwg

STEP 01 选择"倒角"选项

打开素材文件，单击"修改"面板中的"圆角"下拉按钮，选择"倒角"选项。

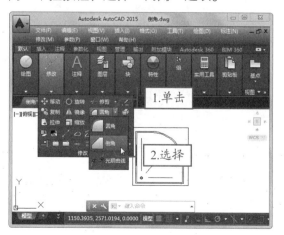

STEP 02 设置倒角距离

输入 d，并按【Enter】键确认。再输入 200，并按【Enter】键确认，指定第一个倒角距离。再次输入 200，并按【Enter】键确认，指定第二个倒角距离。

> 命令：_chamfer
> ("修剪"模式) 当前倒角距离 1 = 0.0000，
> 距离 2 = 0.0000
> 选择第一条直线或 [放弃(U)/多段线(P)/距离(D)/角度(A)/修剪(T)/方式(E)/多个(M)]: d
> 指定第一个倒角距离 <0.0000>: 200
> 指定第二个倒角距离 <50.0000>: 200

STEP 03 选择第一条直线

选择矩形上的水平直线为倒角的第一条直线。

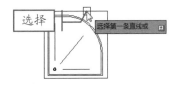

STEP 04 选择第二条直线

选择矩形上的垂直直线为倒角的第二条直线。

STEP 05 添加倒角

此时，即可形成一个指定的倒角。

5.3　图像副本的快速创建

使用"复制"、"偏移"、"镜像"与"阵列"工具可以方便、快速地创建所需的对象副本，下面将分别对其进行介绍。

5.3.1　复制图形

复制对象是将原对象保留，移动原对象的副本图形，复制后的对象将继承原对象的属性。在 AutoCAD 中可以单个复制，也可以根据需要连续复制。下面将通过实例对其进行介绍，具体操作方法如下：

素材文件	光盘\素材\第 5 章\复制.dwg

STEP 01 单击"复制"按钮

打开素材文件，单击"修改"面板中的"复制"按钮。

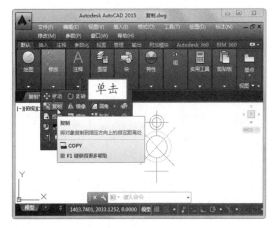

STEP 02 选择图形

选择要复制的图形，并按【Enter】键确认。

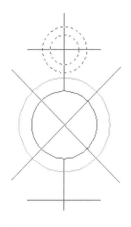

STEP 03 指定基点

通过圆心捕捉模式指定位移的基点。

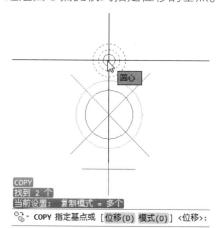

STEP 04 移动图形

将光标移动到交点位置，指定第二个点。此时即可复制出与该对象完全相同的副本，按【Esc】键结束操作。

5.3.2 偏移图形

"偏移"工具用于创建与选定对象形状一样的平行的新对象。偏移圆或圆弧可以创建更大或更小的圆或圆弧，取决于向哪一侧偏移。用户可以对直线、圆弧、圆、椭圆、椭圆弧、二维多段线、构造线、射线和样条曲线等多种对象进行偏移操作。下面将通过实例对其进行介绍，具体操作方法如下：

素材文件	光盘\素材\第 5 章\偏移.dwg

STEP 01 单击"偏移"按钮

打开素材文件，单击"修改"面板中的"偏移"按钮。

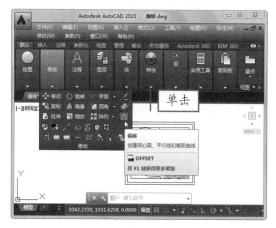

STEP 02 指定偏移距离

在命令行窗口中输入 40 并按【Enter】键确认，指定偏移距离为 40。

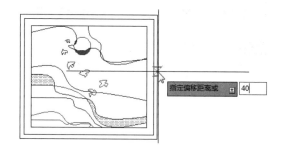

STEP 03 选择偏移对象

选择图形中最外面的矩形作为偏移对象。

STEP 04 偏移对象

在矩形外围单击，指定要偏移的那一侧上的点，按【Enter】键确认。此时，该对象将以 40 为距离进行偏移复制。

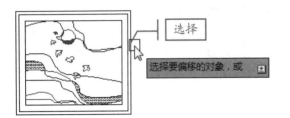

5.3.3 镜像图形

使用"镜像"工具可以绕指定轴翻转对象，创建对称的镜像图像。用户可以使用"镜像"工具绘制半个对象，然后将其镜像复制，从而省去绘制整个对象的麻烦。下面通过实例对其进行介绍，具体操作方法如下：

素材文件	光盘\素材\第 5 章\镜像.dwg

STEP 01 单击"镜像"按钮

打开素材文件，单击"修改"面板中的"镜像"按钮。

STEP 02 选择镜像对象

选择要镜像复制的对象，按【Enter】键确认。

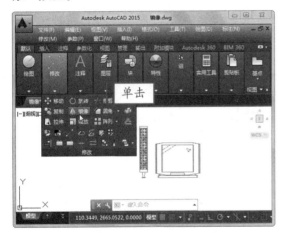

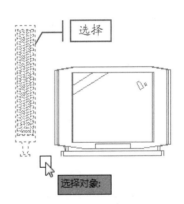

STEP 03 指定镜像线的点

通过中点捕捉模式分别指定镜像线的第一点和第二点。

STEP 04 保留源对象

输入 N 并按【Enter】键确认，确认保留源对象。此时，可以在镜像线的另一侧复制出源对象的副本。

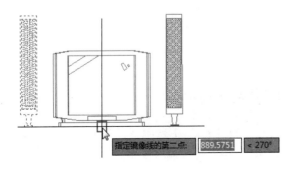

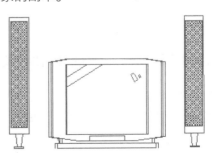

5.3.4 阵列图形

用户可以通过矩形阵列、路径阵列或环形阵列来创建对象的副本。对于创建多个定间距的对象，使用"阵列"工具要比"复制"工具效率更高。下面将通过实例来进行介绍，具体操作方法如下：

素材文件	光盘\素材\第 5 章\阵列.dwg

STEP 01 选择"矩形阵列"选项

打开素材文件，在"修改"面板中单击"阵列"下拉按钮，选择"矩形阵列"选项。

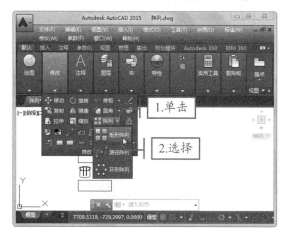

STEP 02 选择阵列对象

在绘图区中选择要阵列的图形对象，按【Enter】键确认。

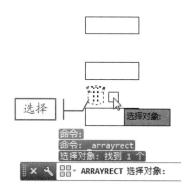

STEP 03 设置阵列选项

选择"阵列"面板，在"列数"文本框中输入 2，在"介于"文本框中输入 800。在"行数"文本框中输入 3，在"介于"文本框中输入 1300，并按【Enter】键确认。

STEP 04 阵列对象

此时，即可完成图形对象的矩形阵列操作，查看阵列效果。

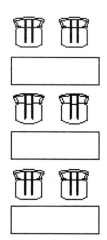

STEP 05 选择"环形阵列"选项

单击"修改"面板中的"阵列"下拉按钮，选择"环形阵列"选项。

STEP 06 选择阵列对象

在绘图区中选择要阵列的图形对象，并按【Enter】键确认。

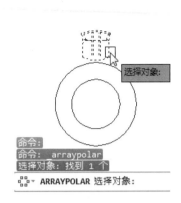

STEP 07 指定阵列中心点

通过圆心捕捉模式指定阵列的中心点。

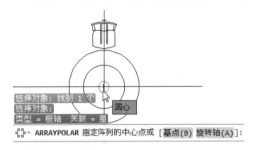

STEP 08 设置阵列选项

在"阵列"面板的"项目数"文本框中输入 6，在"填充"文本框中输入 360，并按【Enter】键确认。

STEP 09 环形阵列对象

此时即可完成图形对象的环形阵列操作，查看阵列效果。

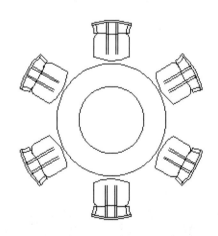

小提示

在命令行窗口中输入 ARRAY 命令，可以快速执行"阵列"命令。

5.4 图形对象的修改

使用"分解"工具可将多段线、标注、图案填充或块参照复合对象转变为单个的元素，通过"合并"工具可将多个对象合并为一个对象，使用"修剪"工具可使对象精确地终止于由其他对象定义的边界，使用"打断"工具可将一个对象打断为两个对象，下面分别进行详细介绍。

5.4.1 分解图形

使用"分解"工具可分解多段线、标注、图案填充或块参照等复合对象,将其转换为单个元素。下面通过实例对其进行介绍,具体操作方法如下:

| 素材文件 | 光盘\素材\第 5 章\分解图形.dwg |

STEP 01 单击"分解"按钮

打开素材文件,在"修改"面板中单击"分解"按钮。

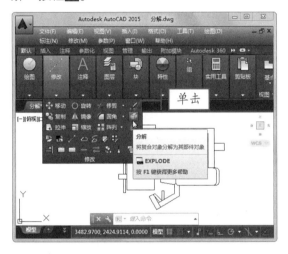

STEP 02 选择对象

通过移动矩形拾取框,选择绘图区中的块进行参照。

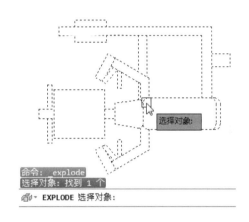

STEP 03 分解对象

按【Enter】键确认选择,即可将其分解成直线、多段线等单个元素。

小提示

在分解多段线后,图形将丢失所有关联的宽度信息,多线段的宽度会发生变化。

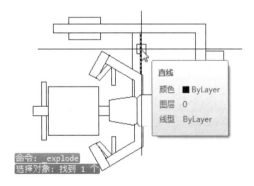

5.4.2 合并图形

合并图形对象是将相似的对象合并为一个对象。合并对象必须位于相同的平面上。下面通过实例对其进行介绍,具体操作方法如下:

| 素材文件 | 光盘\素材\第 5 章\合并.dwg |

STEP 01 单击"合并"按钮

打开素材文件,在"修改"面板中单击"合并"按钮。

STEP 02 选择源对象

选择图形左侧的水平线段作为要合并的源对象。

STEP 03 选择合并对象

选择图形右侧的水平线段为要合并的对象，按【Enter】键合并图形。

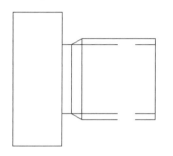

STEP 04 合并其他对象

按照同样的方法合并图形下方的水平直线，查看最终效果。

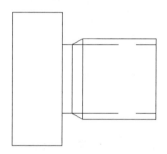

5.4.3 修剪图形

修剪图形就是将超过修剪边的线段修剪掉。下面通过实例对其进行介绍，具体操作方法如下：

素材文件	光盘\素材\第 5 章\修剪图形.dwg

STEP 01 单击"修剪"按钮

打开素材文件，单击"修改"面板中的"修剪"按钮。

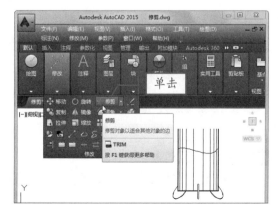

STEP 02 选择要修剪的边

在绘图区选择要修剪的边，并按【Enter】键确认。

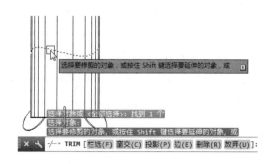

STEP 03 选择修剪对象

选择图形上要修建的对象，并按【Enter】键确认，查看修剪效果。

5.4.4 打断图形

打断图形就是将直线、多段线、圆弧或样条曲线等图形分为两个图形对象，或将其中一部分删除。下面通过实例对其进行介绍，具体操作方法如下：

💿 素材文件	光盘\素材\第 5 章\打断.dwg

STEP 01 单击"打断"按钮

打开素材文件，在"修改"面板中单击"打断"按钮🔲。

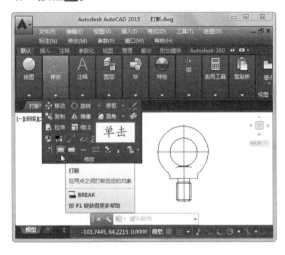

STEP 02 指定第一个打断点

单击要打断的对象，输入 f 并按【Enter】键确认，通过象限点捕捉模式指定第一个打断点。

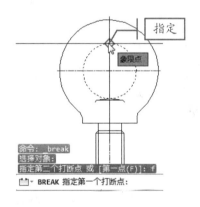

STEP 03 指定第二个打断点

通过象限点捕捉模式指定第二个打断点。

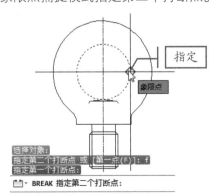

STEP 04 打断图形

此时该图形将按照指定的打断点被打断。

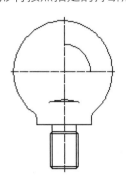

5.5 图形位置的修改

使用"移动"工具可以将对象移到其他位置，也可以通过"旋转"工具按角度或相对于其他对象进行旋转来修改对象的方向。使用"对齐"工具可以使某个图形对象与另一个对象对齐。

5.5.1 移动图形

使用"移动"工具可以指定的角度和方向移动对象，还可以借助坐标、栅格捕捉、对象捕捉和其他工具精确地移动对象。下面通过实例对其进行介绍，具体操作方法如下：

素材文件	光盘\素材\第 5 章\移动图形.dwg

STEP 01 单击"移动"按钮

打开素材文件，单击"修改"面板中的"移动"按钮。

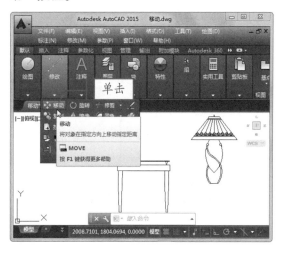

STEP 02 指定移动基点

通过矩形拾取框选择要移动的对象，按【Enter】键确认。指定台灯底座的中点为移动基点。

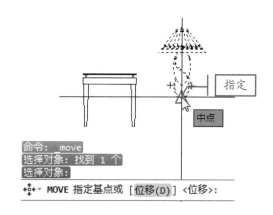

STEP 03 移动图形对象

指定立面茶几桌上的中点为第二点。单击，移动台灯图形对象。

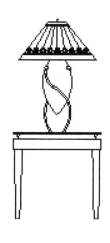

小提示

在命令行提示下，输入 MOVE 命令可以快速执行"移动"命令。

5.5.2　旋转图形

使用"旋转"工具可以绕指定基点旋转图形中的对象。下面通过实例进行介绍，具体操作方法如下：

🌀 素材文件	光盘\素材\第 5 章\旋转图形.dwg

STEP 01 单击"旋转"按钮

打开素材文件，单击"修改"面板中的"旋转"按钮。

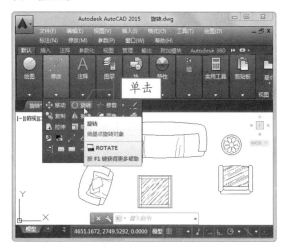

STEP 02 指定旋转基点

通过矩形拾取框选择要旋转的对象，并按【Enter】键确认。指定沙发靠背上的中点为旋转基点。

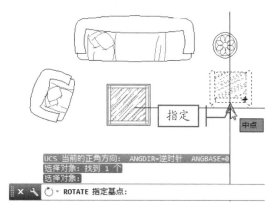

STEP 03 指定旋转角度

指定旋转角度，如输入 90 并按【Enter】键确认。此时，该对象将以指定点为基点旋转 90°。

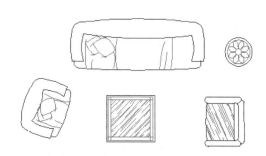

5.5.3　对齐图形

使用"对齐"工具可以对所选对象执行移动、旋转或倾斜操作，使其与另一个对象对齐。下面通过实例进行介绍，具体操作方法如下：

🌀 素材文件	光盘\素材\第 5 章\对齐图形.dwg

STEP 01 单击"对齐"按钮

打开素材文件，在"修改"面板中单击"对齐"按钮🔲。

STEP 02 指定第一个源点

选择要对齐的对象，按【Enter】键确认。通过对象捕捉模式指定第一个对象源点。

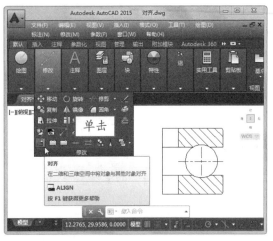

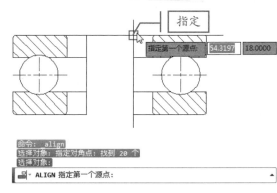

STEP 03 指定第一个目标点

指定另一个对象的端点为第一个目标点。

STEP 04 指定第二个源点和目标点

以同样的方法指定第二个源点和目标点，并按【Enter】键确认。

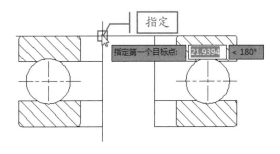

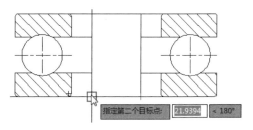

STEP 05 选择"否"选项

选择"否"选项，不基于对齐点缩放对象。此时，即可使两个所选对象对齐。

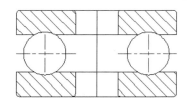

5.6 图形大小的修改

用户可以通过使用"拉伸"、"延伸"和"缩放"等工具来调整现有对象相对于其他对象的长度，缩短或拉长对象，或调整对象大小，使其在一个方向上或按比例增大或缩小。

5.6.1 拉伸图形

拉伸是将对象沿指定的方向和距离进行延伸，拉伸后与原对象是一个整体，只是长度会发生改变。下面通过实例对其进行介绍，具体操作方法如下：

素材文件	光盘\素材\第 5 章\拉伸图形.dwg

STEP 01 单击"拉伸"按钮

打开素材文件,单击"修改"面板中的"拉伸"按钮。

STEP 02 指定基点

在绘图区选择要拉伸的对象并按【Enter】键确认,通过中点捕捉模式指定图形上方中点为拉伸的第一基点。

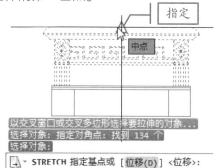

STEP 03 指定第二个点

向上移动鼠标,在图形上方任意单击一点为拉伸的第二点,此时即可查看拉伸后的图形对象。

5.6.2 延伸图形

延伸图形是将指定的图形对象延伸到指定的边界。下面通过实例对其进行介绍,具体操作方法如下:

素材文件	光盘\素材\第5章\延伸图形.dwg

STEP 01 选择"延伸"选项

打开素材文件,单击"修改"面板中的"修剪"下拉按钮,选择"延伸"选项。

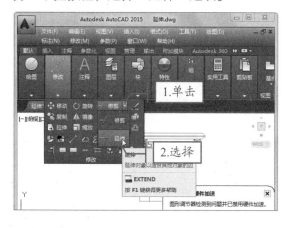

STEP 02 选择要延伸到的对象

在绘图区中选择要延伸到的对象,按【Enter】键确认选择。

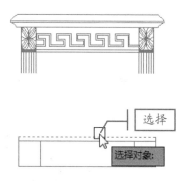

STEP 03 选择延伸对象

在绘图区中选择要延伸的对象。

STEP 04 延伸图形

单击延伸图形，并按【Enter】键确认，即可完成延伸图形。

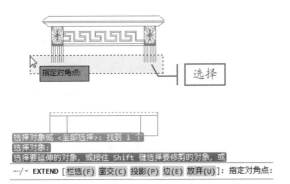

5.6.3 缩放图形

缩放图形就是将对象按统一比例进行放大或缩小。缩放对象需要指定基点和比例因子，比例因子大于 1 时将放大对象，比例因子介于 0 和 1 之间时将缩小对象。下面通过实例对其进行介绍，具体操作方法如下：

素材文件	光盘\素材\第 5 章\缩放图形.dwg

STEP 01 单击"缩放"按钮

打开素材文件，单击"修改"面板中的"缩放"按钮。

STEP 02 指定缩放基点

选择图形上的台灯为缩放对象，并按【Enter】键确认。通过中点捕捉模式捕捉台灯底座的中点为缩放基点。

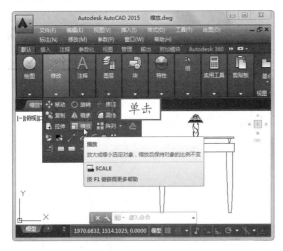

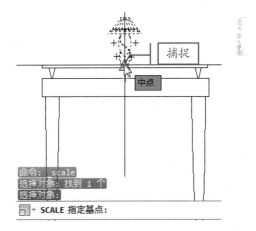

STEP 03 指定比例因子

指定比例因子为 4，并按【Enter】键确认。

STEP 04 放大图形

此时，即可对该图形执行放大操作，查看图形效果。

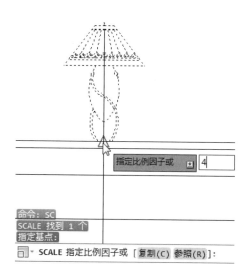

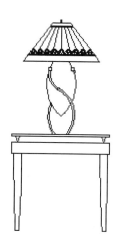

5.7   多线的编辑

通常在使用多线命令绘制墙体线后，都需要对线段进行编辑。AutoCAD 中提供了多个多线编辑工具。下面通过实例对其进行介绍，具体操作方法如下：

素材文件	光盘\素材\第 5 章\多线的编辑.dwg

STEP 01 选择"多线"命令

打开素材文件，选择"修改"|"对象"|"多线"命令。

STEP 02 选择多线编辑工具

弹出"多线编辑工具"对话框，选择"T形打开"工具。

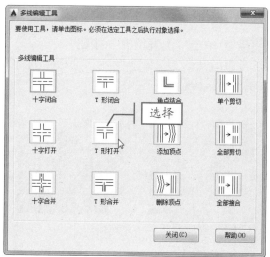

STEP 03 选择第一条多线

在绘图区选择第一条多线。

STEP 04 选择第二条多线

在绘图区选择第二条多线。

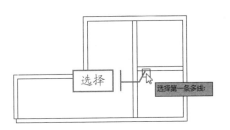

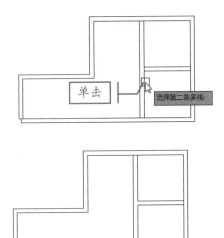

STEP 05 完成修剪编辑

选择完成后，即可完成多线的修剪编辑
操作。

5.8 图案填充

在绘制复杂的机械图形剖面时，为了区分零件的不同部分，需要采用不同的图例区别
显示。在绘制建筑剖面图或平面图时，经常需要象征性地表示不同的材质类型，如沙子、
混凝土、钢铁、泥土等，此时便可以通过 AutoCAD 的图案填充功能来实现。

5.8.1 填充图案

下面通过实例对图案填充的方法进行介绍，具体操作方法如下：

素材文件 光盘\素材\第 5 章\填充图案.dwg

STEP 01 单击"图案填充"按钮

打开素材文件，单击"绘图"面板中的"图
案填充"按钮■。

STEP 02 选择填充图案

自动切换到"图案填充创建"选项卡。单
击"图案填充图案"按钮，选择要填充的图案
AR-B816。

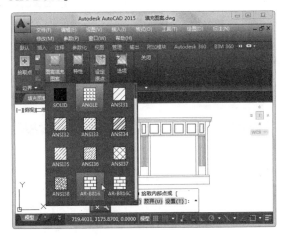

STEP 03 选择拾取点

将光标移动到图形上需要填充图案的区域内部，单击拾取内部点。

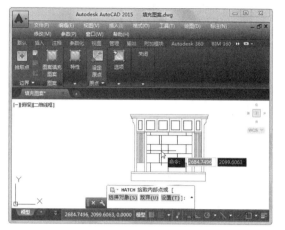

STEP 04 设置填充图案比例

在"图案填充创建"选项卡下"特性"面板的"填充图案比例"文本框中输入 0.5，按【Enter】键确认。

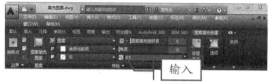

输入

STEP 05 查看填充图案效果

单击"关闭图案填充创建"按钮，查看填充图案效果。

小提示

在命令行窗口中输入 HATCH 命令，可以快速打开"图案填充和渐变色"对话框。

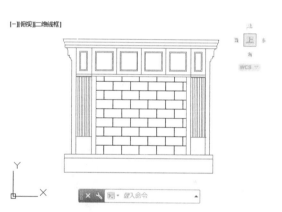

5.8.2 填充渐变色

渐变色填充即在一种颜色的不同灰度之间或两种颜色之间使用转场的填充方式。渐变填充提供光源反射的外观效果，可以增强图形的演示效果。下面通过实例对填充渐变色的方法进行介绍，具体操作方法如下：

素材文件 光盘\素材\第 5 章\填充渐变色.dwg

STEP 01 选择"渐变色"选项

打开素材文件，单击"绘图"面板中的"图案填充"下拉按钮，选择"渐变色"选项。

STEP 02 禁用双色渐变

自动切换到"图案填充创建"选项卡。单击"特性"面板中的"渐变色"按钮，禁用双色渐变功能。

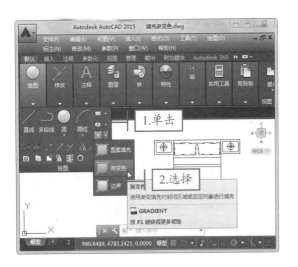

STEP 03 选择颜色

单击"特性"面板中"颜色"下拉按钮，在弹出的下拉列表中选择黄色。

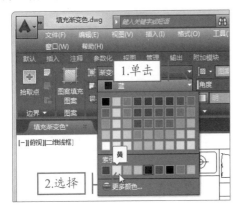

STEP 05 设置填充选项

在"特性"面板中拖动"角度"和"透明度"滑块，可以调整角度和透明度。

STEP 04 拾取内部点

在需要填充的位置单击，在图形中的指定区域拾取内部点。

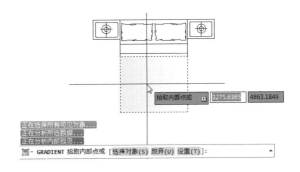

STEP 06 查看填充效果

单击"图案填充创建"选项卡下的"关闭图案填充创建"按钮，查看填充效果。

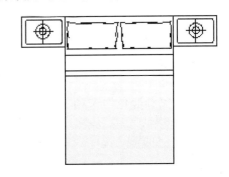

绘制电视背景墙

下面通过绘制一个电视背景墙图形来巩固本章所学的二维图形编辑知识，具体操作方法如下：

💿 效果文件	光盘\效果\第 5 章\绘制电视背景墙.dwg

STEP 01 分解图形

打开素材文件，选择图形右侧的花瓶，单击"分解"按钮。

STEP 02 移动图形

单击"移动"按钮，选择花瓶底座的中点，移到隔断最近点上。按照同样的方法，将其他花瓶移动到合适的位置。

STEP 03 缩放图形

单击"缩放"按钮，选择图形底座的中点，输入 3 并按【Enter】键确认。

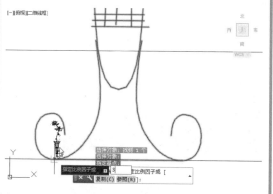

STEP 04 指定镜像第一点

在绘图区窗交选择矮柜，单击"镜像"按钮，以矮柜左边的交点为镜像第一点。

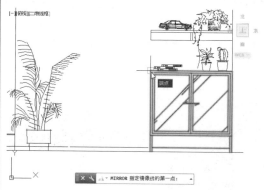

STEP 05 镜像矮柜

以矮柜下方的端点为镜像的第二点，不删除源对象，镜像图形。

STEP 06 拉伸图形

单击"拉伸"按钮，在绘图区选择图形，设置拉伸距离为 600 并按【Enter】键确认。

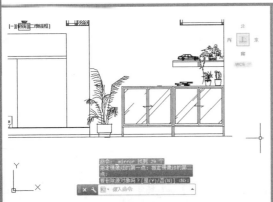

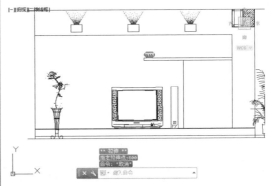

STEP 07 阵列对象

在绘图区选择图形，执行"矩形阵列"命令，设置阵列行数为 6，距离为 600，阵列对象。

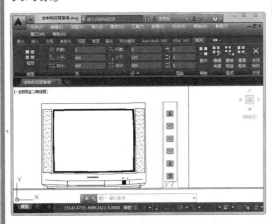

STEP 08 添加圆角

单击"圆角"按钮，在命令行窗口中输入 r，按【Enter】键确认。输入圆角半径 160，按【Enter】键确认，选择要添加圆角的图形。

STEP 09 选择填充图案

选择"图案填充创建"选项卡，单击"图案填充图案"下拉按钮，选择要填充的图案 ANSI38。

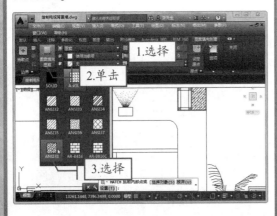

STEP 10 填充图案

在绘图区单击要填充的图案，调整比例，单击"关闭图案填充创建"按钮。

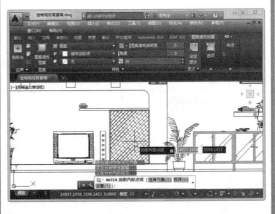

STEP 11 复制对象

选择花瓶图形，单击"复制"按钮。选择基点，复制对象。

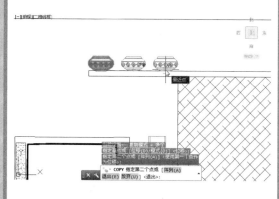

STEP 12 查看图形效果

此时，即可查看绘制好后的电视背景墙图形效果。

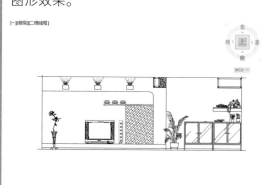

高手秘籍——孤岛检测

孤岛检测用于控制是否检测内部闭合边界，即孤岛。下面通过实例来对孤岛检测的使用方法进行介绍，具体操作方法如下：

素材文件	光盘\素材\第 5 章\孤岛检测.dwg

步骤01 单击"图案填充"按钮

打开素材文件，单击"绘图"面板中的"图案填充"按钮。

步骤02 单击"图案填充设置"按钮

单击"图案填充创建"选项卡下"选项"面板右侧的"图案填充设置"按钮。

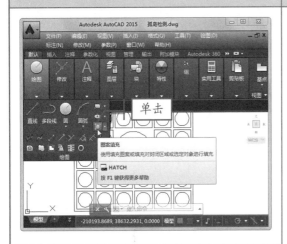

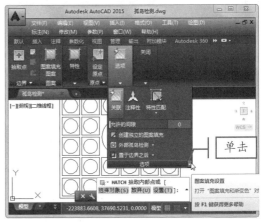

步骤03 设置图案填充选项

弹出"图案填充和渐变色"对话框，设置填充图案为AR-B88，比例为15，单击"添加：选择对象"按钮。

步骤04 选择填充对象

使用矩形窗交选择方式框选全部对象，按【Enter】键确认选择，即可完成图案填充。

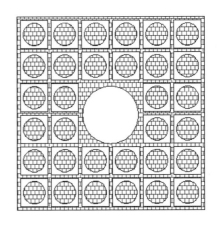

步骤 05 选中"外部"单选按钮

　　再次打开"图案填充和渐变色"对话框，单击"帮助"按钮附近的"更多选项"按钮⊙，选中"外部"单选按钮，单击"添加：选择对象"按钮。

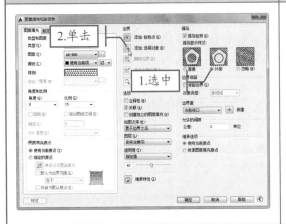

步骤 06 选择填充对象

　　使用矩形窗交选择方式框选全部对象，按【Enter】键确认选择，即可查看图案填充效果。

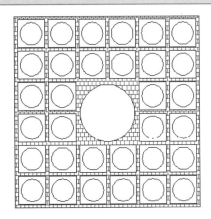

步骤 07 选中"忽略"单选按钮

　　在"图案填充和渐变色"对话框中选中"孤岛"选项区中的"忽略"单选按钮，单击"添加：选择对象"按钮。

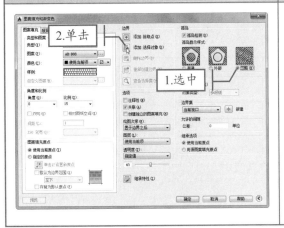

步骤 08 选择填充对象

　　使用矩形窗交选择方式框选全部对象，按【Enter】键确认选择，即可完成图案填充。

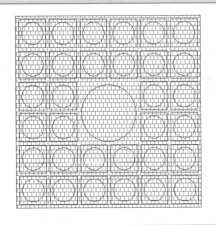

秒杀疑惑

1 为什么使用"修剪"工具无法修剪图形？

在实际操作中，如果出现无法修剪图形的情况，主要是因为该图形是以图块的形式显示的，只需将图块分解，再使用"修剪"工具即可修剪。

2 为何有时使用"快速选择"工具会不起作用？

使用"快速选择"工具根据颜色、线型或线宽过滤选择集时，应首先确定图形特性是否设置为 BYLAYER。

3 如何快速修剪图形？

在修剪多条线段时，如果按照默认的修剪方式，需要选取多次才能完成，此时可使用 fence 选取方式进行操作：单击"修剪"按钮，在命令行窗口输入 f，然后在需要修剪的图形中绘制一条线段，按【Enter】键，此时与该线段相交的图形或线段将全部被修剪掉。

Chapter 06

本章学习计划与目标

在 AutoCAD 中，利用图层可以方便地对图形进行管理，还可以通过隐藏、冻结图层等操作统一隐藏、冻结该图层上所有的图形对象，从而为图形的绘制提供方便。本章将介绍图层设置与管理方面的知识。

图层的设置与管理

新手上路重点索引

▶ 图层的设置　**112**　　　　　　▶ 图层的管理　**115**

本章重点实例展示

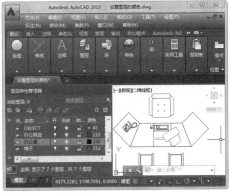

设置图层的颜色

打开图层

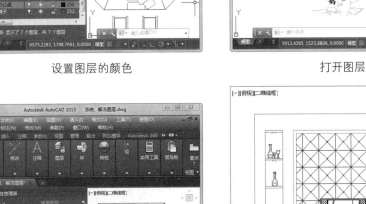

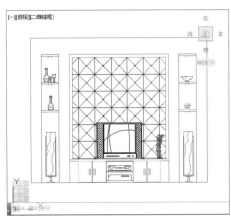

冻结图层

隔离图层

6.1 图层的设置

图层相当于图纸绘图中使用的重叠图纸，是较为常用的图形组织工具。用户可以使用图层按功能编组，也可以强制执行线型、颜色及其他标准于图层中的对象。例如，可以将构造线、标注和图案填充置于不同的图层上，以便对其进行管理；显示或隐藏某个图层中的图形，更改图层上所有对象的颜色、线型和线宽等。

6.1.1 新建图层

在绘制图形时根据需要会用到不同的颜色和线型等命令，这就需要新建不同的图层来进行控制。下面介绍如何新建图层，并对其进行命名，具体操作方法如下：

STEP 01 单击"图层特性"按钮

打开图形文件，单击"图层"面板中的"图层特性"按钮。

STEP 02 新建图层

打开"图层特性管理器"面板，单击"新建图层"按钮，即可在图层列表中显示新建的"图层 1"。

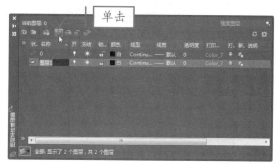

STEP 03 重命名图层

当新建图层后，文本框默认呈编辑状态。可直接输入图层名称，重命名该图层。也可随时单击所选图层的名称，对其进行重命名。

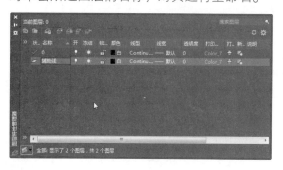

STEP 04 置为当前

当创建多个图层后，可选择某图层，单击"置为当前"按钮，将其置为当前层。也可直接双击某图层，将其置为当前层。

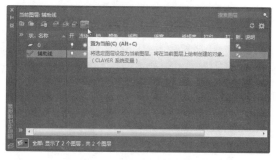

STEP 05 删除图层

　　选择某图层后，可单击"删除"按钮，或者右击要删除的图层，选择"删除图层"命令，即可删除该图层。

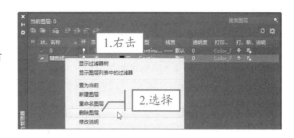

6.1.2　设置图层的颜色

　　为了区分不同的组件、功能和区域，可以为不同图层中的图形对象设置不同的颜色。下面通过实例对其进行介绍，具体操作方法如下：

> 素材文件　　光盘\素材\第 6 章\设置图层的颜色.dwg

STEP 01 单击"图层特性"按钮

　　打开素材文件，单击"图层"面板中的"图层特性"按钮。

STEP 02 设置颜色

　　打开"图层特性管理器"面板，选择图层列表中"办公桌"图层，单击"颜色"图标■。

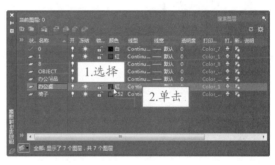

STEP 03 选择颜色

　　弹出"选择颜色"对话框，在"索引颜色"选项卡中选择所需的颜色，如选择黑色，单击"确定"按钮。

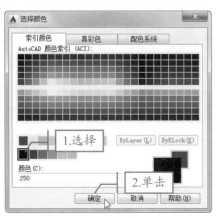

STEP 04 查看设置效果

　　此时查看设置效果，该图层的颜色已经发生了变化。

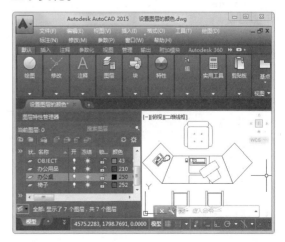

6.1.3 设置图层的线型

线型是指图形中线条的组成和显示方式，系统默认线型为 Continuous 线型。下面通过实例介绍如何设置图层的线型，具体操作方法如下：

| 素材文件 | 光盘\素材\第 6 章\设置图层的线型.dwg |

STEP 01 单击 Continuous 选项

打开素材文件，单击"图层"面板中的"图层特性"按钮，打开"图层特性管理器"面板。选择"办公用品"图层，单击 Continuous 选项。

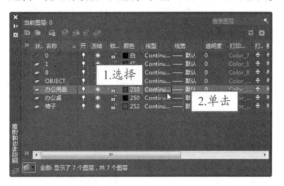

STEP 02 单击"加载"按钮

弹出"选择线型"对话框，单击其中的"加载"按钮。

STEP 03 选择线型样式

弹出"加载或重载线型"对话框，在"可用线型"列表中选择所需的线型样式，单击"确定"按钮。

STEP 04 选择加载线型

返回"选择线型"对话框，选择新加载的线型，单击"确定"按钮，即可完成线型的更改。

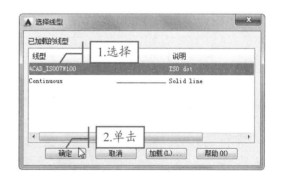

6.1.4 设置图层的线宽

线宽是指线条在显示或打印时的宽度。下面通过实例介绍如何设置图层的线宽，具体操作方法如下：

| 素材文件 | 光盘\素材\第 6 章\设置图层的线宽.dwg |

STEP 01 单击"默认"选项

打开素材文件，单击"图层"面板中的"图层特性"按钮，打开"图层特性管理器"面板。选择"椅子"图层，单击"线宽"下的"默认"选项。

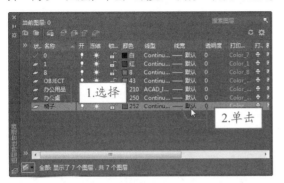

STEP 02 选择线宽

弹出"线宽"对话框，选择所需的线宽样式，单击"确定"按钮，即可完成线宽的设置。

6.2 图层的管理

在"图层特性管理器"中不仅可以创建图层、设置图层特性，还可以对创建好的图层进行管理，如锁定图层、关闭图层、冻结图层等。

6.2.1 打开与关闭图层

系统默认的图层都处于打开状态。若将某图层关闭，则该图层中所有的图形都不可见，且不能被编辑和打印。下面通过实例介绍如何打开与关闭图层，具体操作方法如下：

素材文件	光盘\素材\第 6 章\打开与关闭图层.dwg

STEP 01 关闭图层

打开素材文件，单击"图层"面板中的"图层特性"按钮，打开"图层特性管理器"面板。选择"相框"图层，单击"开"下的图标，其变为灰色，则表示该图层已被关闭。

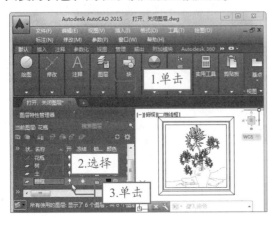

STEP 02 打开图层

此时在绘图区该图层中的所有图形不可见。反之，再次单击该按钮，使其呈高亮状态显示，即可打开图层进行操作。

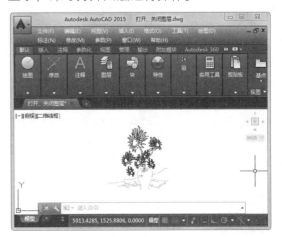

6.2.2 冻结与解冻图层

冻结图层有利于减少系统重生成图形的时间，在冻结图层中的图形文件不显示在绘图区中。下面通过实例介绍如何冻结与解冻图层，具体操作方法如下：

素材文件 | 光盘\素材\第6章\冻结与解冻图层.dwg

STEP 01 冻结图层

打开素材文件，单击"图层"面板中的"图层特性"按钮，打开"图层特性管理器"面板。选择"花"图层，单击"冻结"下的 ❄ 按钮，即可冻结该图层。

STEP 02 查看冻结结果

此时在绘图区该图层中的所有图形均不可见。反之，再次单击该按钮，即可解冻图层。

6.2.3 锁定与解锁图层

当某图层被锁定后，则该图层上所有的图形将无法进行修改或编辑。下面通过实例介绍如何锁定与解锁图层，具体操作方法如下：

素材文件 | 光盘\素材\第6章\锁定与解锁图层.dwg

STEP 01 锁定图层

打开素材文件，单击"图层"面板中的"图层特性"按钮，打开"图层特性管理器"面板。选择"相框"图层，单击"锁定"下的 🔓 按钮。

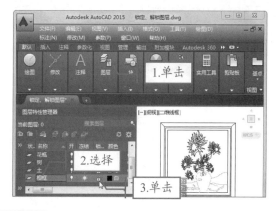

STEP 02 查看锁定结果

此时在绘图区该图层中的所有图形被锁定。当光标移至被锁定的图形上，就会显示锁定符号。再次单击该按钮，即可解锁该图层。

6.2.4 隔离图层

隔离图层与锁定图层在用法上相似，但隔离图层只能将选中的图层进行修改操作，而其他未被选中的图层都为锁定状态，无法进行编辑。下面通过实例介绍如何隔离图层，具体操作方法如下：

素材文件 光盘\素材\第 6 章\隔离图层.dwg

STEP 01 选择"图层隔离"命令

打开素材文件，选择"格式"|"图层工具"|"图层隔离"命令。

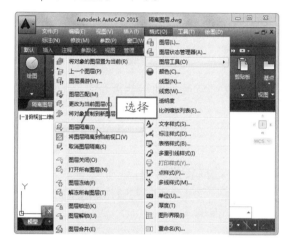

STEP 02 选择图形对象

选择"软包"图形为所需隔离图层上的图形对象，并按【Enter】键确认。

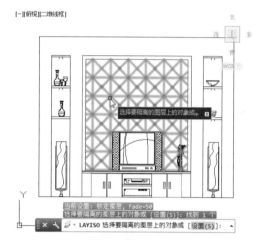

STEP 03 查看隔离结果

此时软包图形即被选中，而其他图形则为锁定状态。

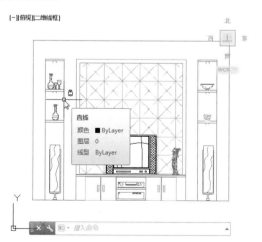

STEP 04 更改图形颜色

打开"图层特性管理器"面板，选择"软包"图层，单击"颜色"按钮。

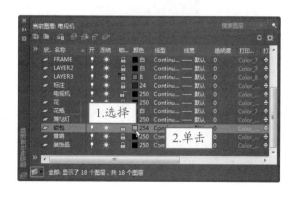

STEP 05 选择颜色

弹出"选择颜色"对话框，在"索引颜色"选项卡中选择红色，单击"确定"按钮。

STEP 06 查看设置效果

设置完成后，关闭"图层特性管理器"面板，此时被隔离的图层颜色已经发生了改变。

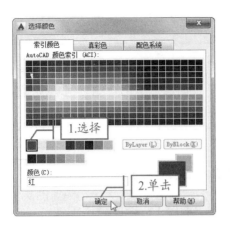

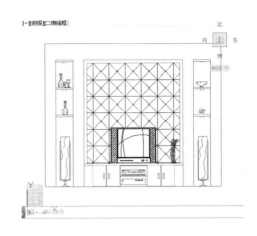

6.2.5 匹配图层

使用"匹配图层"工具可以将选定对象的图层更改为与目标图层相匹配。下面通过实例对其进行介绍，具体操作方法如下：

素材文件	光盘\素材\第 6 章\匹配图层.dwg

STEP 01 单击"匹配图层"按钮

打开素材文件，单击"图层"面板中的"匹配图层"按钮。

STEP 02 选择转换对象

在绘图区中选择需要转换图层的对象，按【Enter】键确认。

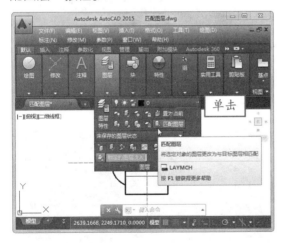

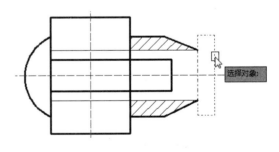

STEP 03 选择目标对象

选择目标图层上的任意对象。

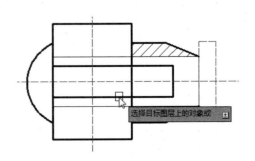

STEP 04 匹配图形

此时，需要转换的图层即转到目标对象所在的图层。

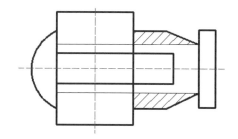

STEP 05 直接选择图层

如果目标图层并未包含图形对象，可在选择转换图层后输入 N 并按【Enter】键确认。

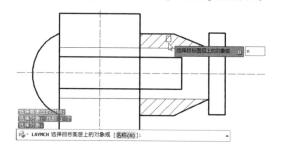

STEP 06 选择目标图层

在弹出的"更改到图层"对话框中选择目标图层，单击"确定"按钮。

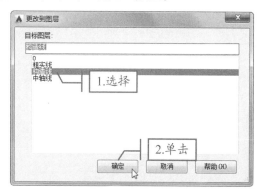

STEP 07 查看匹配效果

此时，需要转换的图层即转到目标对象所在的图层。

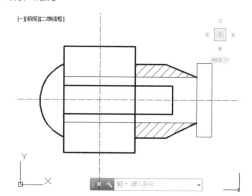

6.2.6 保存并输出图层

用户可以通过图层状态管理器来保存指定的图层状态或图层特性，以便日后恢复所需的图层状态。下面通过实例对其进行介绍，具体操作方法如下：

> 素材文件　　光盘\素材\第 6 章\保存并输出图层.dwg

STEP 01 单击"图层状态管理器"按钮

打开素材文件，单击"图层"面板中的"图层特性"按钮，打开"图层特性管理器"面板，单击"图层状态管理器"按钮 。

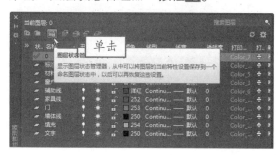

STEP 02 单击"新建"按钮

在弹出的"图层状态管理器"对话框中单击"新建"按钮。

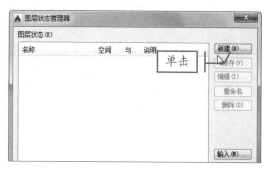

STEP 03 输入新图层状态名

弹出"要保存的新图层状态"对话框，在"新图层状态名"文本框中输入"建筑图层"，单击"确定"按钮。

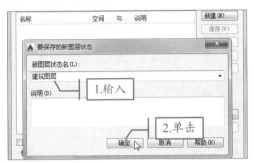

STEP 04 单击"输出"按钮

返回"图层状态管理器"对话框，在其中单击"输出"按钮。

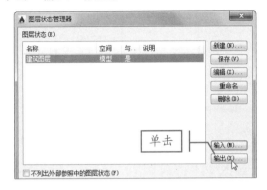

STEP 05 选择输出路径

弹出"输出图层状态"对话框，选择输出路径，单击"保存"按钮，即可完成图层保存的输出操作。

STEP 06 输入图层

当打开新文件需要调入"建筑图层"时，再次打开"图层状态管理器"对话框，单击"输入"按钮。

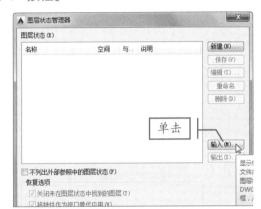

STEP 07 选择输入图层状态

弹出"输入图层状态"对话框，选择"文件类型"为"图层状态（*.las）"，设置"文件名"为"建筑图层"，单击"打开"按钮。

STEP 08 调入图层信息

此时，在新建文件的"图层特性管理器"面板中即可调入建筑图层的相关信息。

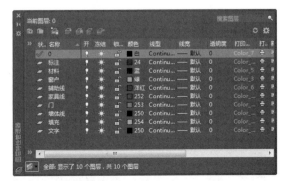

创建并匹配图层

下面以为机械零件图创建并匹配图层为例，巩固之前所学的图层创建与管理的相关知识，具体操作方法如下：

效果文件	光盘\效果\第 6 章\创建并匹配图层.dwg

STEP 01 单击"新建图层"按钮

打开素材文件，单击"图层"面板中的"图层特性"按钮，打开"图层特性管理器"面板，单击"新建图层"按钮 。

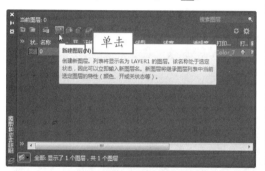

STEP 02 输入新名称

单击"图层 1"，输入图层新名称"中轴线"，然后单击该图层"颜色"列表下的图标。

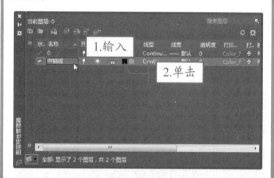

STEP 03 修改颜色

在弹出的"选择颜色"对话框中选择洋红，单击"确定"按钮。

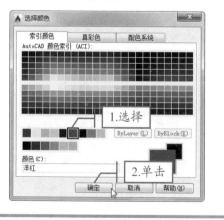

STEP 04 修改线型

单击"线型"选项，在弹出的"选择线型"对话框中单击"加载"按钮。

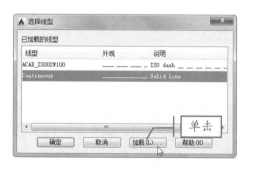

小提示

默认情况下，被锁定的图层将会淡入显示。可以通过 LAYLOCKFADECTL 命令来更改淡入值。

STEP 05 加载线型

弹出"加载或重载线型"对话框，在"可用线型"列表中选择所需的线型样式，单击"确定"按钮。

STEP 06 选择加载线型

返回"选择线型"对话框，选择新加载的线型，单击"确定"按钮。

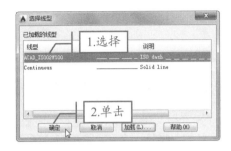

STEP 07 新建"轮廓线"图层

单击"新建图层"按钮，创建"轮廓线"图层。

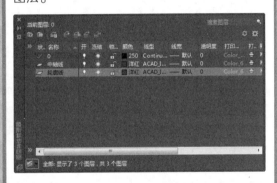

STEP 08 修改颜色和线型

将"轮廓线"图层的颜色设置为黑色，线型设置为默认，并将其线宽设置为 0.35。

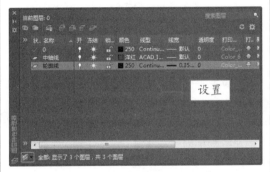

STEP 09 创建其他图层

按照同样的方法，创建"内部构造线"和"填充"图层，并分别设置其图层特性。

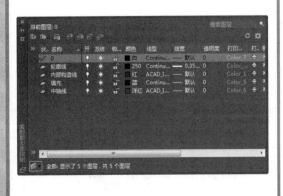

STEP 10 匹配图层

关闭"图层特性管理器"面板，单击"图层"面板中的"匹配图层"按钮。

STEP 11 选择对象

在绘图区中选择需要转换图层的对象，按【Enter】键确认。

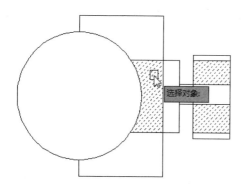

STEP 12 选择目标对象

选择目标图层上的对象，在命令行窗口输入 N，并按【Enter】键确认。

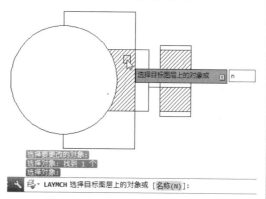

STEP 13 更改到图层

弹出"更改到图层"对话框，选择"填充"图层，单击"确定"按钮。

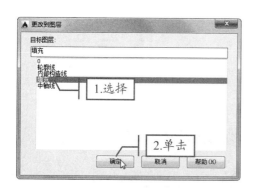

STEP 14 查看匹配效果

此时，需要转换的图层即转到目标对象所在的图层。

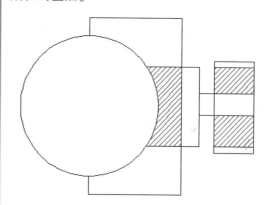

STEP 15 匹配其他图层

按照同样的方法匹配其他图层，查看图形效果。

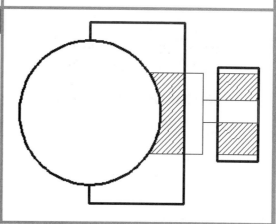

高手秘籍——过滤图层

通过图层过滤器可以限制图层特性管理器中显示的图层名。在绘制或编辑大型图形时，可以使用图层过滤器仅显示所需的图层，从而方便操作。图层过滤器包括图层特性过滤器和图层组过滤器两种类型。

下面通过实例对其进行介绍，具体操作方法如下：

素材文件	光盘\素材\第 6 章\过滤图层.dwg

步骤 01 单击"新建特性过滤器"按钮

打开素材文件，单击"图层"面板中的"图层特性"按钮，打开"图层特性管理器"面板，单击"新建特性过滤器"按钮。

步骤 02 图层过滤器特性

弹出"图层过滤器特性"对话框，修改过滤器名称，在"过滤器定义"列表框中设置特性，如单击"颜色"图标，在出现按钮时单击该按钮。

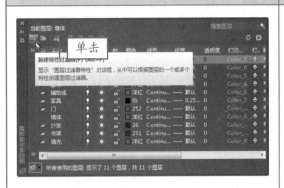

步骤 03 选择颜色

弹出"选择颜色"对话框，选择洋红颜色，单击"确定"按钮。

步骤 04 查看过滤器预览

此时可以看到"过滤器预览"列表框中只剩下颜色为洋红的图层，单击"确定"按钮。

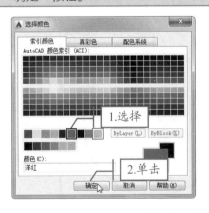

步骤 05 过滤图层

返回"图层特性管理器"面板，即可通过选定颜色来过滤图层。

步骤 06 单击"新建组过滤器"按钮

单击"图层特性管理器"面板中的"新建组过滤器"按钮。

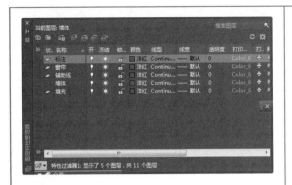

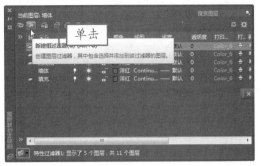

步骤 07　图层分组

单击展开按钮 》，单击"所有使用的图层"选项，状态栏中将出现所有使用的图层，将要分组的图层拖入新建的"组过滤器 1"中。

步骤 08　查看分组

在"过滤器"列表中单击新建的"组过滤器 1"，即可查看分组图层。

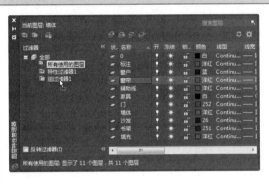

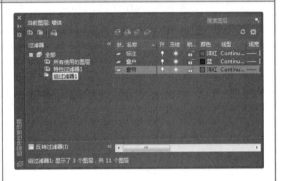

秒杀疑惑

1 如何对所需的图层进行合并？

在"图层特性管理器"面板中选择要合并的图层并右击，在弹出的快捷菜单中选择"将选定图层合并到"命令，弹出"合并到图层"对话框，选择目标图层，单击"确定"按钮，即可完成合并操作。

2 图层的锁定、冻结有什么异同？

锁定图层后可以看得到图形，以方便参考，但不能进行编辑。冻结图层后，就会看不到该图层中的图形。一般情况下长时间不用的图层才会被冻结。

3 在更改图层颜色时，需要注意什么？

不同的图层一般需要不同的颜色来区别，而在选择图层颜色时，应根据打印时线宽的粗细来进行选择。打印时，线型越宽，其所在图层的颜色应越亮。

本章学习计划与目标

将一些经常需要重复使用的对象组合在一起，就形成块对象，方便随时调用。外部参照是一种更为灵活的图形引用方法。本章将对创建块、插入块、编辑块属性、使用外部参照，以及应用设计中心等进行详细介绍。

Chapter 07

块、外部参照及设计中心的应用

新手上路重点索引

本章重点实例展示

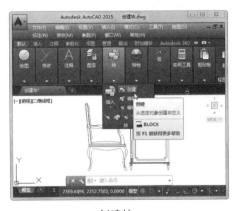
创建块

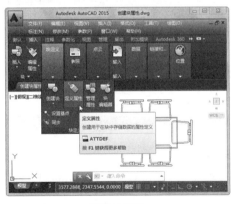
创建块属性

附着外部参照

启动"设计中心"功能

7.1　块的应用

　　块是一个或多个图形对象组成的对象集合，它是一个整体，经常用于绘制重复或复杂的图形。创建块的目的是为了减少大量重复的操作步骤，从而提高设计和绘图的效率。

7.1.1　创建块

　　用户可以将指定图形创建为块，以便进行各种操作或插入到其他图形中。下面介绍如何创建块，具体操作方法如下：

📀 素材文件	光盘\素材\第 7 章\创建块.dwg

STEP 01 单击"创建"按钮

　　打开素材文件，单击"块"面板中的"创建"按钮。

STEP 02 块定义

　　弹出"块定义"对话框，在"名称"文本框中输入名称，单击"选择对象"按钮。

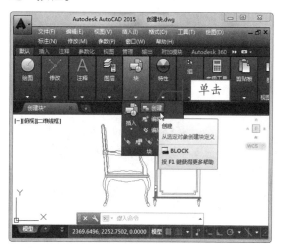

STEP 03 选择对象

　　选择要创建块的对象，按【Enter】键确认选择。

STEP 04 单击"拾取点"按钮

　　返回"块定义"对话框，单击"拾取点"按钮。

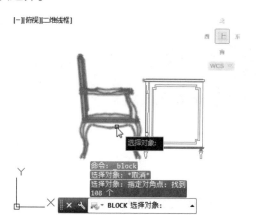

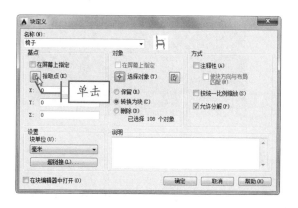

STEP 05 指定插入基点

将光标移动到所需的位置，指定块的插入基点。

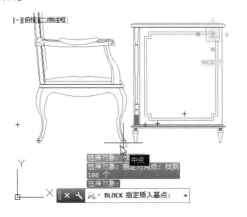

STEP 06 创建块

返回"块定义"对话框，单击"确定"按钮，即可创建块。

7.1.2 创建外部块

将图形文件中的整个图形、内部块或某些实体写入一个新的图形文件，其他图形文件均可以将它作为块调用。下面通过实例介绍如何创建外部块，具体操作方法如下：

素材文件	光盘\素材\第 7 章\创建外部块.dwg

STEP 01 单击"选择对象"按钮

打开素材文件，在命令行窗口中输入 wblock 后按【Enter】键确认，弹出"写块"对话框，单击"选择对象"按钮。

STEP 02 选择图形对象

在绘图区中选择图形对象，按【Enter】键确认。

STEP 03 单击"拾取点"按钮

返回"写块"对话框，在其中单击"拾取点"按钮。

STEP 04 指定插入基点

将光标移动到所需的位置，指定块的插入基点。

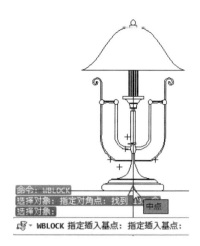

STEP 05 选择保存路径

单击"文件名和路径"文本框右侧的 按钮。

STEP 06 设置保存选项

弹出"浏览图形文件"对话框，指定保存路径，在"文件名"文本框中输入名称，单击"保存"按钮。

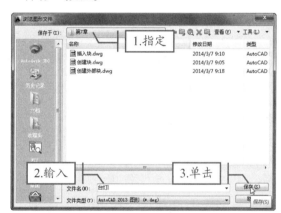

STEP 07 创建外部块

返回"写块"对话框，单击"确定"按钮，即可完成创建外部块。

STEP 08 查看外部块

选择指定到的保存路径，即可查看外部块。

7.1.3 插入块

下面通过实例介绍如何将块插入到指定位置，具体操作方法如下：

| 素材文件 | 光盘\素材\第 7 章\插入块.dwg |

STEP 01 单击"浏览"按钮

打开素材文件，单击"块"面板中的"插入"按钮，弹出"插入"对话框，单击"浏览"按钮。

STEP 02 选择图形文件

弹出"选择图形文件"对话框，选择所需的台灯图块，单击"打开"按钮。

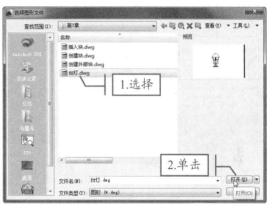

STEP 03 插入块

返回"插入"对话框，单击"确定"按钮。

STEP 04 指定插入点

在绘图区指定插入点，即可完成插入操作。

7.2 块属性的编辑

块的属性是块的组成部分，是包含在块定义中的文字对象。在定义块之前，要先定义该块的每个属性，将属性和图形一起定义成块。块属性是不能脱离块而存在的，删除图块时其属性也会被删除。

7.2.1 创建块属性

块属性包括属性模式、标记、提示、属性值、插入点和文字设置等。下面通过实例介绍如何创建块属性，具体操作方法如下：

| 素材文件 | 光盘\素材\第 7 章\创建块属性.dwg |

STEP 01 单击"定义属性"按钮

打开素材文件，单击"插入"选项卡下"块定义"面板中的"定义属性"按钮。

STEP 02 定义属性

弹出"属性定义"对话框，在"标记"文本框中输入"餐桌"，设置"对正"为"居中"，"文字高度"为200，单击"确定"按钮。

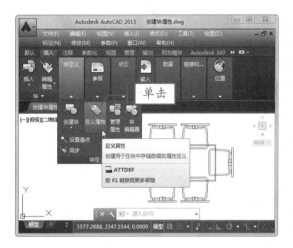

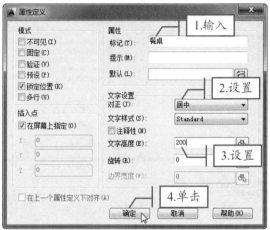

STEP 03 创建块属性

在绘图区的图形中指定属性起点，即可在指定位置创建出一个块属性。

STEP 04 创建块

单击"默认"选项卡下"块"面板中的"创建"按钮，弹出"块定义"对话框，在"名称"文本框中输入"餐区"，单击"选择对象"按钮。

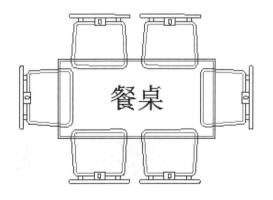

STEP 05 选择对象

在绘图区选择块与刚才创建的属性，并按【Enter】键确认。

STEP 06 单击"拾取点"按钮

返回"块定义"对话框，单击"拾取点"按钮。

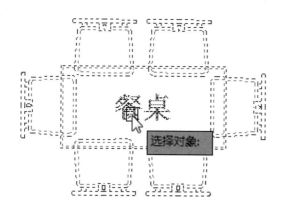

STEP 07 指定插入基点

将光标移动到所需的位置,指定块的插入基点。

STEP 08 确认创建操作

返回"块定义"对话框,单击"确定"按钮。

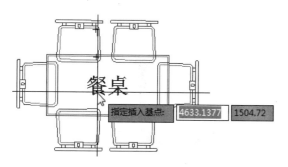

STEP 09 编辑属性

弹出"编辑属性"对话框,在文本框中输入"餐桌",单击"确定"按钮。

STEP 10 关联属性

此时,即可将属性与图块相关联。

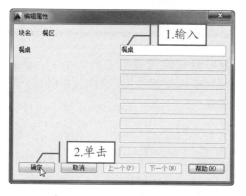

7.2.2 编辑块属性

插入带属性的块后,可以对已经附着到块和插入图形的全部属性的值及其他特性进行编辑。下面通过实例介绍如何编辑块属性,具体操作方法如下:

素材文件 ┃ 光盘\素材\第 7 章\编辑块属性.dwg

STEP 01 单击"编辑属性"按钮

打开素材文件,单击"插入"选项卡下"块"面板中的"编辑属性"按钮。

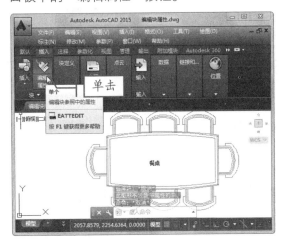

STEP 02 选择块

在绘图区中选择要编辑的块。

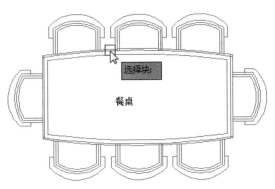

STEP 03 修改块属性

弹出"增强属性编辑器"对话框,在"属性"选项卡下的"值"文本框中输入"会议桌"。

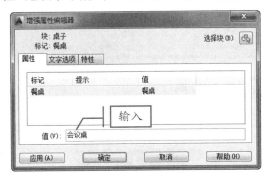

STEP 04 设置文字选项

选择"文字选项"选项卡,在"高度"文本框中输入 200。

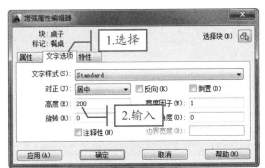

STEP 05 设置颜色

选择"特性"选项卡,在"颜色"下拉列表框中选择红色,单击"确定"按钮。

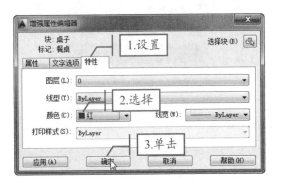

STEP 06 查看设置效果

此时查看设置效果,绘图区中的块已经发生了改变。

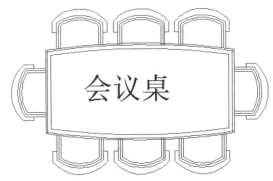

7.3 外部参照的使用

外部参照是将已有的图形文件以参照的形式插入到当前图形中,并作为当前图形的一部分。无论外部参照图形多么复杂,系统只会把它当作一个单独的图形。使用外部参照可以将多个图形链接到当前图形中,并且作为外部参照的图形会随着原图形的修改而更新。此外,外部参照不会明显增加当前图形文件的大小。

7.3.1 附着外部参照

用户可以将 DWF、DGN 或 PDF 文件作为参考底图附着到图形文件。下面通过实例介绍如何附着外部参照,具体操作方法如下:

> 素材文件 　光盘\素材\第 7 章\附着外部参照.dwg

STEP 01 单击"附着"按钮

打开素材文件,单击"插入"选项卡下"参照"面板中的"附着"按钮。

STEP 03 设置参照选项

弹出对话框,在左侧列表框中选择 PDF 文件中要参照的页面,设置其他参数,单击"确定"按钮。

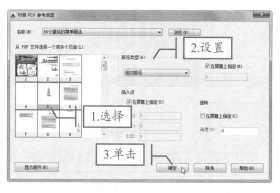

STEP 02 选择参照文件

弹出"选择参照文件"对话框,设置文件类型,选择参照文件,单击"打开"按钮。

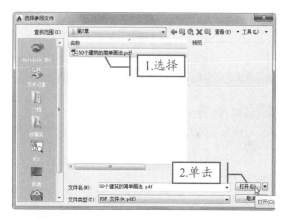

STEP 04 附着参照

在绘图区指定插入点和缩放比例,附着参照即可。

7.3.2 调整与剪裁外部参照

当附着外部参照后，用户可以对其边界进行剪裁，调整其亮度与对比度等参数，具体操作方法如下：

素材文件 光盘\素材\第 7 章\调整与剪裁外部参照.dwg

STEP 01 单击"创建剪裁边界"按钮

打开素材文件，单击外部参照对象，打开"PDF 参考底图"选项卡。单击"剪裁"面板中的"创建剪裁边界"按钮。

STEP 02 创建剪裁边界

依次在图形中的合适位置单击，指定对角点，创建剪裁边界。

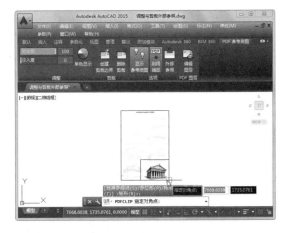

STEP 03 查看剪裁效果

此时，即可按所创建的边界剪裁外部参照对象，按【Esc】键取消命令。

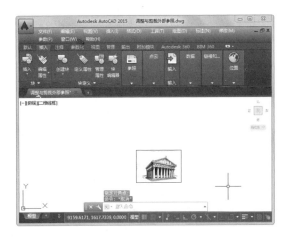

STEP 04 调整亮度和对比度

再次单击外部参照对象，在"PDF 参考底图"选项卡中通过拖动"调整"面板中的调节滑块调整参照对象的亮度和对比度。

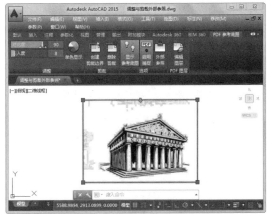

小提示

外部参照的底图通过路径名链接到图形文件，用户可随时更改或删除该文件的路径。

7.4 设计中心的应用

通过设计中心可以组织对图形、块、图案填充和其他图形内容的访问，可以将源图形中的任何内容拖到当前图形中，还可以将图形、块和图案填充拖到工具选项板上。源图形可以位于用户的电脑、网络或网站上。另外，如果打开了多个图形，可以通过设计中心在图形之间复制和粘贴其他内容（如图层定义、布局和文字样式）来简化绘图过程。

7.4.1 启动"设计中心"功能

单击"视图"选项卡下"选项板"面板中的"设计中心"按钮，如下图所示。

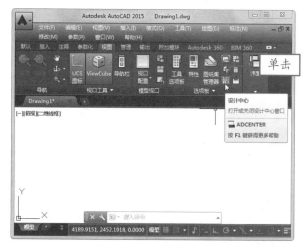

此时，打开"设计中心"面板，如下图所示。"设计中心"面板分为两部分，左侧为树状图，右侧为内容区。用户可以在树状图中浏览内容的源，在内容区显示内容，还可以通过内容区将项目添加到图形或"工具"选项板中。在内容区的下面可以显示选定图形、块、填充图案或外部参照的预览或说明。面板顶部的工具栏提供若干选项和操作。

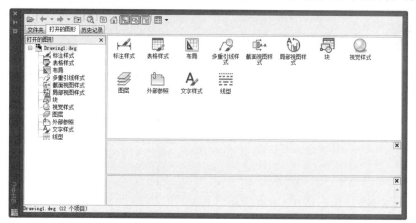

用户可以通过拖动内容区与树状图之间的滚动条，或者拖动窗口的一边来调整设计中心的大小。通过拖动工具栏上方的区域，可以改变设计中心的位置，如下图所示。

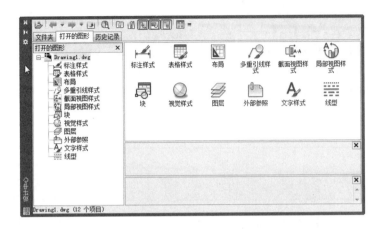

7.4.2 搜索图形内容

通过设计中心的"搜索"对话框可以快速查找所需要的对象，包括图形、图层、布局、标注样式和块等样式。下面对其使用方法进行介绍，具体操作方法如下：

STEP 01 单击"设计中心"按钮

选择"视图"选项卡，单击"选项板"面板中的"设计中心"按钮。

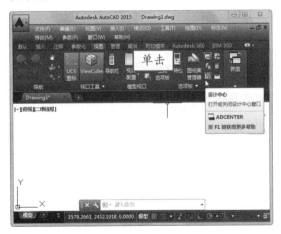

STEP 02 单击"搜索"按钮

弹出"设计中心"面板，单击工具栏上的"搜索"按钮。

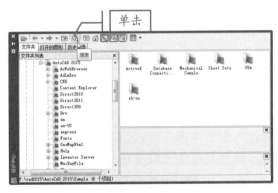

STEP 03 设置参数

弹出"搜索"对话框，单击"搜索"下拉按钮，选择所需的样式，如选择"块"，单击"浏览"按钮。

小提示

要在"收藏夹"中添加项目，可在树状图中的项目上右击，在弹出的快捷菜单中选择"添加到收藏夹"选项。

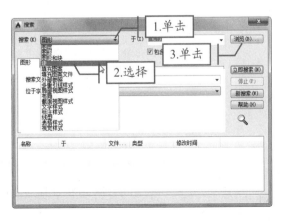

STEP 04 选择路径

弹出"浏览文件夹"对话框,选择合适的路径,单击"确定"按钮。

STEP 05 输入块名称

返回"搜索"对话框,在"搜索名称"文本框中输入块的名称,单击"立即搜索"按钮。

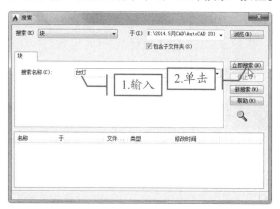

STEP 06 加载对象

搜索完成后,即可在最下方的列表框中显示搜索结果。右击搜索结果名称,选择相应的处理命令,如"加载到内容区中"。

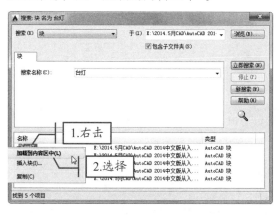

STEP 07 查看内容

此时,该图块被加载到内容区,可以进一步对其进行其他操作。

绘制电视背景墙

本章介绍了创建块、插入块及编辑块等方法，下面结合所学知识来完成电视背景墙的绘制，具体操作方法如下：

效果文件	光盘\效果\第7章\绘制电视背景墙.dwg

STEP 01 单击"浏览"按钮

打开素材文件，单击"块"面板中的"插入"按钮，弹出"插入"对话框，单击"浏览"按钮。

STEP 02 选择图块文件

弹出"选择图形文件"对话框，选择所需的"电视背景墙饰品"图块，单击"打开"按钮。

STEP 03 确认插入块

返回"插入"对话框，单击"确定"按钮。

STEP 04 指定插入点

在绘图区指定插入点，即可完成插入操作。

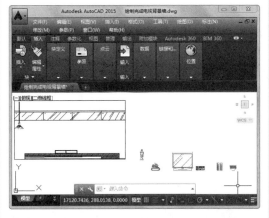

STEP 05 分解图块

选中"电视背景墙饰品"图块，单击"修改"面板中的"分解"按钮，分解图块。

STEP 06 捕捉图块

单击"修改"面板中的"移动"按钮，选中电视机图块，按【Enter】键确认。启用中点捕捉模式，捕捉电视机底座的中点。

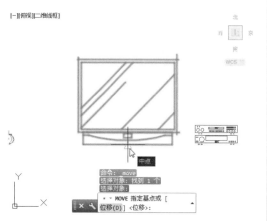

STEP 07 移动图块

捕捉背景墙图形上矮柜的中点，移动电视机图块。

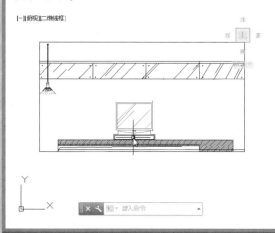

STEP 08 移动其他饰品

将其他饰品移动到图形的合适位置。

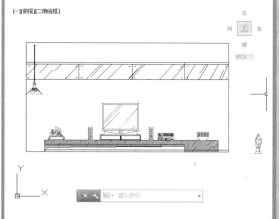

STEP 09 绘制矩形

单击"绘图"面板中的"矩形"按钮，绘制一个长为 1000，宽为 500 的矩形。

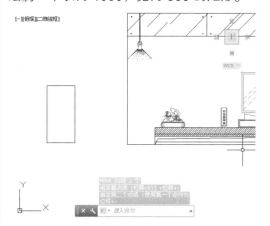

STEP 10 偏移矩形

单击"修改"面板中的"偏移"按钮，选择矩形，向内偏移 20。

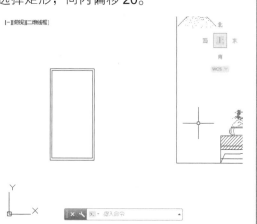

STEP 11 绘制线段

单击"绘图"面板中的"直线"按钮，捕捉矩形内线的中点，绘制线段。

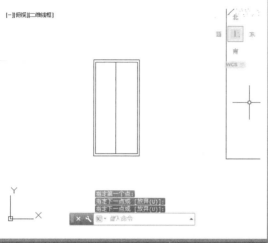

STEP 12 绘制圆

单击"绘图"面板中的"圆心，半径"按钮，捕捉矩形内直线的中点，绘制一个半径为 20 的圆。

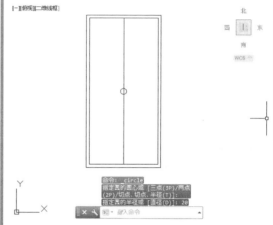

STEP 13 偏移圆

单击"修改"面板中的"偏移"按钮，选中圆，偏移两次，偏移距离为 80。

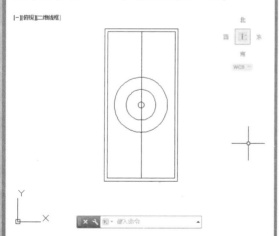

STEP 14 创建块

单击"块"面板中的"创建"按钮，弹出"块定义"对话框。输入块名称，单击"选择对象"按钮。

小提示

如果插入的块使用的图形单位与为图形指定的单位不同，块将自动按照两种单位相比的等价比例因子进行缩放。

选择刚绘制的图形，按【Enter】键确认。

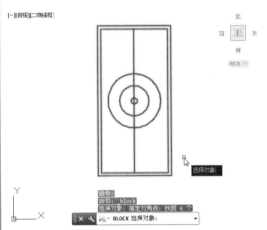

返回"块定义"对话框，单击"确定"按钮，完成图块的创建。

执行"移动"命令，捕捉装饰柜的左下角端点，移到背景墙图形上。

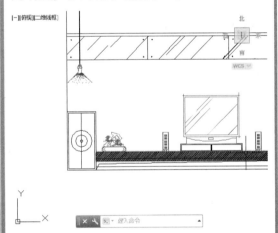

执行"移动"命令，移动装饰品到装饰柜上。完成绘制操作，查看最终效果。

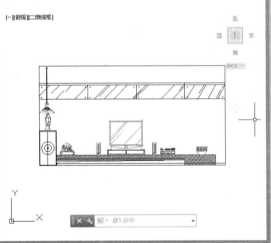

高手秘籍——管理外部参照

外部参照管理器是一种外部应用程序，它可以检查图形文件可能附着的任何文件。参照管理器报告的特性包括：文件类型、状态、文件名、参照名、保存路径、找到路径、宿主版本等信息。下面通过实例对其应用进行介绍，具体操作方法如下：

步骤 01 选择"参照管理器"命令	**步骤 02** 单击"添加图形"按钮
单击"开始"菜单，单击"所有程序"按钮，选择 Autodesk｜"AutoCAD 2015 - 简体中文"｜"参照管理器"命令。	在打开的"参照管理器"窗口中单击"添加图形"按钮。
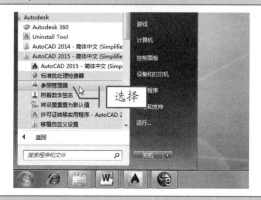	
步骤 03 选择图形文件	**步骤 04** 选择添加外部参照
弹出"添加图形"对话框，选择要添加的图形文件，单击"打开"按钮。	弹出"参照管理器 - 添加外部参照"对话框，选择"自动添加所有外部参照，而不管嵌套级别"选项。

步骤 05 显示所有参照图块	
此时，在"参照管理器"窗口中将会自动显示出该图形的所有参照图块。	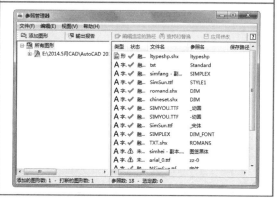

秒杀疑惑

1 当外部图块插入后，该图块是否与当前图形一同进行保存？

图块随图形文件保存与它是否是内部或外部图块并无关系，外部图块插入到图形中后，该图块是当前文件的一部分，所以它会与当前图形一起进行保存。

2 如何让图块上显示多个夹点？

若希望在一个图块上显示多个编辑夹点，可以单击"应用程序"下拉按钮，在弹出的下拉列表中单击"选项"按钮，然后在弹出的"选项"对话框中"选择集"选项卡下的"夹点"选项区设置在块中启用夹点。

3 外部参照与块的主要区别是什么？

插入块后，该图块将永久性地插入到当前图形中，并成为图形的一部分。而以外部参照方式插入图块后，被插入图形文件的信息并不直接加入到当前图形中，当前图形只记录参照的关系。另外，对当前图形的操作不会改变外部参照文件的内容。

Chapter
08

本章学习计划与目标

在绘制完一张图纸之后，都需要在图纸上进行简单的文字说明。本章将对设置文字标注样式，创建单行文字和多行文字，编辑文字标注，创建多重引线标注，以及表格的创建与编辑等知识进行详细介绍。

文字与表格的应用

新手上路重点索引

本章重点实例展示

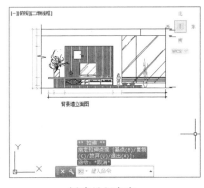

创建单行文字

修改特性

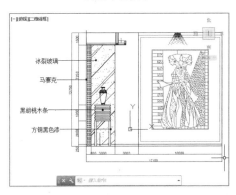

创建多重引线标注

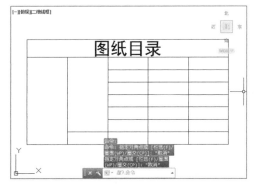

编辑表格

8.1 文字标注样式的设置

文字标注样式包括字体、字号、倾斜角度、方向等多种文字特征，图形中的所有文字都具有与之相关联的文字样式。在输入文字时，程序将使用当前文字样式，可以使用当前文字样式创建和加载新的文字样式。在创建文字样式后，可以修改其特征、修改其名称或在不再需要时将其删除。

8.1.1 新建文字样式

除了使用默认的 Standard 文字样式外，可以创建任何所需的文字样式。下面通过实例介绍如何新建文字样式，具体操作方法如下：

STEP 01 单击"文字样式"按钮

新建文件，单击"注释"面板中的下拉按钮，在弹出的下拉列表中单击"文字样式"按钮。

STEP 02 新建文字样式

弹出"文字样式"对话框，单击"新建"按钮。弹出"新建文字样式"对话框，输入样式名，单击"确定"按钮。

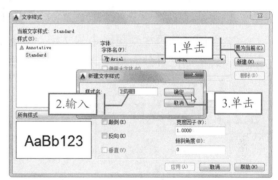

STEP 03 设置样式参数

设置各项参数，单击"应用"按钮，即可新建一个文字样式。

小提示

在命令行窗口中输入 STYLE 命令，可以快速打开"文字样式"对话框。

8.1.2 选择文字样式

在新建样式后，可以快速切换到所需的文字样式，具体操作方法如下：

STEP 01 单击 Standard 下拉按钮

单击"注释"面板中的下拉按钮，在弹出的下拉列表中单击 Standard 下拉按钮。

STEP 02 选择样式

在 Standard 列表框中选择"样式 1"，即可切换到该样式。

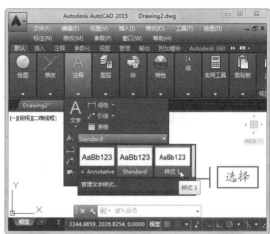

8.2 文字标注的创建

文字标注即添加到图形中的文字，用于表达各种信息，如技术要求、标题栏信息和标签等。文字标注可分为单行文字和多行文字两种，下面分别对其进行介绍。

8.2.1 创建单行文字

单行文字是一个完整的对象，用户可以对其进行重新定位、格式修改以及其他编辑操作。通常设置好文字样式之后，即可进行文本的输入。单行文字常用于创建文本内容较少的对象。下面介绍如何创建单行文字，具体操作方法如下：

素材文件	光盘\素材\第 8 章\创建单行文字.dwg

STEP 01 选择"单行文字"选项

打开素材文件，单击"注释"面板中的"文字"下拉按钮，选择"单行文字"选项。

小提示

如果不在文字旁边单击，直接按【Esc】键退出，则将取消文字输入。

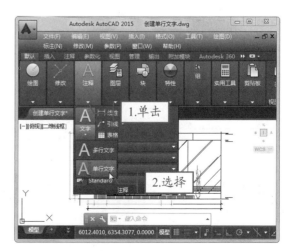

STEP 02 指定文字起点

在绘图区图形下方的合适位置指定文字的起点。

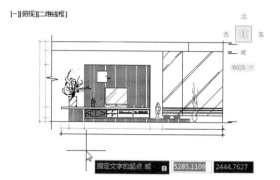

STEP 03 指定文字高度

在命令行窗口输入文字的高度为 150，并按【Enter】键确认。

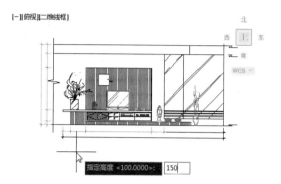

STEP 04 指定旋转角度

指定文字的旋转角度为 0，并按【Enter】键确认。

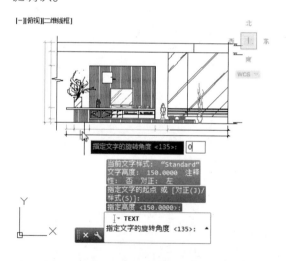

STEP 05 输入文字

在绘图区输入文字"背景墙立面图"，按两次【Enter】键确认。

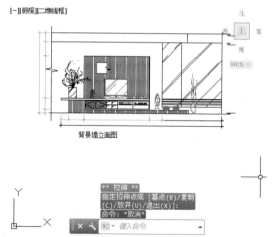

背景墙立面图

8.2.2 创建多行文字

多行文字用于输入较长的由任意数目的文字行或段落组成的多行文字。多行文字的创建方法如下：

素材文件	光盘\素材\第 8 章\创建多行文字.dwg

STEP 01 选择"多行文字"选项

新建文件，单击"注释"面板中的"文字"下拉按钮，选择"多行文字"选项。

STEP 02 绘制文本框

分别指定第一角点和对角点，绘制文本框。

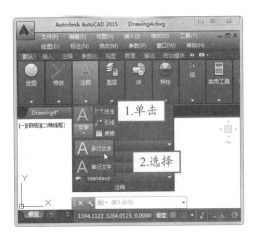

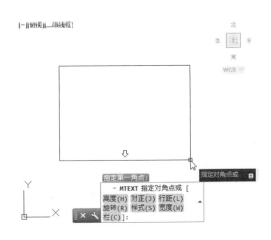

STEP 03 设置文字高度

在"样式"面板中的"文字样式"文本框中设置文字高度为 50。

STEP 04 设置字体

在"格式"面板的"字体"下拉列表中选择"宋体"。

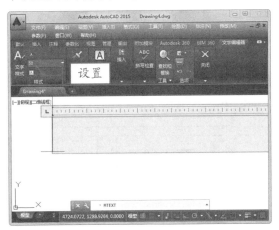

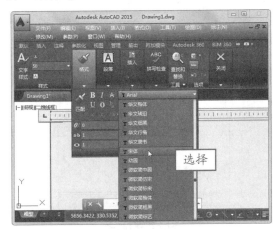

STEP 05 输入文字

在文本框中输入所需的多行文字。

STEP 06 查看多行文字效果

单击"关闭文字编辑器"按钮，即可查看多行文字效果。

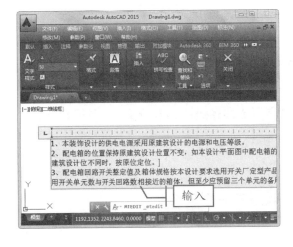

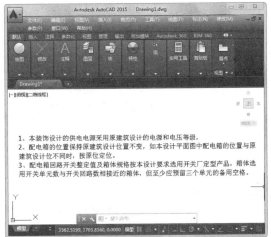

8.3 文字标注的编辑

在创建文字标注后，可以对其内容、特性等进行编辑，如更改文字内容，调整其位置，更改其字体与文字大小等。

8.3.1 修改内容

在创建文字标注后，可以对其内容进行修改，具体操作方法如下：

| 素材文件 | 光盘\素材\第 8 章\修改内容.dwg |

STEP 01 双击文字标注

打开素材文件，双击图形中的文字标注，显示文本编辑框。

STEP 02 更改标注

输入需要替换的文字，更改原有标注，按【Esc】键取消命令。

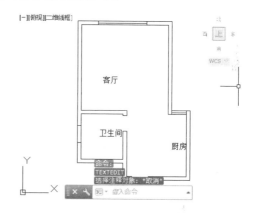

8.3.2 修改特性

在创建文字标注后，可以对其高度、字体等特性进行修改，具体操作方法如下：

| 素材文件 | 光盘\素材\第 8 章\修改特性.dwg |

STEP 01 双击标注

打开素材文件，双击绘图区中的标注，显示文本编辑框。

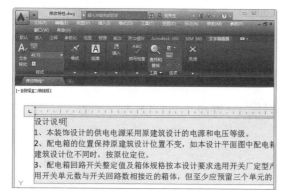

STEP 02 修改高度值

选中要修改特性的文字，在"样式"面板的"文字样式"文本框中修改文字的高度值为80，并按【Enter】键确认。

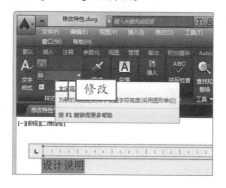

STEP 03 修改字体

在"格式"面板中单击"字体"下拉按钮，选择合适的字体。

STEP 04 查看修改效果

此时，即可查看修改文字特性后的标注效果。

8.3.3 查找与替换文本

如果要对文字较多、内容较为复杂的文本进行查找与替换操作，可以使用"查找与替换文本"功能，具体操作方法如下：

素材文件	光盘\素材\第8章\查找与替换.dwg

STEP 01 双击标注

打开素材文件，双击绘图区中的标注，显示文本编辑框。

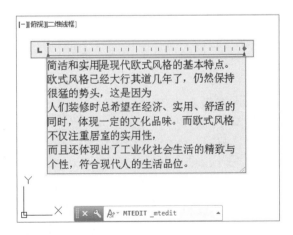

STEP 02 单击"查找和替换"按钮

在"文字编辑器"选项卡下"工具"面板中单击"查找和替换"按钮。

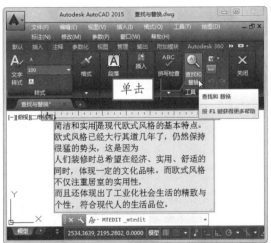

STEP 03 设置替换文字

弹出"查找和替换"对话框，在"查找"文本框中输入"欧式"，在"替换为"文本框中输入"简约"，单击"全部替换"按钮。

STEP 04 完成文本替换

弹出提示信息框，单击"确定"按钮。单击"关闭"按钮，关闭"查找与替换"对话框，即可完成替换。

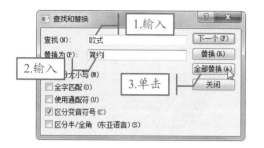

8.4　多重引线样式的应用

　　用户可以向图形中添加多重引线标注，以表达所需的信息。引线对象通常包含箭头、可选水平基线、引线或曲线，以及多行文字对象或块。引线可以是直线段，也可以是平滑的样条曲线。

8.4.1　创建新多重引线样式

　　用户可以使用默认的 Standard 文字样式，也可以根据需要创建所需的新多重引线样式，具体操作方法如下：

STEP 01 单击"多重引线样式"按钮

　　新建文件，单击"默认"选项卡下的"注释"下拉按钮，在弹出的下拉列表中单击"多重引线样式"按钮。

STEP 02 新建多重引线样式

　　弹出"多重引线样式管理器"对话框，在其中单击"新建"按钮。

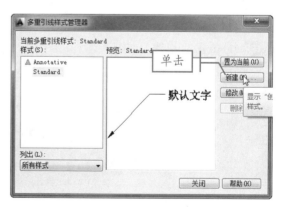

STEP 03 设置新样式名称

　　弹出"创建新多重引线样式"对话框，输入新样式名称，单击"继续"按钮。

STEP 04 修改箭头符号

　　弹出"修改多重引线样式：副本Standdard"对话框，在"箭头"选项区中单击"符号"下拉按钮，选择"点"选项。

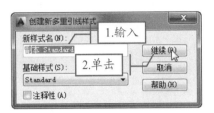

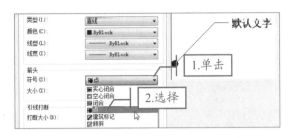

STEP 05）设置文字高度

选择"内容"选项卡，在"文字高度"文本框中输入指定的文字高度，单击"确定"按钮。

STEP 06）置为当前

返回"多重引线样式管理器"对话框，单击"置为当前"按钮，单击"关闭"按钮。

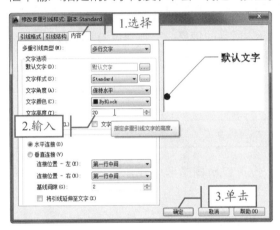

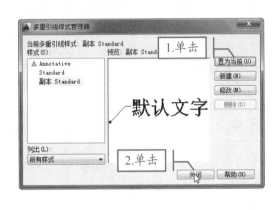

8.4.2 创建多重引线标注

学习了新建多重引线样式后，下面学习如何创建多重引线标注，具体操作方法如下：

素材文件	光盘\素材\第8章\创建多重引线标注.dwg

STEP 01）单击"引线"按钮

打开素材文件，单击"注释"面板中的"引线"按钮。

STEP 02）绘制多重引线

在绘图区图形的指定位置依次单击，绘制多重引线。

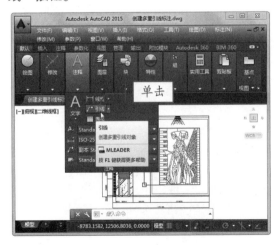

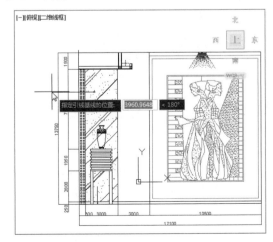

STEP 03 输入文字

绘制多重引线后出现文本框，输入所需的文字注释。

STEP 04 添加其他多重引线标注

以同样的方法添加其他多重引线标注，查看效果。

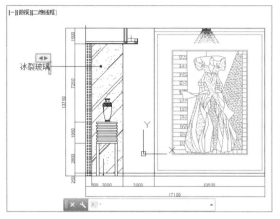

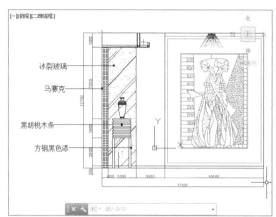

8.4.3 编辑多重引线标注

在创建多重引线标注后可以修改其内容，调整引线位置，或进行对齐多重引线等操作，具体操作方法如下：

素材文件	光盘\素材\第 8 章\编辑多重引线标注.dwg

STEP 01 选择"对齐"选项

打开素材文件，单击"引线"下拉按钮，选择"对齐"选项。

STEP 02 选择多重引线标注

选择要对齐的多重引线标注，并按【Enter】键确认。

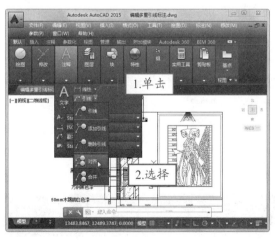

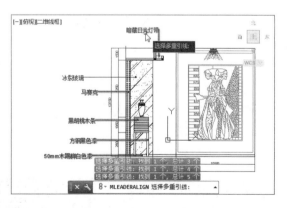

STEP 03 选择对齐多重引线

选择要对齐到的多重引线标注。

STEP 04 指定对齐方向

在绘图区中移动光标位置，指定对齐方向。

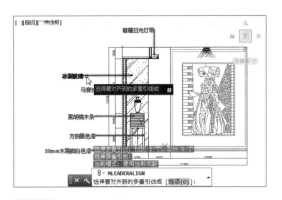

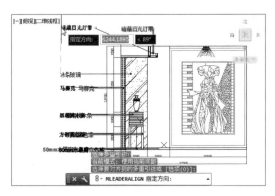

STEP 05 查看对齐效果

此时，即可查看对齐后的多重引线效果。

STEP 06 单击多重引线标注

单击"暗藏日光灯带"多重引线标注，在多重引线上将出现蓝色夹点。

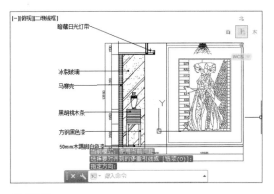

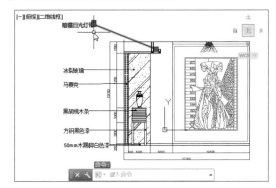

STEP 07 移动夹点

通过移动夹点可以改变多重引线与标注的位置。

STEP 08 编辑标注

双击多重引线上的文字，显示文本编辑框，即可修改文字内容。

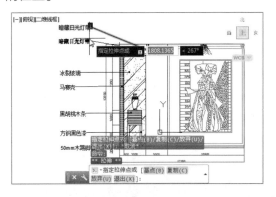

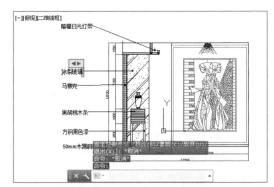

8.5 表格的设置

表格是在行和列中包含数据的对象。用户可以从空表格或表格样式中创建表格对象，还可以将表格与 Excel 电子表格中的数据进行链接。在 AutoCAD 2015 中，可以创建不同类型的表格，以简洁、清晰的形式表达信息。表格创建完成后，可以单击该表格上的任意网格线以选中该表格，然后通过使用"特性"选项卡或夹点来修改该表格。

8.5.1 设置表格样式

表格的外观由表格样式控制，可以使用默认表格样式 Standard，也可以创建自己的表格样式。设置表格样式的具体操作方法如下：

STEP 01 单击"表格样式"按钮

新建文件，单击"注释"面板的下拉按钮，在弹出的下拉列表中单击"表格样式"按钮。

STEP 02 单击"新建"按钮

弹出"表格样式"对话框，在其中单击"新建"按钮。

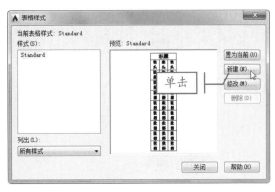

STEP 03 创建新的表格样式

弹出"创建新的表格样式"对话框，输入新样式名称，单击"继续"按钮。

STEP 04 设置颜色

弹出对话框，在"常规"选项卡的"填充颜色"下拉列表中选择黄色。

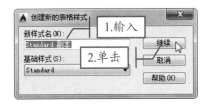

STEP 05 设置边框

选择"边框"选项卡，在"颜色"下拉列表中选择红色，设置边框为"内边框"，单击"确定"按钮。

STEP 06 置为当前

返回"表格样式"对话框，单击"置为当前"按钮，单击"关闭"按钮。

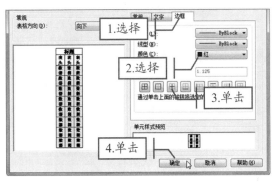

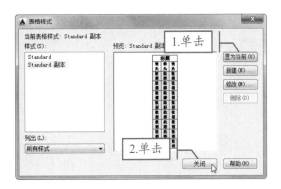

8.5.2 创建表格

　　表格是由包含注释的单元构成的矩形阵列，用户可以从空表格或表格样式中创建表格对象。创建表格的具体操作方法如下：

STEP 01 单击"表格"按钮

　　打开新建文件，单击"注释"面板中的"表格"按钮。

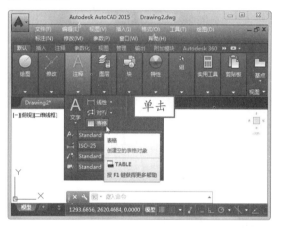

STEP 02 设置表格选项

　　弹出"插入表格"对话框，在"插入方式"选项区中选择插入表格的方式，分别设置列、行和单元样式，单击"确定"按钮。

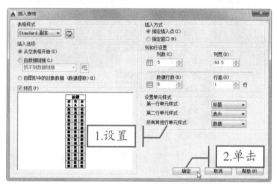

STEP 03 指定插入点创建表格

　　在绘图区指定位置指定插入点，从而创建表格。

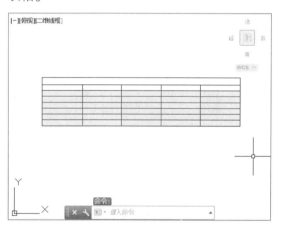

STEP 04 输入文本

　　双击单元格，切换到文本输入状态，在文本框中输入所需的文本。

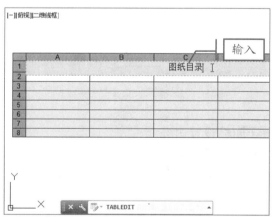

STEP 05 保存文字更改

　　输入完毕后按【Esc】键，弹出提示信息框，单击"是"按钮，保存文字更改。

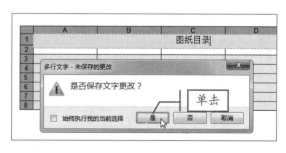

8.5.3 编辑表格

表格创建完成后，可以单击该表格上的任意网格线以选中该表格，再通过使用"特性"选项卡或夹点来修改该表格，如移动表格、更改表格宽度、拉伸表格等。下面通过实例对表格的编辑进行介绍，具体操作方法如下：

| 素材文件 | 光盘\素材\第 8 章\编辑表格.dwg |

STEP 01 选择表格

打开素材文件,使用矩形窗交选择方式选择表格,此时在表格上出现多个蓝色夹点。

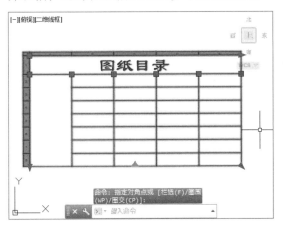

STEP 02 统一拉伸表格宽度

单击"统一拉伸表格宽度"夹点,向左移动光标。

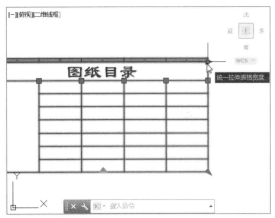

STEP 03 调整表格宽度

单击确认夹点移动位置,即可调整表格的宽度。

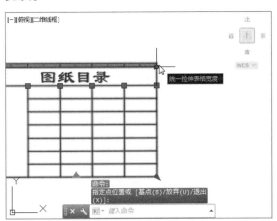

STEP 04 框选单元格

使用矩形窗交方式框选指定的单元格。

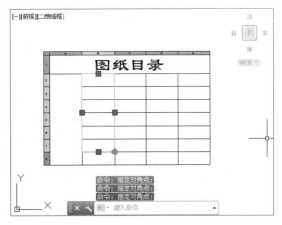

STEP 05 选择"合并全部"选项

在"合并"选项卡中单击"合并单元"下拉按钮,选择"合并全部"选项。

STEP 06 选择"内容和格式已锁定"选项

单击"单元锁定"下拉按钮,选择"内容和格式已锁定"选项。

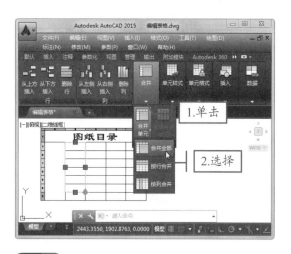

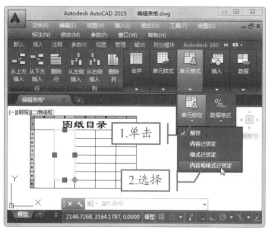

STEP 07 锁定单元格

此时，指定单元格将处于锁定状态，无法对其进行编辑。

STEP 08 选中文本

双击已输入文本的单元格，切换到文本编辑状态，选中要编辑的文本。

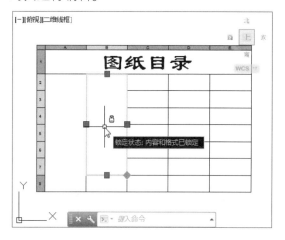

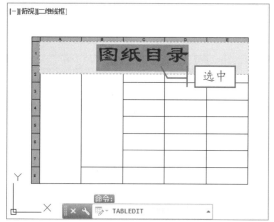

STEP 09 设置字体

在"文字编辑器"选项卡下"格式"面板中单击"字体"下拉按钮，选择"黑体"。

STEP 10 查看表格效果

此时，即可查看更改文本字体后的表格效果。

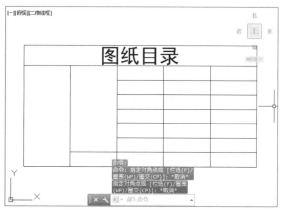

绘制文化墙立面图

本章介绍了文字、表格、多重引线的创建与编辑方法，下面结合本章所学知识来完成一张文化墙立面施工图纸的绘制，具体操作方法如下：

效果文件	光盘\效果\第 8 章\绘制文化墙立面图.dwg

STEP 01 单击"引线"按钮

打开素材文件，单击"注释"面板中的"引线"按钮。

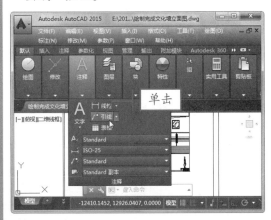

STEP 02 绘制多重引线

在绘图区图形的指定位置依次单击，绘制多重引线。

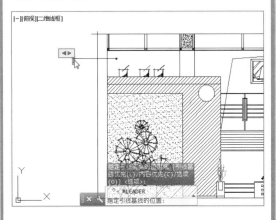

STEP 03 输入文字

绘制多重引线后出现文本框，输入所需的文字注释。

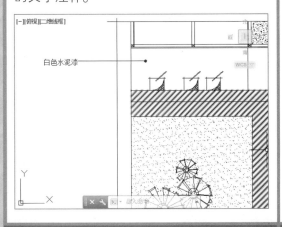

STEP 04 添加要对齐的其他标注

采用同样的方法添加其他多重引线标注，查看效果。

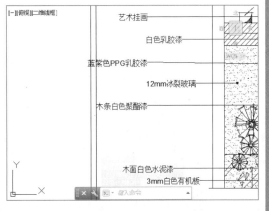

STEP 05 选择"对齐"选项

单击"引线"下拉按钮，在弹出的下拉列表中选择"对齐"选项。

STEP 06 选择要对齐的多重引线标注

选择要对齐的多重引线标注，并按【Enter】键确认。

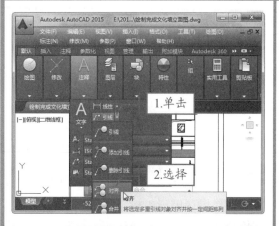

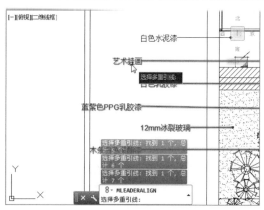

STEP 07 选择要对齐到的对齐多重引线

选择要对齐到的多重引线标注。

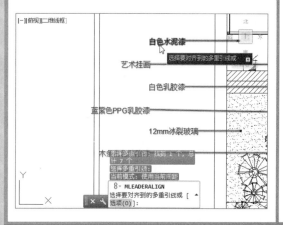

STEP 08 指定对齐方向

在绘图区中移动光标位置，指定对齐方向，查看效果。

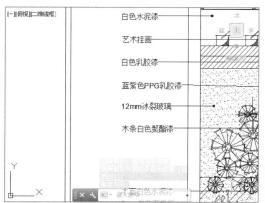

STEP 09 创建单行文字

单击"注释"面板中的"文字"下拉按钮，选择"单行文字"选项。

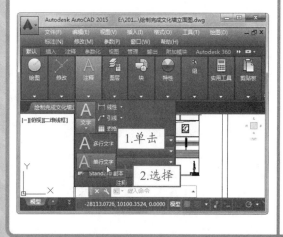

STEP 10 指定文字的高度

在绘图区图形下方的合适位置指定文字的起点，在命令行窗口输入文字的高度为150，并按【Enter】键确认。

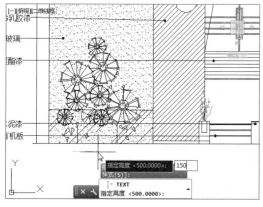

指定文字的旋转角度为 0，并按【Enter】键确认。在绘图区输入文字，并按两次【Enter】键确认。

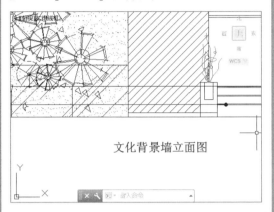

文化背景墙立面图

单击"注释"面板中的"文字"下拉按钮，选择"多行文字"选项。

在图形的合适位置分别指定第一角点和对角点，绘制文本框。

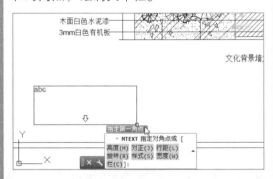

在"样式"面板和"格式"面板中设置文字高度和文字样式。

在文本框中输入多行文字，单击"关闭文字编辑器"按钮，即可查看多行文字的最终效果。

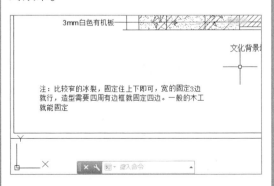

单击"注释"面板中的"表格"按钮。

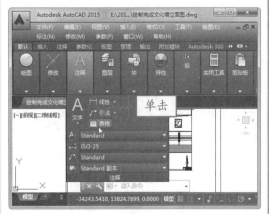

STEP 17 设置表格选项

弹出"插入表格"对话框,在"插入方式"选项区中选择插入表格的方式,分别设置列、行和单元样式,单击"确定"按钮。

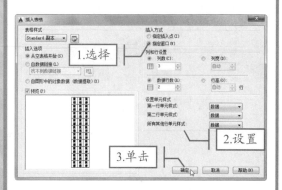

STEP 18 创建表格

在绘图区指定位置分别指定表格的两个角点,从而创建表格。

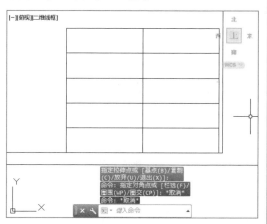

STEP 19 输入文本

切换到文本输入状态,在文本框中输入所需的文本。

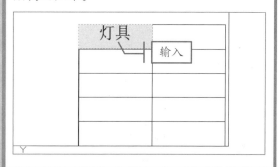

STEP 20 输入其他文字

在表格中输入其他文字,查看表格效果。

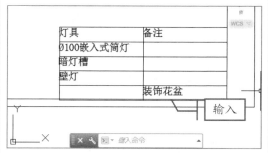

STEP 21 编辑表格文字

选择单元格,在"表格单元"选项卡下单击"单元样式"面板中的"左上"下拉按钮,选择"正中"选项。

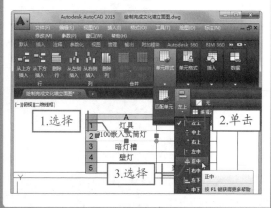

STEP 22 设置其他单元格的样式

设置其他单元格的样式,查看最终的表格效果。

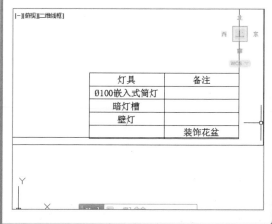

高手秘籍——调用外部表格

用户可以用 AutoCAD 2015 链接 Excel 电子表格中的数据，从而插入现有 Excel 表格，具体操作方法如下：

步骤 01 单击 按钮

单击"注释"面板中的"表格"按钮，弹出"插入表格"对话框，选中"自数据链接"单选按钮，单击"自数据链接"右侧的 按钮。

步骤 02 输入数据链接名称

弹出"选择数据链接"对话框，选择"创建新的 Excel 数据连接"选项，在弹出的对话框中输入名称"项目经费预算"，单击"确定"按钮。

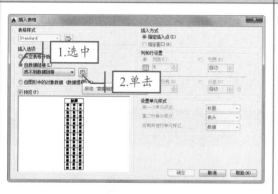

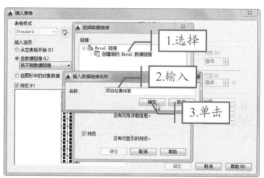

步骤 03 单击 按钮

弹出"新建 Excel 数据链接：项目经费预算"对话框，单击"浏览文件"右侧的 按钮。

步骤 04 选择文件

弹出"另存为"对话框，选择"项目经费预算"文件，单击"打开"按钮。

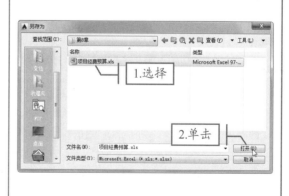

步骤 05 新建 Excel 数据链接

弹出"新建 Excel 数据链接：项目经费预算"对话框，单击"确定"按钮。

步骤 06 查看调用效果

返回"选择数据链接"对话框，单击"确定"按钮。返回"插入表格"对话框，单击"确定"按钮，在绘图区指定表格位置，即可完成调用操作。

秒杀疑惑

1 如何在表格中插入块？

在表格中选中要插入块的单元格，选择"表格单元"|"插入"|"块"命令，在弹出的"在表格单元中插入块"对话框中单击"浏览"按钮，弹出"选择图形文件"对话框。选择要插入的块，单击"打开"按钮，返回上一级对话框，单击"确定"按钮，即可完成插入操作。

2 在 AutoCAD 表格中，能否对表格数据进行计算？

在 AutoCAD 表格中选中存放计算结果的单元格，选择"表格单元"选项卡，在"插入"面板中单击"公式"下拉按钮，选择所需的运算类型，根据命令行窗口中的提示信息框选表格数据，此时在结果单元格中即可显示公式内容，按【Enter】键即可完成计算操作。

3 如何在 AutoCAD 2015 中输入特殊符号？

双击要插入特殊符号的文本内容，在"文字编辑器"选项卡下的"插入"面板中单击"符号"下拉按钮，选择"其他"选项，弹出"字符映射表"对话框。选择需要的特殊符号，单击"选择"按钮，再单击"复制"按钮。在文本编辑框中右击，在弹出的快捷菜单中选择"粘贴"命令即可。

本章学习计划与目标

尺寸标注是向图形中添加测量注释的过程。尺寸标注可以精确地反映图形对象各部分的大小及其相互关系，是指导施工的重要依据。本章将对尺寸标注样式、线性标注、对齐标注、角度标注、半径标注、连续标注等知识进行介绍。

图形的尺寸标注

本章重点实例展示

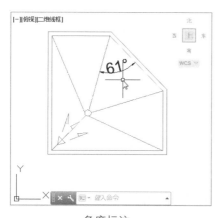

角度标注

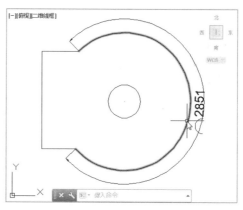

弧长标注

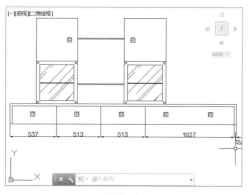

连续标注

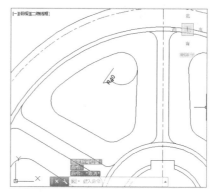

折弯标注

9.1 尺寸标注样式的设置

标注样式是标注设置的命名集合，用来控制标注的外观，如箭头样式、文字位置和尺寸公差等。用户可以创建尺寸标注样式，以快速指定标注的格式，并确保标注符合行业或工程标准。

9.1.1 新建尺寸样式

AutoCAD 系统默认尺寸样式为 Standard，用户可以通过"标注样式管理器"进行新尺寸样式的创建。新建尺寸样式的具体操作方法如下：

STEP 01 单击"标注样式"按钮

单击"默认"选项卡下的"注释"下拉按钮，在弹出的下拉列表中单击"标注样式"按钮。

STEP 02 单击"新建"按钮

弹出"标注样式管理器"对话框，在其中单击"新建"按钮。

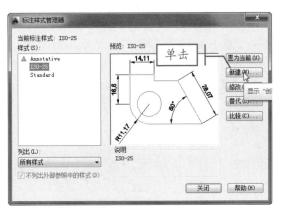

STEP 03 创建新标注样式

弹出"创建新标注样式"对话框，输入新样式名称，单击"继续"按钮。

STEP 04 设置箭头样式

在弹出的对话框中选择"符号和箭头"选项卡，在"箭头"选项区中将箭头样式设置为"建筑标记"。

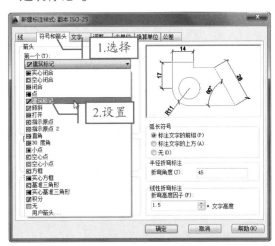

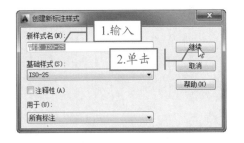

STEP 05 设置文字高度

选择"文字"选项卡，将"文字高度"设置为 100。

STEP 07 设置尺寸界线

选择"线"选项卡，在"尺寸界线"选项区中将"超出尺寸线"设置为 50，将"起点偏移量"设置为 100。

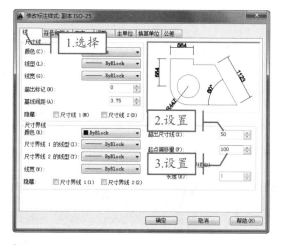

STEP 06 设置精度

选择"主单位"选项卡，在"线性标注"选项区中将"精度"设置为 0，单击"确定"按钮。

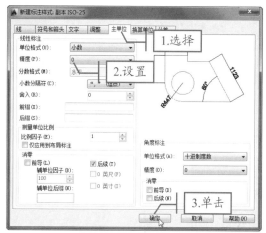

STEP 08 置为当前

返回"标注样式管理器"对话框，单击"置为当前"按钮，单击"关闭"按钮。

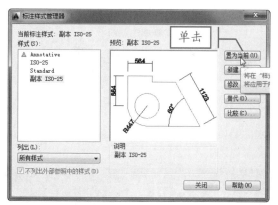

小提示

在"新建标注样式"对话框中，如果在标注尺寸时没有足够的空间将文字和箭头放在延伸线内，可通过"调整"选项卡自定义文字和箭头的放置方式。

9.1.2 删除尺寸样式

若想删除多余的尺寸样式，可在"标注样式管理器"对话框中进行删除操作，具体操作方法如下：

STEP 01 选择"标注样式"命令

在 AutoCAD 窗口中选择"格式"|"标注样式"命令。

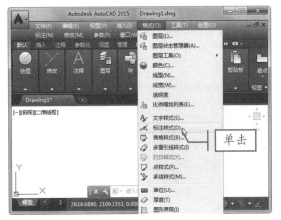

STEP 02 选择"删除"命令

弹出"标注样式管理器"对话框，在"样式"列表中右击"景观标注"选项，在弹出的快捷菜单中选择"删除"命令。

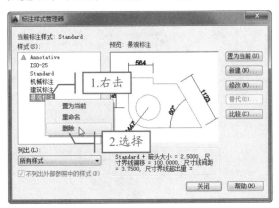

STEP 03 确定删除操作

在弹出的提示信息框中单击"是"按钮，确认删除操作。

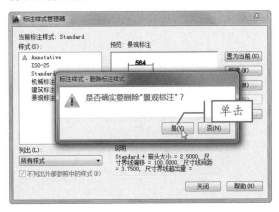

STEP 04 查看删除效果

返回"标注样式管理器"对话框，此时多余的样式已被删除。

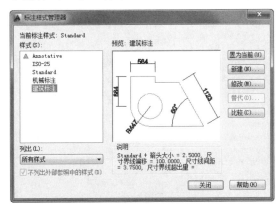

9.2 尺寸标注

尺寸标注可以分为线性标注、径向标注（半径、直径和折弯标注）、角度标注、弧长标注等类型。线性标注可以分为水平标注、垂直标注、对齐标注、旋转标注、基线标注和连续标注等类型，用户可以根据需要为各种对象沿各个方向创建标注。

9.2.1 线性标注

线性标注用于标注图形的线性距离或长度，可以水平、垂直或对齐方式放置，也可将标注指定为水平或垂直标注。下面通过实例对线性标注的创建方法进行介绍，具体操作方法如下：

素材文件　　光盘\素材\第 9 章\线性标注.dwg

STEP 01 单击 "线性" 按钮

打开素材文件,单击 "注释" 面板中的 "线性" 按钮。

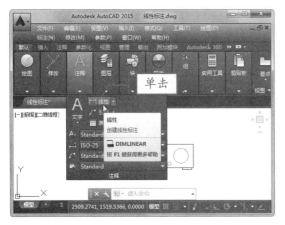

STEP 02 指定第一个尺寸界线原点

启用端点捕捉模式,捕捉图形上的端点作为第一个尺寸界线原点。

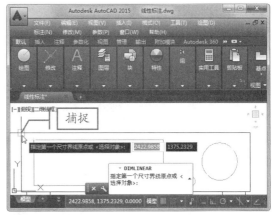

STEP 03 指定第二个尺寸界线原点

启用端点捕捉模式,捕捉图形上的端点作为第二个尺寸界线原点。

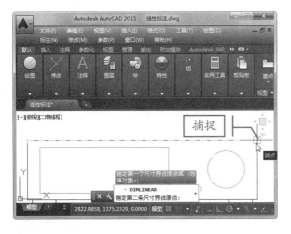

STEP 04 指定尺寸线位置

移动光标,在合适的位置指定尺寸线位置,系统会根据指定的尺寸界线原点自动应用标注。

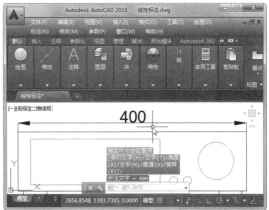

小提示

尺寸标注是建筑制图与机械制图中重要的组成部分,主要用于表达图形的尺寸大小和位置关系。其主要由标注文字、尺寸线、尺寸界线和箭头等元素组成。

9.2.2 对齐标注

使用 "对齐" 工具可以创建与指定位置或对象平行的标注。在对齐标注中,尺寸线平行于尺寸界线原点连成的直线。创建对齐标注的具体操作方法如下:

素材文件 光盘\素材\第9章\对齐标注.dwg

STEP 01 选择"对齐"选项

打开素材文件，单击"注释"面板中的"线性"下拉按钮，选择"对齐"选项。

STEP 02 指定第一个尺寸界线原点

启用端点捕捉模式，捕捉图形上的端点作为第一个尺寸界线原点。

STEP 03 指定第二个尺寸界线原点

启用端点捕捉模式，捕捉图形上的端点作为第二个尺寸界线原点。

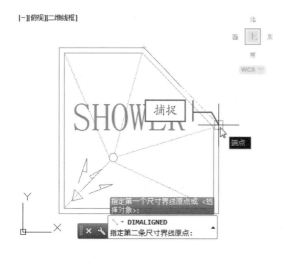

STEP 04 指定尺寸线位置

移动光标，在合适的位置指定尺寸线位置。系统会根据指定的尺寸界线原点自动应用标注。

9.2.3 角度标注

利用角度标注可以准确测量出两条线段之间的夹角。下面对角度标注的创建方法进行介绍，具体操作方法如下：

素材文件 光盘\素材\第9章\角度标注.dwg

STEP 01 选择"角度"选项

打开素材文件,单击"注释"面板中的"线性"下拉按钮,在弹出的下拉列表中选择"角度"选项。

STEP 02 选择夹角一条测量边

选择图形上的一边作为测量角度的一边。

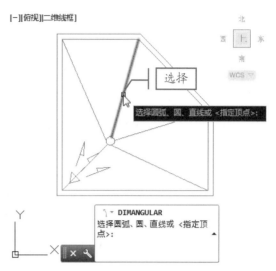

STEP 03 选择夹角另一条测量边

选择图形的另一边,作为测量角度的另一边。

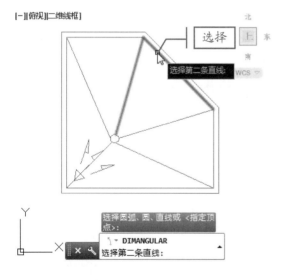

STEP 04 指定尺寸标注位置

移动光标,指定标注弧线的位置,即可为指定角创建角度标注。

9.2.4 弧长标注

弧长标注主要用于测量圆弧或多段线圆弧的距离。下面对弧长标注的创建方法进行介绍,具体操作方法如下:

素材文件	光盘\素材\第9章\弧长标注.dwg

STEP 01 选择"弧长"选项

打开素材文件，单击"注释"面板中的"线性"下拉按钮，在弹出的下拉列表中选择"弧长"选项。

STEP 02 创建弧长标注

选择图形上的弧线，指定弧长标注位置，即可创建弧长标注。

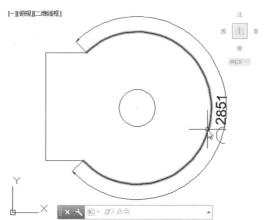

9.2.5 半径标注

半径标注使用可选的中心线或中心标记测量圆弧和圆的半径。下面对半径标注的创建方法进行介绍，具体操作方法如下：

⊚	素材文件	光盘\素材\第 9 章\半径标注.dwg

STEP 01 选择"半径"选项

打开素材文件，单击"注释"面板中的"线性"下拉按钮，在弹出的下拉列表中选择"半径"选项。

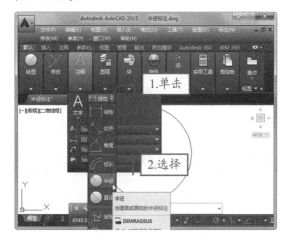

STEP 02 创建半径标注

选择图形上的圆弧，指定尺寸线位置，即可完成半径标注。

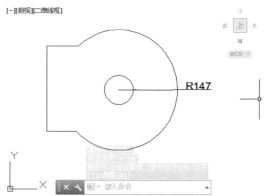

9.2.6 连续标注

连续标注是首尾相连的多个标注。在创建连续标注之前，必须创建线性、对齐或角度标注。连续标注是从上一个尺寸界线处测量的，除非指定另一点作为原点。下面通过实例对连续标注的创建方法进行介绍，具体操作方法如下：

素材文件	光盘\素材\第 9 章\连续标注.dwg

STEP 01 单击"线性"按钮

打开素材文件，单击"注释"面板中的"线性"按钮。

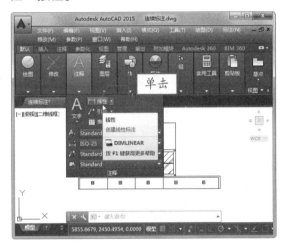

STEP 02 添加标注

捕捉图形上的两个端点，指定尺寸线的位置，添加标注。

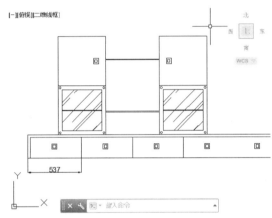

STEP 03 选择"连续"命令

在菜单栏中选择"标注"|"连续"命令。

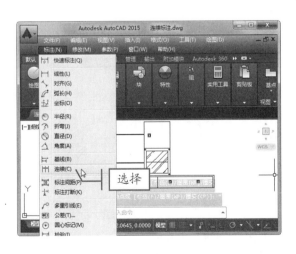

STEP 04 指定第二个尺寸线原点

捕捉图形上的端点，指定端点为第二个尺寸线的原点。

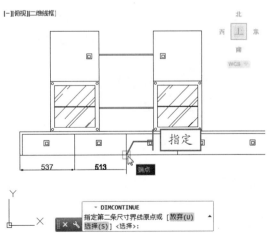

STEP 05 完成连续标注

依次捕捉剩余的端点，按【Enter】键确认，即可完成标注操作。

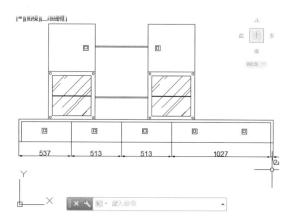

小提示

在指定尺寸线位置时，若发现需删除误选的标注对象，可输入 E 并按【Enter】键确认，然后单击删除标注点。

9.2.7 折弯标注

折弯标注也称为折弯半径标注或缩放半径标注。当圆弧或圆的中心位于布局之外，并且无法在其实际位置显示时，即可创建折弯半径标注。在替代位置指定标注原点，即中心位置替代。下面通过实例对折弯标注进行介绍，具体操作方法如下：

素材文件	光盘\素材\第 9 章\折弯标注.dwg

STEP 01 选择"折弯"选项

打开素材文件，单击"注释"面板中的"线性"下拉按钮，在弹出的下拉列表中选择"折弯"选项。

STEP 02 选择圆弧

在绘图区要添加标注的图形上单击，选择圆弧。

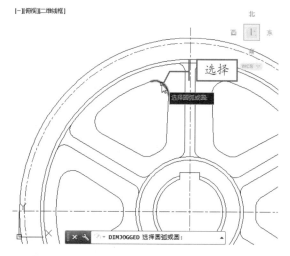

STEP 03 指定圆弧中心替代位置

在合适的位置单击，指定圆弧中心的替代位置。

STEP 04 创建折弯标注

移动光标，依次指定折弯标注的尺寸线位置和折弯位置，即可在指定位置创建出一个折弯标注。

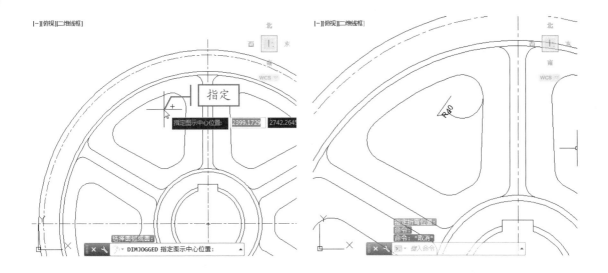

9.3 尺寸标注的编辑

在创建尺寸标注后，可以对其进行修改。例如，修改现有标注文字的位置和方向或者替换文字，使用"打断"工具修改标注，通过夹点编辑操作来修改标注要素等。

9.3.1 编辑文字

创建标注后可以修改现有标注文字的角度，对正标注文字或替换标注文字。下面通过实例对编辑文字的方法进行介绍，具体操作方法如下：

素材文件	光盘\素材\第 9 章\编辑文字.dwg

STEP 01 单击"文字角度"按钮

打开素材文件，选择"注释"选项卡，单击"标注"下拉按钮，在打开的下拉面板中单击"文字角度"按钮。

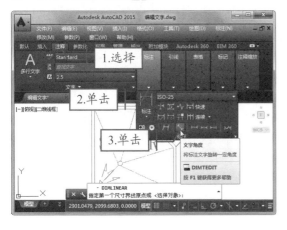

STEP 02 指定角度

选择要调整文字角度的标注，指定标注文字的角度，如输入 60 并按【Enter】键确认，此时标注文字即可按指定角度旋转。

STEP 03 单击"左对正"按钮

单击"标注"下拉按钮，在打开的下拉面板中单击"左对正"按钮 。

STEP 04 查看对正文字效果

选择需要对正的标注，即可左对正标注文字，查看对正效果。

STEP 05 输入新标注内容

双击标注，自动切换到"文字编辑器"选项卡，标注文字呈编辑状态，输入新标注内容。

STEP 06 关闭文字编辑器

单击"关闭文字编辑器"按钮，即可完成标注操作。

小提示

在命令行提示下，执行 DIM-EXO 命令并输入数值，可以快速调整延伸线的起点偏移量。

9.3.2 编辑标注

使用"打断"工具可以使标注、尺寸延伸线或引线的指定部分不显示；使用"调整间距"工具可以自动调整图形中现有的平行线性标注和角度标注，使其间距相等或在尺寸线处相互对齐；通过编辑命令和夹点编辑操作可以修改标注。下面通过实例介绍如何编辑标注，具体操作方法如下：

素材文件	光盘\素材\第 9 章\编辑标注.dwg

STEP 01 单击"打断"按钮

打开素材文件,选择"注释"选项卡,单击"标注"面板中的"打断"按钮 。

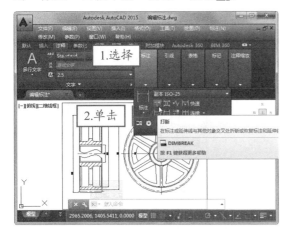

STEP 02 选择标注

在绘图区中选择角度标注为要添加折断的标注。

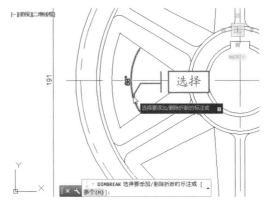

STEP 03 指定第一个打断点

输入 M 并按【Enter】键确认,在标注上指定第一个打断点。

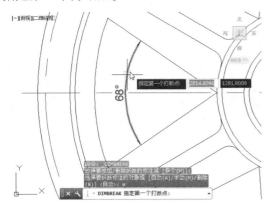

STEP 04 指定第二个打断点

在标注上指定第二个打断点,此时即可在指定标注上添加折断。

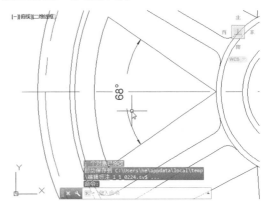

STEP 05 移动夹点位置

选择角度标注,显示夹点。移动标注文字所对应的夹点位置。

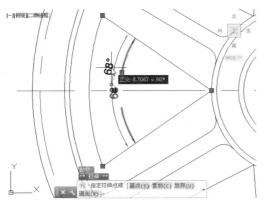

STEP 06 查看标注效果

此时,即可通过编辑夹点来改变角度标注文字的位置。

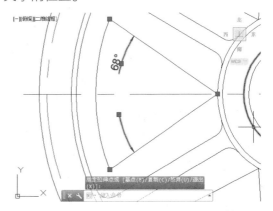

STEP 07 调整间距

单击"标注"面板中的"调整间距"按钮。

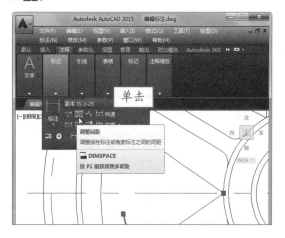

STEP 08 选择基准标注

选择基线标注作为调整间距的基准标注，并选择需要产生间距的标注。

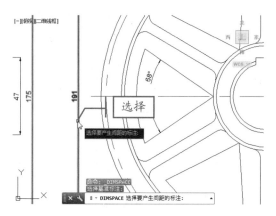

STEP 09 调整间距

按【Enter】键确认选择。输入数值 12 为调整间距的距离，并按【Enter】键确认。

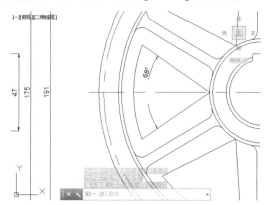

STEP 10 单击"标注，折弯标注"按钮

单击"标注"面板中的"标注，折弯标注"按钮。

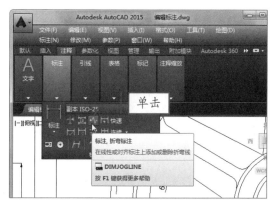

STEP 11 选择标注

选择图形中需要折弯的标注。

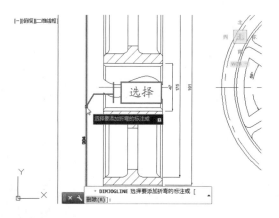

STEP 12 完成折弯标注

在标注上单击一点为折弯位置，即可完成折弯标注。

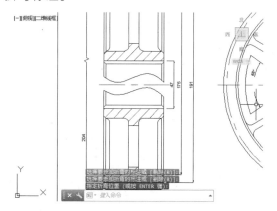

户型室内布置尺寸标注

下面结合本章所学的知识，完成室内尺寸和家具布置尺寸的标注，具体操作方法如下：

> **效果文件** 光盘\效果\第9章\户型室内布置尺寸标注.dwg

STEP 01 标注尺寸

打开素材文件，单击"注释"面板中的"线性"按钮。捕捉辅助线上的端点，标注尺寸。

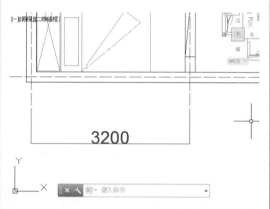

STEP 02 连续标注

在"注释"选项卡下"标注"面板中单击"连续"按钮，标注尺寸，按【Esc】键结束命令。

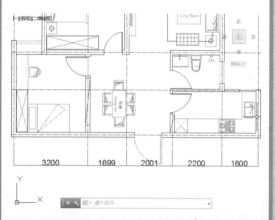

STEP 03 标注其他结构尺寸

按照同样的方法标注户型图的其他结构尺寸，查看标注效果。

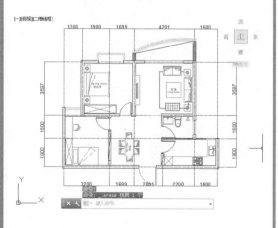

STEP 04 标注家具尺寸

隐藏辅助线图层，执行"线性"命令，标注室内家具尺寸。

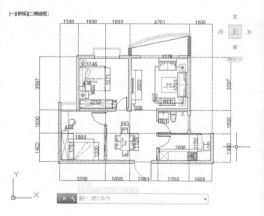

STEP 05 标注阳台尺寸

执行"弧长"命令，标注阳台尺寸。

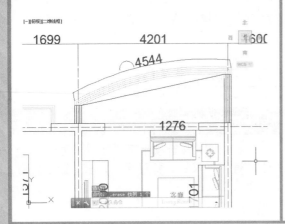

STEP 06 标注角度

执行"角度"命令，捕捉阳台上的两条直线，标注角度，查看最终效果。

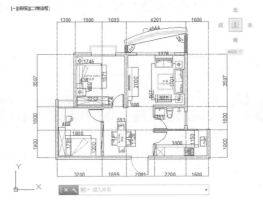

高手秘籍——尺寸公差标注

尺寸公差是指最大极限尺寸与最小极限尺寸之差的绝对值,或上偏差减去下偏差的值。它是所容许的尺寸的变动量。在进行尺寸公差标注时,必须在"标注样式管理器"中设置公差值,然后执行所需的标注命令,即可进行公差标注操作。下面通过实例介绍如何进行尺寸公差标注,具体操作方法如下:

素材文件	光盘\素材\第 9 章\尺寸公差标注.dwg

步骤 01 单击"修改"按钮

打开素材文件,打开"标注样式管理器"对话框,单击"修改"按钮。

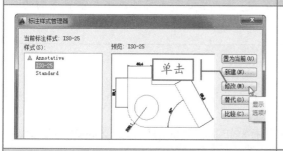

步骤 02 选择公差方式

弹出"修改标注样式:ISO-25"对话框,选择"公差"选项卡,在"公差格式"选项区中选择"方式"为"极限偏差"。

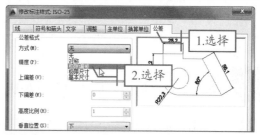

步骤 03 设置上偏差和下偏差

在"上偏差"和"下偏差"文本框中输入0.3,单击"确定"按钮。

步骤 04 置为当前

返回"标注样式管理器"对话框,单击"置为当前"按钮,单击"关闭"按钮。

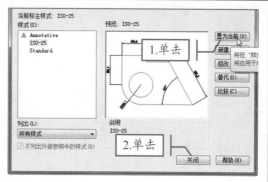

步骤 05 线性标注

执行"线性"标注命令,根据命令行提示指定两个测量点和尺寸线位置即可。

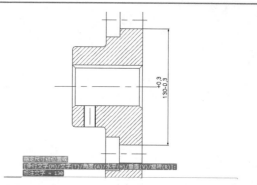

秒杀疑惑

1 为什么从其他文件中调入的块其尺寸标注不显示?

这是由于两个图形设置的尺寸样式不同而造成的,此时只需要在新文件中修改文字高度值,并置为当前即可。

2 线性标注和对齐标注有什么区别?

线性标注和对齐标注都用于标注图形的长度,前者主要用于标注水平和垂直方向的直线长度,后者主要用于标注倾斜方向上直线的长度。

3 如果标注太密集,标注数值罗加在一起怎么办?

在标注高度值不变小的情况下,在密集的标注中往往标注的数值会罗加在一起。此时可以选中标注夹点,移动夹点改变标注位置;还可以打开"标注样式管理器"对话框,修改标注样式,在"调整"选项卡下选择"文字位置"选项区中的"尺寸线上方,带引线"选项即可。

本章学习计划与目标

本章将介绍三维绘图最基本的绘图环境设置，其中包括三维视图样式的设置、三维坐标的设置、系统变量的设置，以及三维动态显示设置等。

三维绘图环境的设置

新手上路重点索引

▶ 三维绘图基础　186　　　　▶ 三维动态的显示设置　190

本章重点实例展示

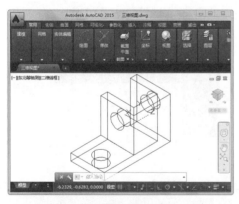

东北等轴测视图

合并视口

历史回放

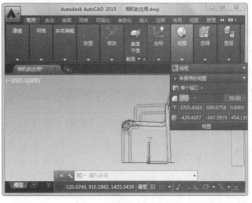

调整焦距

10.1 三维绘图基础

下面学习三维绘图的基础知识，其中包括三维坐标系的基础知识，如何通过视图对三维模型进行查看，以及如何更改视觉样式等。

10.1.1 三维坐标系

在 AutoCAD 中，三维坐标系也可分为世界坐标系（WCS）和用户坐标系（UCS）两种形式。

世界坐标系是在二维世界坐标系的基础上增加 Z 轴而形成的。同二维世界坐标系一样，三维世界坐标系是其他三维坐标系的基础，不能对其重新定义。输入三维坐标值（X,Y,Z）类似于输入二维坐标值（X,Y），除了指定 X 和 Y 值以外，还需要指定 Z 值。

用户坐标系为坐标输入、操作平面和观察等提供一种可变动的坐标系，定义用户坐标系可以改变原点（0,0,0）的位置。要了解当前用户坐标系的方向，可以显示用户坐标系图标。有几种版本的图标可供使用，可以改变其大小、位置和颜色。用户可以在 UCS 原点或当前视口的左下角显示 UCS 图标。

通过"视图"选项卡下"坐标"面板中的显示与隐藏 UCS 图标下拉列表，可以选择在 UCS 原点或当前视口的左下角显示 UCS 图标，或将 UCS 图标隐藏，如下图（左）所示。

单击"视图"选项卡下"坐标"面板中的 UCS 图标特性按钮，如下图（右）所示。将弹出"UCS 图标"对话框，可以对 UCS 图标样式进行相应的设置。

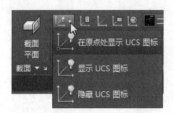

10.1.2 三维视图

通过"视图"面板中的"视图"下拉列表可以对三维模型进行不同角度的观察，使用 ViewCube 工具可在模型的标准视图和等轴测视图之间进行切换。ViewCube 工具显示后，将在窗口一角以不活动状态显示在模型上方。

下面通过实例介绍如何通过"视图"下拉列表切换视图，以及如何使用 ViewCube 工具观察三维图形，具体操作方法如下：

🌀 素材文件	光盘\素材\第 10 章\三维视图.dwg

STEP 01 选择"俯视"选项

打开素材文件，单击"视图"面板中"未保存的视图"下拉按钮，选择"俯视"选项。

STEP 02 切换到俯视图

此时，绘图区的图形将切换到俯视图。

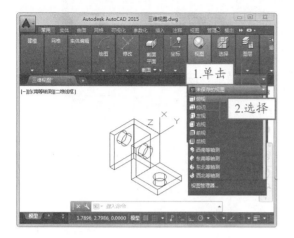

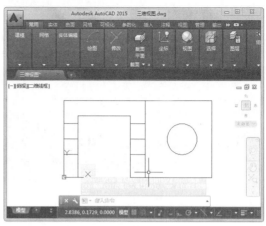

STEP 03 切换到左视图

若在弹出的下拉列表中选择"左视"选项，三维图形将切换到左视图。

STEP 04 切换到东北等轴测视图

若在弹出的下拉列表中选择"东北等轴测"选项，三维图形将切换到东北等轴测视图。

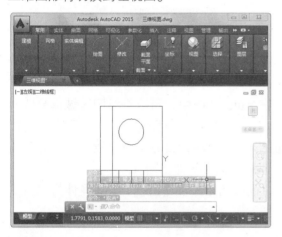

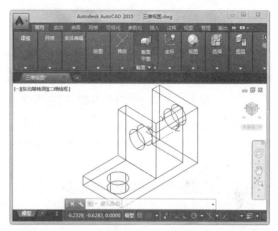

STEP 05 使用 ViewCube 导航工具

通过单击 ViewCube 导航工具上的边、角点和面，即可改变当前模型的视图。

STEP 06 切换 WCS 和 UCS

通过单击 ViewCube 导航工具下方的下拉按钮，在弹出的下拉列表中可以切换 WCS 和 UCS，或创建新的 UCS。

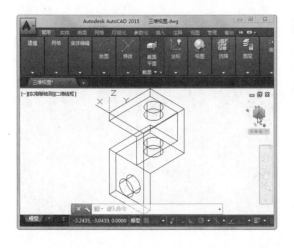

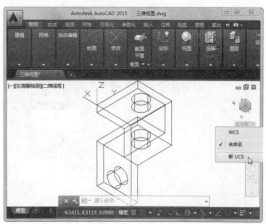

STEP 07 选择"使用正交面的透视"

右击 ViewCube 导航工具图标。在弹出的快捷菜单中可以选择是否将视图切换到透视模式。

STEP 08 ViewCube 设置

若选择"ViewCube 设置"命令，可在弹出的对话框中对其各项参数进行自定义设置，单击"确定"按钮。

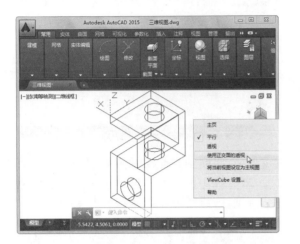

10.1.3　三维视口

视口是显示用户模型的不同视图的区域。在 AutoCAD 中，可以将绘图区域拆分成一个或多个相邻的矩形视图，即模型空间视口。在绘制复杂的三维图形时，显示不同的视口可以从不同角度的视图中同时观察和操作三维图形。创建的视口充满整个绘图区域并且相互之间不重叠。在一个视口中作出修改后，其他视口也会立即更新。

下面通过实例介绍如何创建多个视口，并对视口的相关操作进行介绍，具体操作方法如下：

| 💿 | 素材文件 | 光盘\素材\第 10 章\三维视口.dwg |

STEP 01 选择"两个：水平"选项

打开素材文件，选择"视图"选项卡，单击"模型视口"面板中的"视口设置"下拉按钮，选择"两个：水平"选项。

STEP 02 查看视口

此时在绘图区域将会出现两个水平放置的视口。

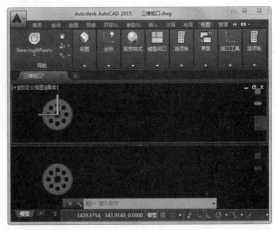

STEP 03 选择"三个：水平"选项

若在下拉列表中选择"三个：水平"选项，则三个视口将会水平放置。

STEP 04 单击"合并"按钮

单击"模型视口"面板中的"合并"按钮。

STEP 05 合并视口

依次指定主视口与要合并的视口，即可将两个视口合并。

STEP 06 改变视图

重新设置三个视口，然后为每一个视口设置所需的视图方式即可。

10.1.4 视觉样式

视觉样式是一组用于控制视图中三维模型边和着色显示的设置。通过视觉样式管理器可以对视觉样式进行自定义设置，还可以修改三维模型的面、环境和边等显示特性，具体操作方法如下：

素材文件	光盘\素材\第 10 章\视觉样式.dwg

STEP 01 选择"视觉样式管理器"选项

打开素材文件，选择"视图"选项卡，单击"视觉样式"面板中的"二维线框"下拉按钮，选择"视觉样式管理器"选项。

STEP 02 选择视觉样式

在弹出的"视觉样式管理器"对话框中选择"着色"样式。

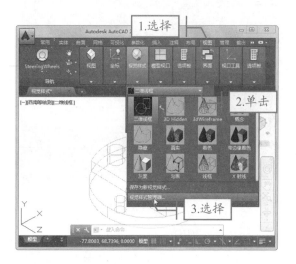

STEP 03 设置视觉样式

分别对"材质显示"、"阴影显示"、"边颜色"和"轮廓边显示"进行设置。

STEP 04 查看图形效果

切换到"着色"视觉样式，即可查看更改视觉样式后的图形效果。

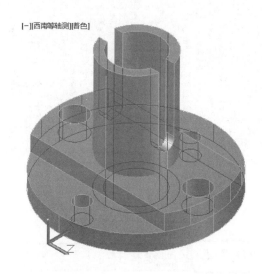

10.2 三维动态的显示设置

三维动态的显示便于用户观察三维模型，对视图进行缩放、漫游等操作，从而方便用户对模型进行编辑修改操作。

10.2.1 应用 Steering Wheels

SteeringWheels 又称控制盘，它将多个常用导航工具结合到一起，方便用户观察三维模型。在选择所需样式的控制盘后，单击其中的按钮，按住鼠标左键并进行拖动，即可激活导航工具，更改当前视图方向。下面通过实例对 SteeringWheels 查看对象控制盘的应用进行介绍，具体操作方法如下：

素材文件	光盘\素材\第 10 章\应用 Steering Wheels.dwg

STEP 01 选择"查看对象（基本型）"选项

打开素材文件，在"视图"选项卡下单击 SteeringWheels 下拉按钮，选择"查看对象（基本型）"选项。

STEP 02 单击"中心"按钮

将光标移动到控制盘的"中心"按钮上，单击并按住鼠标左键。

STEP 03 确定中心点

向图形中心位置拖动鼠标，出现浅绿色"中心"图标，将其移到图形合适位置并松开鼠标。

STEP 04 动态观察

在控制盘上的"动态观察"按钮上按住鼠标左键进行拖动，即可按刚才指定的中心点动态观察三维模型。

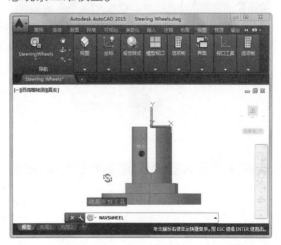

STEP 05 历史回放

在控制盘上的"回放"按钮上按住鼠标左键进行拖动，出现一排回放图标，单击任意图标即可还原到该历史状态。

STEP 06 选择其他控制盘样式

单击控制盘右下角的下拉按钮，或直接右击控制盘，可以选择其他控制盘样式。

10.2.2 应用相机

用户可以使用相机功能对当前模型的任何一个角度进行查看。通常相机功能与路径动画功能一起使用。下面通过实例介绍相机的应用，具体操作方法如下：

素材文件	光盘\素材\第 10 章\相机的应用.dwg

STEP 01 单击"工具选项板"按钮

打开素材文件，单击"视图"选项卡下"选项板"面板中的"工具选项板"按钮。

STEP 01 选择"相机"选项

单击界面右上方的"特性"按钮，在弹出的下拉列表中选择"相机"选项。

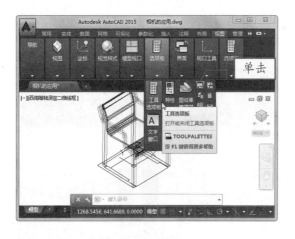

STEP 03 选择相机类别

在弹出的相机列表中单击"普通相机"按钮。

STEP 04 指定相机位置

关闭相机选项板，在绘图区指定相机位置。

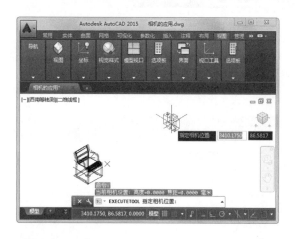

STEP 05 指定目标位置

在绘图区指定目标位置。

STEP 06 选择"相机 1"

单击"视图"下拉按钮，在弹出的下拉列表中选择"相机 1"。

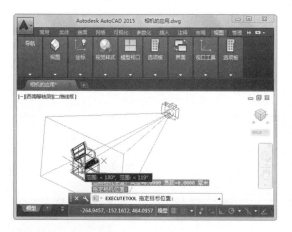

STEP 07 调整焦距

单击"常用"选项板上的"视图"下拉按钮。通过调整"焦距"调节滑块可以调整相机视图的焦距。

STEP 08 更改视觉样式

单击相机图标，弹出"相机预览"对话框，在小窗口中预览相机视图，在"视觉样式"下拉列表中可以更改其视觉样式。

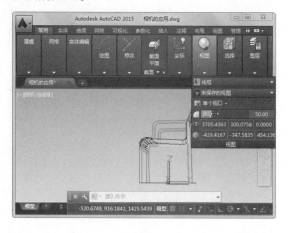

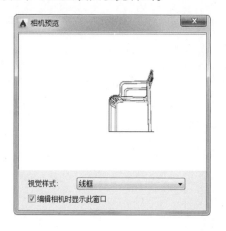

用三点方式创建新 UCS 坐标系

使用三点方式创建新 UCS 坐标系的具体操作方法如下：

STEP 01 选择"三点"命令

选择菜单栏中的"工具"|"新建 UCS"|"三点"命令。

STEP 02 设置 X 轴范围点

在绘图区任意单击一点，作为 UCS 坐标系的新原点。在命令行输入"0,0,1000"，作为正 X 轴范围上的点，按【Enter】键确认。

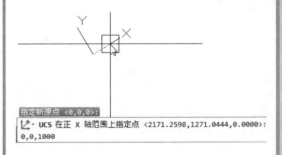

指定新原点 <0,0,0>:
UCS 在正 X 轴范围上指定点 <2171.2598,1271.0444,0.0000>: 0,0,1000

STEP 03 设置 Y 轴范围点

在命令行输入"1000,0,0"，作为正 Y 轴范围上的点，按【Enter】键确认。

高手秘籍——ShowMotion 的应用

用户可以使用 ShowMotion 工具创建快照，并向其中添加移动和转场。下面通过实例对 ShowMotion 工具的使用方法进行介绍，具体操作方法如下：

| 素材文件 | 光盘\素材\第 10 章\ ShowMotion 的应用.dwg |

步骤 01　选择 ShowMotion 命令

打开素材文件，选择"视图"| ShowMotion 命令。

步骤 02　新建快照

此时出现一排 ShowMotion 工具栏，单击其中的"新建快照"按钮。

步骤 03　设置特性

在弹出的对话框中设置视图名称、类型、转场等特性，单击"确定"按钮。

步骤 04　播放快照

此时，即可按照所设置的参数创建一个电影式快照，将光标移动到快照缩略图上，单击"播放"按钮，即可播放快照。

秒杀疑惑

1 如何恢复三维坐标？

　　在绘制三维图形时，经常需要对坐标系进行调整。如果想恢复坐标，可在命令行窗口中输入 UCS 命令，并按两次【Enter】键确认，即可恢复原始三维坐标。

2 为何全阴影环境无法正常显示？

　　可能是关闭了"几何图形加速"所致。当关闭"几何图形加速"时，将无法显示全阴影环境设置。

3 视觉样式与灯光有什么关联？

　　视觉样式只是在视觉上产生了变化，实际上模型并没有改变。在概念视觉样式下移动模型对象可以发现，跟随视点的两个平行光源将会照亮面。这两盏默认光源可以照亮模型中所有的面，以便从视觉上加以辨别。

Chapter 11

三维图形的绘制

新手上路重点索引

本章重点实例展示

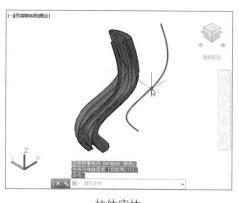

拉伸实体

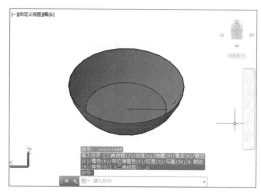

旋转实体

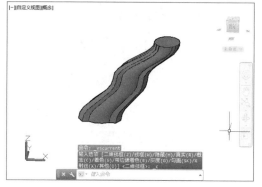

放样实体

扫掠实体

11.1 三维实体的绘制

三维实体是三维图形中的重要组成部分，下面详细介绍如何创建长方体、圆锥体、圆柱体、楔体、球体、圆环体、棱锥体、圆锥体和多段体等基本三维实体。

11.1.1 绘制长方体

下面介绍如何创建长方体，具体操作方法如下：

STEP 01 单击"长方体"按钮

将视图方向改为东北等轴测方向，单击"建模"面板中的"长方体"按钮。

STEP 02 指定对角点

在绘图区中分别指定图形的两个对角点。

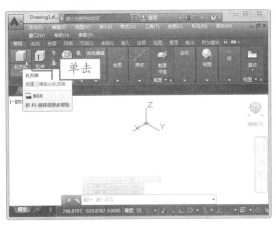

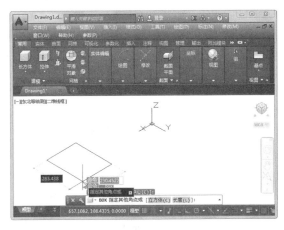

STEP 03 指定高度

在绘图区中指定长方体的高度。

STEP 04 更改视觉样式

单击"视图"面板中的"视觉样式"下拉按钮，弹出"视觉样式"列表，选择"概念"视觉样式。

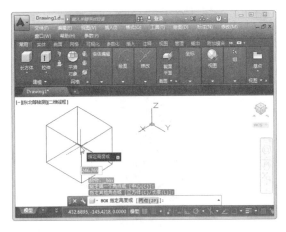

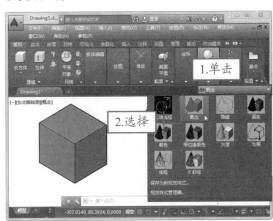

11.1.2 绘制圆柱体

使用"圆柱体"工具可以创建以圆或椭圆为底面的实体圆柱体，具体操作方法如下：

STEP 01 选择"圆柱体"选项

将视图方向改为东北等轴测方向，单击"建模"面板中的"长方体"下拉按钮，选择"圆柱体"选项。

STEP 02 指定底面中心点和半径

在绘图区中单击，分别指定圆柱体的底面中心点和底面半径。

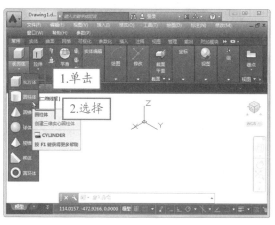

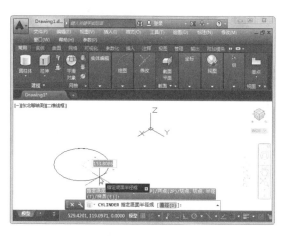

STEP 03 指定高度

通过输入数值或移动光标来指定圆柱体的高度。

STEP 04 更改视觉样式

单击"视图"面板中的"视觉样式"下拉按钮，弹出"视觉样式"列表，选择"概念"视觉样式。

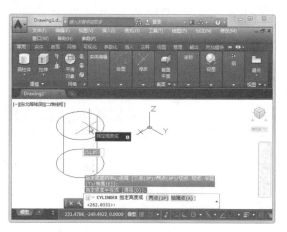

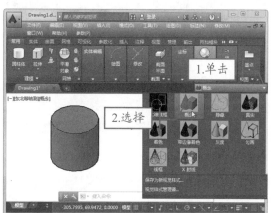

11.1.3 绘制楔体

使用"楔体"工具可以创建面为矩形或正方形的实体楔体，具体操作方法如下：

STEP 01 选择"楔体"选项

将视图方向改为东北等轴测方向，单击"建模"面板中的"长方体"下拉按钮，选择"楔体"选项。

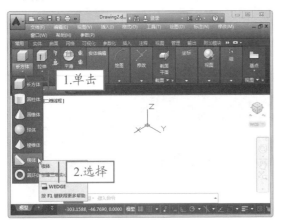

STEP 02 指定两个角点

在绘图区分别指定两个角点。

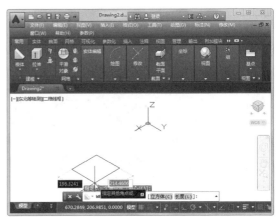

STEP 03 指定高度

通过输入数值或移动光标来指定楔体的高度。

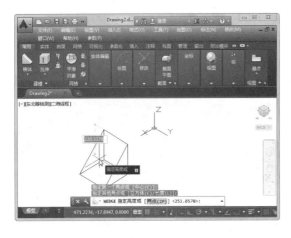

STEP 04 更改视觉样式

单击"视图"面板中的"视觉样式"下拉按钮，弹出"视觉样式"列表，选择"概念"视觉样式。

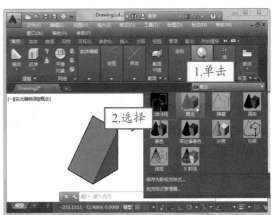

11.1.4 绘制球体

用户可以采用多种方法创建实体球体。如果从圆心开始创建，球体的中心轴将与当前用户坐标系（UCS）的 Z 轴平行。下面介绍如何创建实体球体，具体操作方法如下：

STEP 01 选择"球体"选项

将视图方向改为东北等轴测方向，单击"建模"面板中的"长方体"下拉按钮，选择"球体"选项。

STEP 02 指定中心点和半径值

在绘图区中单击，指定球体的中心点。输入球体半径的值，并按【Enter】键确认。

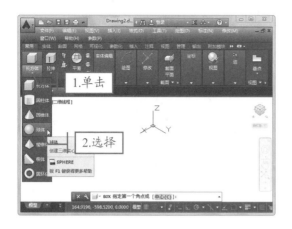 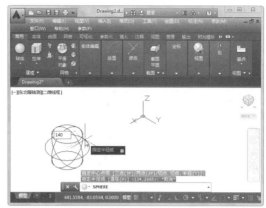

STEP 03 更改视觉样式

单击"视图"面板中的"视觉样式"下拉按钮，弹出"视觉样式"列表，选择"概念"视觉样式。

小提示

> 在命令行提示下，输入 SPHERE 命令可以执行"球体"命令。

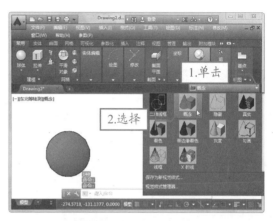

11.1.5 绘制圆环体

圆环体即类似于轮胎内胎的环形实体，它由两个半径值定义，即从圆环体中心到圆管中心的距离和圆管的半径距离。下面介绍圆环体的创建方法，具体操作方法如下：

STEP 01 选择"圆环体"选项

将视图方向改为东北等轴测方向，单击"建模"面板中的"长方体"下拉按钮，选择"圆环体"选项。

STEP 02 指定中心点和半径

在绘图区中单击，指定圆环体的中心点，然后指定其中心点到圆管中心的距离。

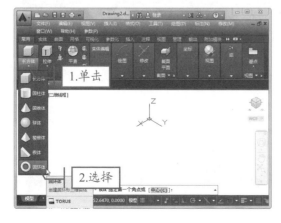 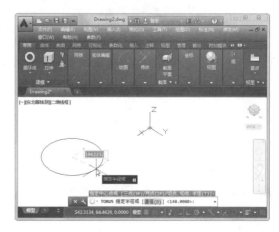

STEP 03 指定圆管半径

通过输入数值或移动光标指定圆环体的圆管半径。

STEP 01 更改视觉样式

单击"视图"面板中的"视觉样式"下拉按钮，弹出"视觉样式"列表，选择"概念"视觉样式。

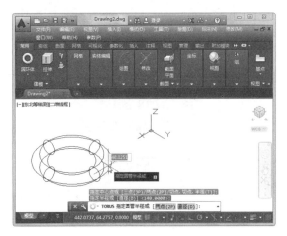

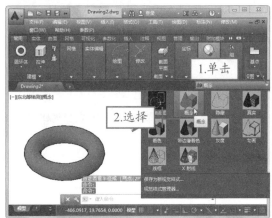

小提示

如果图形表面显示较粗糙，不够平滑，说明其显示精度过低。可通过命令行窗口执行 OP 命令，打开"选项"对话框。通过修改"显示"选项卡下的"显示精度"选项区中的参数，修改其平滑度。

11.1.6 绘制棱锥体

使用"棱锥体"工具可以创建最多可具有 32 个侧面的实体棱锥体，具体操作方法如下：

STEP 01 选择"棱锥体"选项

将视图方向改为东北等轴测方向，单击"建模"面板中的"长方体"下拉按钮，选择"棱锥体"选项。

STEP 02 指定侧面数、底面中心点和半径

输入 S 并按【Enter】键确认。再输入侧面数目，如输入 6 并按【Enter】键确认。指定底面半径和中心点。

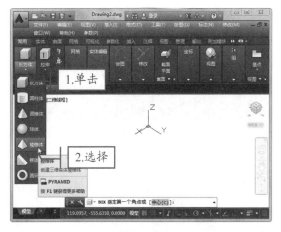

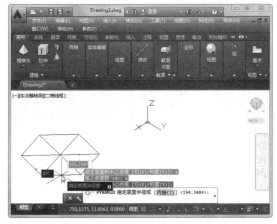

STEP 03 指定高度

通过输入数值或移动光标来指定棱锥体的高度。

STEP 04 更改视觉样式

单击"视图"面板中的"视觉样式"下拉按钮，弹出"视觉样式"列表，选择"概念"视觉样式。

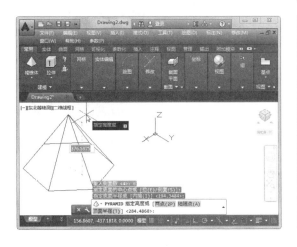

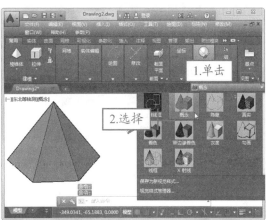

11.1.7 绘制圆锥体

使用"圆锥体"工具可以创建底面为圆形或椭圆的尖头圆锥体或圆台，具体操作方法如下：

STEP 01 选择"圆锥体"选项

将视图方向改为东北等轴测方向，单击"建模"面板中的"长方体"下拉按钮，选择"圆锥体"选项。

STEP 02 指定底面中心点和半径

在绘图区中单击，分别指定圆锥体的底面中心点和底面半径。

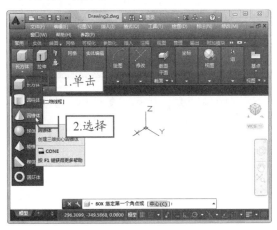

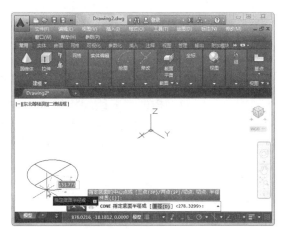

STEP 03 指定高度

通过输入数值或移动光标可以指定圆锥体的高度。

STEP 04 更改视觉样式

单击"视图"面板中的"视觉样式"下拉按钮，弹出"视觉样式"列表，选择"概念"视觉样式。

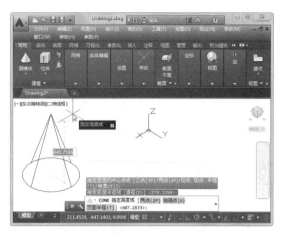

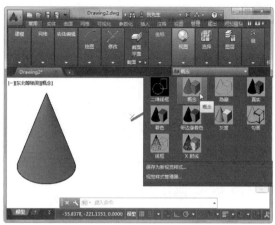

STEP 05 更改顶面半径

双击图形，弹出特性面板，在"顶面半径"
文本框中输入 50。

STEP 06 查看图形效果

关闭特性面板，即可查看更改后的图
形效果。

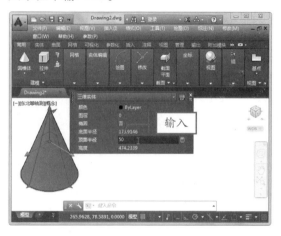

11.1.8 绘制多段体

用户可以使用与创建多段线相似的方法来创建多段体对象。使用"多段体"工具可以
快速绘制三维墙体。多段体与拉伸的多段线类似，与拉伸多段线的不同之处在于，拉伸多
段线在拉伸时会丢失所有宽度特性，而多段体会保留其直线段的宽度。下面通过实例介绍
如何创建多段体，具体操作方法如下：

STEP 01 单击"多段体"按钮

单击"常用"选项卡下"建模"面板中的
"多段体"按钮。

STEP 02 执行命令

输入 h 并按【Enter】键，指定高度为 2700。
输入 w 并按【Enter】键，指定宽度为 240。输
入 j 并按【Enter】键，然后输入 L 并按【Enter】
键，指定对正方式为"左对正"。

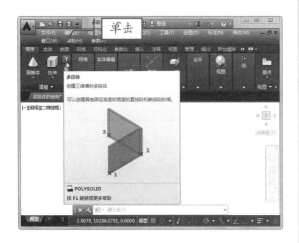

命令: _Polysolid 高度 = 2700.0000, 宽度 = 240.0000, 对正 = 左对齐

指定起点或 [对象(O)/高度(H)/宽度(W)/对正(J)] <对象>: h

指定高度 <2700.0000>: 2700

高度 = 2700.0000, 宽度 = 240.0000, 对正 = 左对齐

指定起点或 [对象(O)/高度(H)/宽度(W)/对正(J)] <对象>: w

指定宽度 <240.0000>: 240

高度 = 2700.0000, 宽度 = 240.0000, 对正 = 左对齐

指定起点或 [对象(O)/高度(H)/宽度(W)/对正(J)] <对象>: j

输入对正方式: [左对正(L)/居中(C)/右对正(R)] <居中>:L

STEP 03 指定起点

指定多段体的起点。

STEP 04 绘制多段体

沿素材图形内侧直线绘制多段体，输入 C 并按【Enter】键闭合多段体。

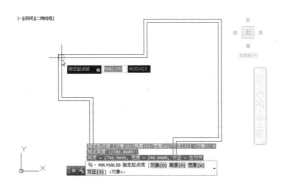

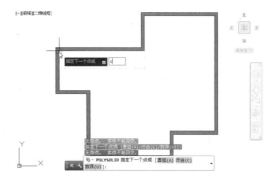

STEP 05 更改视图角度

绘制完成后更改视图角度，查看多段体图形效果。

STEP 06 更改视觉样式

单击"视图"面板中的"视觉样式"下拉按钮，弹出"视觉样式"列表，选择"概念"视觉样式。

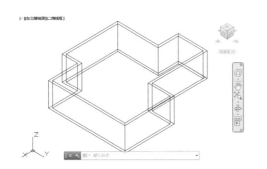

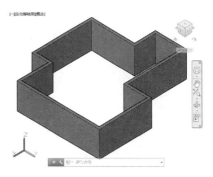

11.2 二维图形转换为三维实体

利用现有的直线和曲线可以创建三维实体或曲面，例如，将对象拉伸到三维空间来创建实体和曲面，通过沿路径扫掠平面曲线来创建新实体或曲面，通过放样来创建实体或曲面，通过旋转来创建实体或曲面等。

11.2.1 拉伸实体

使用"拉伸"工具可以创建延伸对象的形状的实体或曲面，可以将闭合对象转换为三维实体，也可以将开放对象（如直线）转换为三维曲面，具体操作方法如下：

> 素材文件　　光盘\素材\第 11 章\拉伸实体.dwg

STEP 01 单击"拉伸"按钮

打开素材文件，单击"常用"选项卡下"建模"面板中的"拉伸"按钮。

STEP 02 选择拉伸对象

使用窗交选择方式选择要拉伸的对象，并按【Enter】键确认。

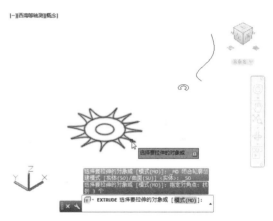

STEP 03 指定拉伸高度

输入 2 并按【Enter】键确认，指定拉伸高度。

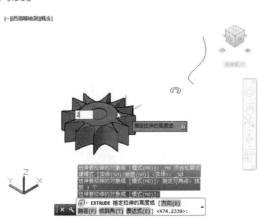

STEP 04 拉伸对象

此时，即可将其拉伸成三维实体。

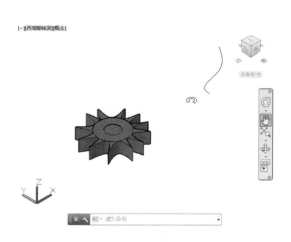

STEP 05 按路径进行拉伸

　　执行"拉伸"命令，选择要拉伸的对象并按【Enter】键确认，根据命令行提示输入 P。

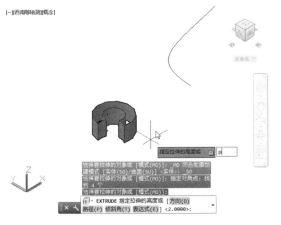

STEP 06 选择拉伸路径

　　选择图形对象旁边的拉伸路径，即可按路径进行拉伸。

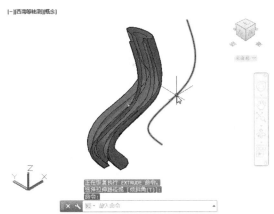

11.2.2　旋转实体

　　使用"旋转"工具可以绕轴旋转对象来创建三维对象，具体操作方法如下：

素材文件	光盘\素材\第 11 章\旋转实体.dwg

STEP 01 选择"旋转"选项

　　打开素材文件，单击"建模"面板中的"拉伸"下拉按钮，选择"旋转"选项。

STEP 02 选择旋转对象

　　在绘图区选择要旋转的对象，并按【Enter】键确认。

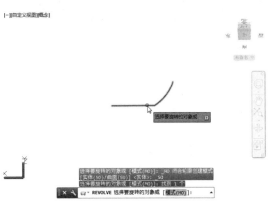

STEP 03 指定旋转轴和旋转角度

　　通过端点捕捉模式指定图形左侧的端点为旋转轴，指定旋转角度为 360°，并按【Enter】键确认。

STEP 04 查看旋转效果

　　此时，即可完成旋转操作，更改视觉样式和视图，查看最终效果。

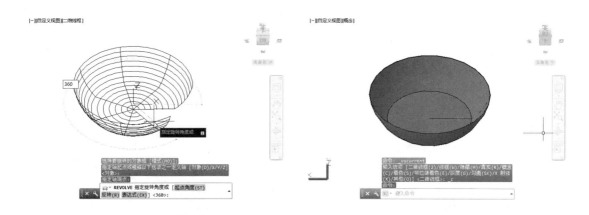

11.2.3 放样实体

使用"放样"工具可以在包含两个或更多横截面轮廓的一组轮廓中对轮廓进行放样，以此创建三维实体或曲面以获得最佳结果，路径曲线应始于第一个横截面所在的平面，止于最后一个横截面所在的平面。使用"放样"工具放样实体的具体操作方法如下：

素材文件	光盘\素材\第11章\放样实体.dwg

STEP 01 选择"放样"选项

打开素材文件，单击"建模"面板中的"拉伸"下拉按钮，选择"放样"选项。

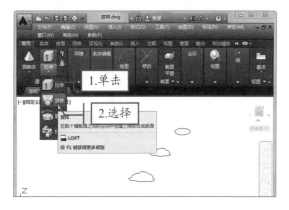

STEP 02 选择横截面

在绘图区中按放样次序依次选择三个横截面，按【Enter】键确认。

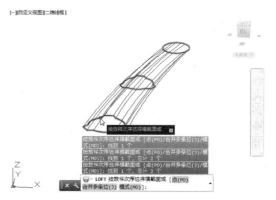

STEP 03 选择"设置"选项

在弹出的菜单中选择"设置"选项。

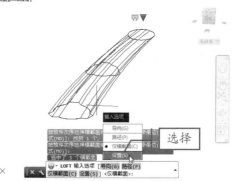

小提示

用户可以选择起点横截面、终点横截面、起点和终点横截面或所有横截面作为曲面法线的方向。

STEP 04 放样设置

弹出"放样设置"对话框,选中"法线指向"单选按钮,选择"所有横截面"选项,单击"确定"按钮。

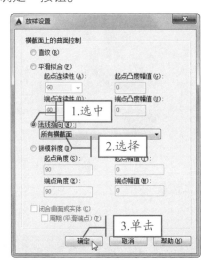

STEP 05 放样对象

此时,即可按指定设置放样对象。切换到"概念"视觉样式,查看图形效果。

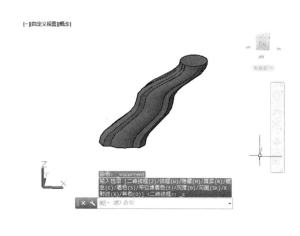

11.2.4 扫掠实体

使用"扫掠"工具可以沿指定路径拉伸轮廓形状来绘制实体或曲面对象。沿路径扫掠轮廓时,轮廓将被移动并与路径垂直对齐。如果沿一条路径扫掠闭合的曲线,则生成实体;如果沿一条路径扫掠开放的曲线,则将生成曲面。使用"扫掠"工具创建曲面的具体操作方法如下:

素材文件	光盘\素材\第 11 章\扫掠实体.dwg

STEP 01 选择"扫掠"选项

打开素材文件,单击"建模"面板中的"拉伸"下拉按钮,选择"扫掠"选项。

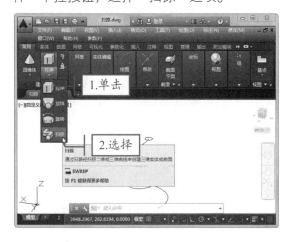

STEP 02 选择要扫掠的对象

在绘图区中选择圆为要扫掠的对象,并按【Enter】键确认。

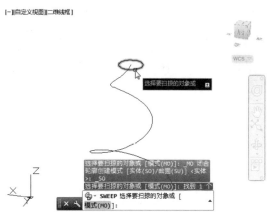

STEP 03）选择扫掠路径

选择螺旋线为扫掠路径，即可完成扫掠操作。

STEP 04）更改视觉样式

切换到"概念"视觉样式，查看图形效果。

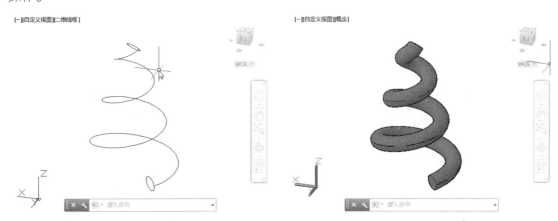

11.3　布尔运算

布尔运算是创建复杂三维实体时较为常用的工具，通过合并、减去或找出两个或两个以上三维实体、曲面或面域的相交部分，从而创建复合三维对象。

11.3.1　并集运算

使用"并集"工具可以将两个或两个以上的对象合并为一个整体，具体操作方法如下：

⊙	素材文件	光盘\素材\第11章\并集运算.dwg

STEP 01）单击"并集"按钮

打开素材文件，单击"实体"选项卡下"布尔值"面板中的"并集"按钮。

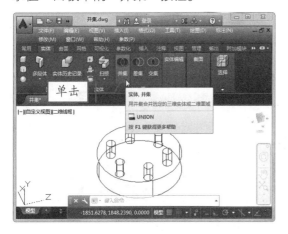

STEP 02）选择全部对象

在绘图区中使用框选形式选择全部对象。

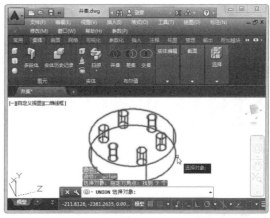

STEP 03 执行并集运算

按【Enter】键执行并集运算，即可将多个对象合并为一个三维整体。

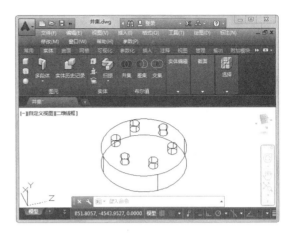

小提示

在命令行提示下，输入 UNION 命令可以快速执行"并集"命令。

11.3.2 差集运算

使用"差集"工具可以从另一个交叠集中减去一个现有的三维实体集来创建三维实体或曲面。下面以完成连接轴承模型的创建为例介绍"差集"工具的使用方法，具体操作方法如下：

素材文件	光盘\素材\第 11 章\差集运算.dwg

STEP 01 单击"差集"按钮

打开素材文件，单击"实体"选项卡下"布尔值"面板中的"差集"按钮。

STEP 02 选择差集对象

选择最大的三维对象作为执行差集运算的对象，并按【Enter】键确认。

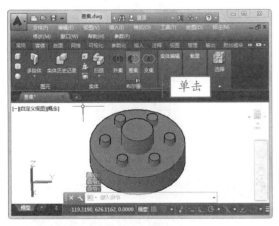

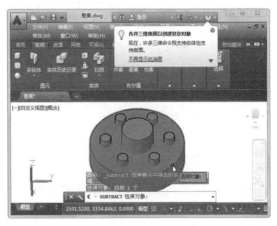

STEP 03 选择要减去的对象

选择绘图区中的小圆柱体和中间的圆柱体，作为要减去的对象，并按【Enter】键确认。

STEP 04 查看差集效果

此时即可完成差集运算，查看图形效果。

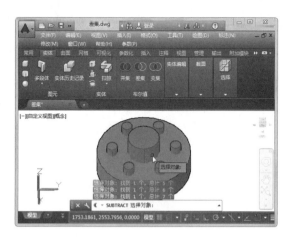 

11.3.3 交集运算

使用"交集"工具，可用两个或两个以上现有三维实体、曲面或面域的公共体积来创建三维实体，具体操作方法如下：

素材文件	光盘\素材\第 11 章\交集运算.dwg

STEP 01 单击"交集"按钮

打开素材文件，单击"实体"选项卡下"布尔值"面板中的"交集"按钮。

STEP 02 选择交集对象

选择要进行交集运算的两个对象，并按【Enter】键确认。

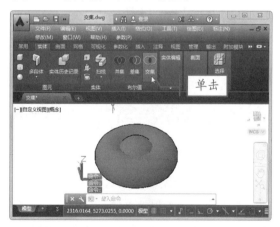 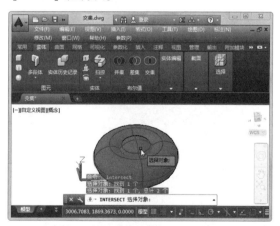

STEP 03 查看交集效果

此时即可完成交集运算，查看图形效果。

绘制直齿轮模型

本章介绍了绘制基本三维图形，将二维图形转换成三维图形的基本操作，以及布尔运算的运用。下面结合所学知识绘制直齿轮模型，具体操作方法如下：

STEP 01 绘制圆

新建空白文件，选择"草图与注释"工作空间，绘制一个圆心为（0,0），半径为50的圆。

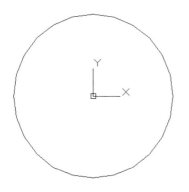

STEP 02 偏移圆

执行"偏移"命令，将绘制的圆分别向内偏移两个圆，向内偏移距离为 5 和 10，向外偏移距离为 7。

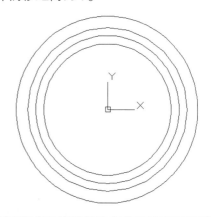

STEP 03 绘制直线

执行"直线"命令，绘制圆的半径作为辅助线。

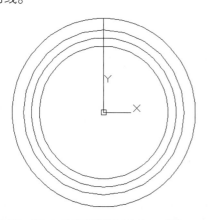

STEP 04 偏移直线

执行"偏移"命令，将直线向左偏移7，向右偏移15。

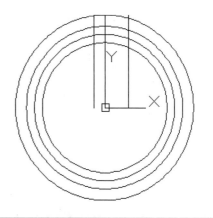

STEP 05 绘制圆

执行"圆"命令，按从内向外的方向将第二个圆和向右偏移的直线的交点为圆心，第二个圆和向左偏移的直线的交点与此交点之间的距离为半径，绘制圆。

STEP 06 镜像圆

执行"镜像"命令，以圆心为镜像中心，对圆进行镜像操作。

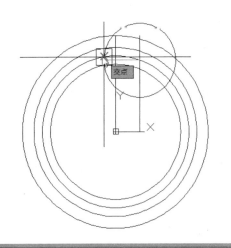

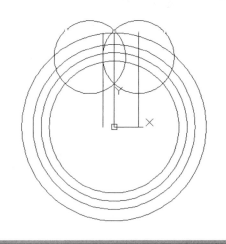

STEP 07 修剪图形

执行"修剪"命令，对镜像后的图形进行修剪，即可完成一个齿轮图形的绘制。

STEP 08 阵列图形

执行"环形阵列"命令，以圆心为中心点，对刚修剪的图形进行阵列，阵列数为 12。

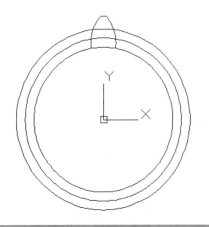

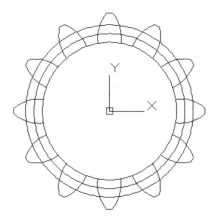

STEP 09 修改图形

删除多余的线，分解图形，执行"修剪"命令，对图形进行修剪，完成齿轮图形绘制。

STEP 10 转换面域

执行"面域"命令，将修剪后的图形转换成面域。切换到"三维建模"工作空间，将视图更改为"西南等轴测"。

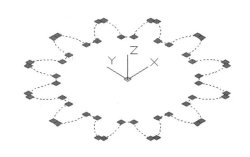

STEP 11 拉伸图形

执行"拉伸"命令，将图形向 Z 轴正向拉伸 12。

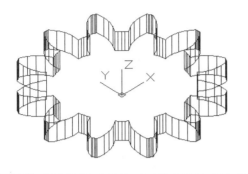

STEP 12 绘制圆柱体

捕捉齿轮顶面圆心点，执行"圆柱体"命令，绘制一个底面半径为 30、高为-4 的圆柱体。

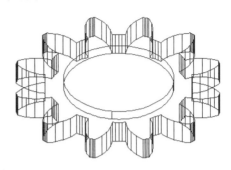

STEP 13 执行"差集"命令

执行"差集"命令，将绘制的圆柱从齿轮模型中减去。

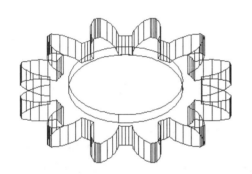

STEP 14 绘制圆柱体

捕捉齿轮底面圆心点，执行"圆柱体"命令，绘制一个底面半径为 18、高为 15 的圆柱体。

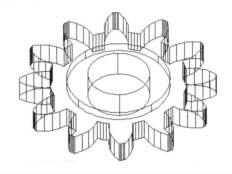

STEP 15 绘制小圆柱体

捕捉刚绘制的圆柱顶面圆心点，执行"圆柱体"命令，绘制一个底面半径为 8、高为 15 的圆柱体。

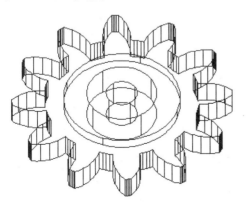

STEP 16 执行并集与差集命令

执行"并集"与"差集"命令，将齿轮轴与绘制的圆柱体进行合并；将绘制的小圆柱体从齿轮模型中减去，更改视觉样式。

高手秘籍——标注三维模型尺寸

在绘制完成一套施工图纸时，对于一些简单的三维图形需要标注加工尺寸。在 AutoCAD 2015 中，使用二维标注命令也可以对三维图形进行尺寸标注，具体操作方法如下：

	素材文件	光盘\素材\第 11 章\标注三维模型尺寸.dwg

步骤01 执行 UCS 命令

打开素材文件，在命令行窗口输入 UCS 并按【Enter】键，将光标移至模型中的合适位置，并设置好 X 与 Y 轴的方向。

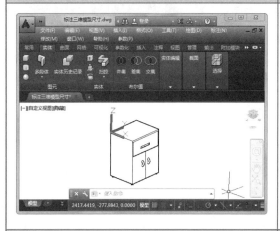

步骤02 选择"线性"命令

在菜单栏中选择"标注"|"线性"命令。

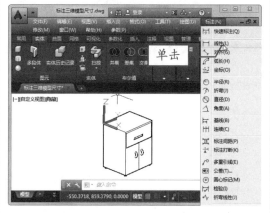

步骤03 标注尺寸

在绘图区指定模型的标注起点与端点，指定尺寸线位置，即可完成标注操作。

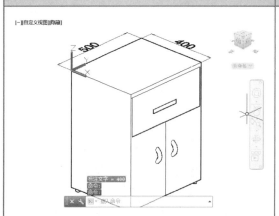

步骤04 设置坐标轴

在命令行窗口输入 UCS 并按【Enter】键，将光标移至模型中的合适位置，并设置好 X 与 Y 轴的方向。

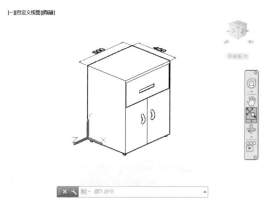

步骤05 标注高度尺寸

执行"线性"标注，即可对模型的高度进行标注。

步骤06 标注底面尺寸

按照同样的方法设置好 X 与 Y 轴的方向，执行"线性"标注，即可对底面进行标注。

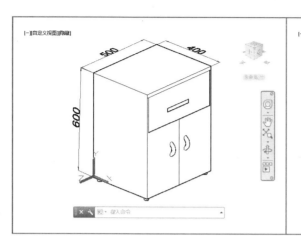
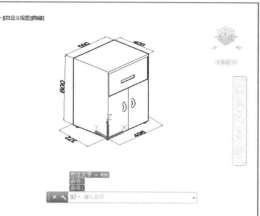

秒杀疑惑

1 在进行差集操作后为什么模型没有发生变化?

　　在两个以上实体重叠在一起进行"差集"操作时,需先将要修剪的实体全部选中,或进行并集操作。若对单个实体修剪时,则直接执行"差集"命令即可。

2 为什么在进行拉伸操作时,拉伸后的图形总是反方向拉伸?

　　沿指定路径拉伸时,拉伸方向取决于拉伸路径的对象与被拉伸对象的位置。在选择拉伸路径的对象时,拾取点靠近对象的哪一侧,就会向哪个方向进行拉伸。

3 在绘制三维图形时,如何定位或移动三维图形?

　　虽然三维图形与二维图形有很大的差别,但它们的某些功能可以通用,如移动对象功能、复制功能及捕捉功能等,不同的是在对三维对象进行编辑时选择的是三维对象而已。

Chapter 12

本章学习计划与目标

本章将学习基本的三维操作，以及如何对实体边、实体面、实体、网格等对象进行编辑，主要包括三维移动、三维旋转、三维对齐、三维镜像、三维阵列，以及三维图形的修改、创建网格图元和曲面网格等知识。

三维图形的编辑与修改

新手上路重点索引

本章重点实例展示

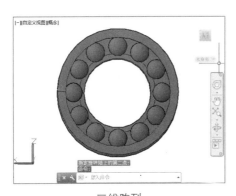

三维阵列

剖切对象

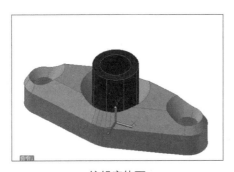

编辑实体面

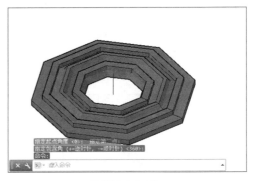

绘制曲面网格

12.1 三维图形的编辑

为了使图形更具有完整性，需要对三维图形进行编辑，如对三维图形进行移动、旋转、对齐、镜像和阵列等操作，下面分别对其进行介绍。

12.1.1 三维移动

三维移动的方法与二维移动相似，主要是调整模型在三维空间的位置。下面通过实例介绍如何使用"三维移动"工具移动三维实体，具体操作方法如下：

📀 **素材文件**	光盘\素材\第 12 章\三维移动.dwg

STEP 01 单击"三维移动"按钮

打开素材文件，单击"修改"面板中的"三维移动"按钮。

STEP 02 选择移动对象

在绘图区中单击选择要移动的对象，按【Enter】键确认。

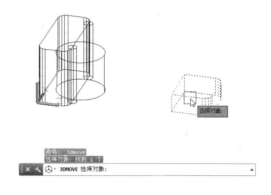

STEP 03 捕捉中点

启用捕捉模式，捕捉移动对象的中点。

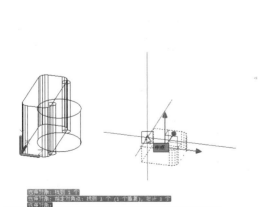

STEP 04 移动对象

捕捉另一个图形的中点，作为移动的第二点，即可移动对象。切换到"概念"视觉样式，查看图形效果。

12.1.2 三维旋转

利用"三维旋转"命令可以按约束轴旋转之前选定的对象。选择要旋转的对象和子对象后，小控件将位于选择集的中心，此位置由小控件的基准夹点指示。将光标移到三维旋转小控件的旋转路径上时，将显示表示旋转轴的矢量线。通过在旋转路径变为黄色时单击该路径，即可指定旋转轴为约束轴。

使用"三维旋转"工具旋转对象的具体操作方法如下：

素材文件	光盘\素材\第 12 章\三维旋转.dwg

STEP 01 单击"三维旋转"按钮

打开素材文件，单击"修改"面板中的"三维旋转"按钮。

STEP 02 选择旋转对象

选择圆柱体为三维旋转对象。

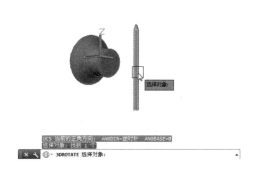

STEP 03 指定旋转基点

指定圆柱体上端的圆锥的圆心为旋转基点。

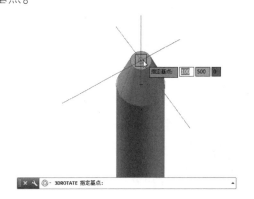

STEP 04 拾取旋转轴

将光标移动到红色的旋转轴上，当其变为黄色时单击，指定旋转轴。

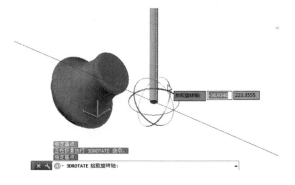

STEP 05 指定旋转角度

指定旋转角度为−90°，并按【Enter】键确认。

STEP 06 查看旋转效果

此时，即可查看旋转后的图形效果。

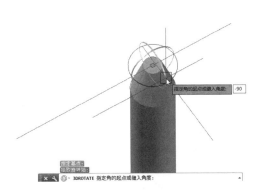

12.1.3　三维对齐

使用"三维对齐"工具可以为源对象和目标对象指定三个点，使源对象和目标对象对齐。下面通过实例介绍"三维对齐"工具的使用方法，具体操作方法如下：

素材文件	光盘\素材\第 12 章\三维对齐.dwg

STEP 01 单击"三维对齐"按钮

打开素材文件，单击"修改"面板中的"三维对齐"按钮 。

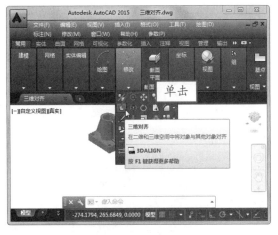

STEP 03 指定基点

在源对象上指定基点。

STEP 02 选择对齐对象

在绘图区中选择需要执行对齐操作的对象，并按【Enter】键确认。

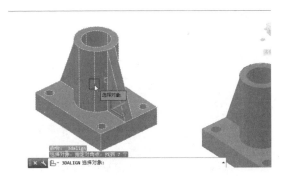

小提示

在指定对齐点时，三个点指定的顺序不同，得到的对齐结果也会不同。

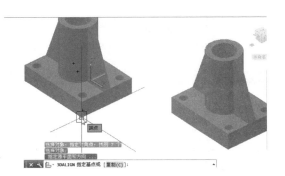

STEP 04 指定其他点

在源对象上指定作为对齐参考的第二个点和第三点。

STEP 05 对齐对象

以同样的方法指定目标对象上指定的三个点，即可对齐对象。

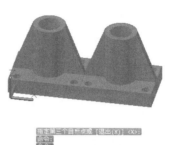

12.1.4 三维镜像

使用"三维镜像"工具可以通过指定镜像平面来镜像对象。镜像平面可以是平面对象所在的平面，通过指定点且与当前 UCS 的 *XY*、*YZ* 或 *XZ* 平面平行的平面，或由三个指定点定义的平面。下面通过实例介绍"三维镜像"工具的使用方法，具体操作方法如下：

| 素材文件 | 光盘\素材\第 12 章\三维镜像.dwg |

STEP 01 单击"三维镜像"按钮

打开素材文件，单击"修改"面板中的"三维镜像"按钮。

STEP 02 选择镜像对象

在绘图区中选择执行三维镜像操作的对象，按【Enter】键确认。

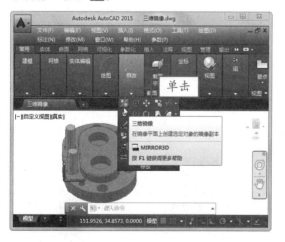

STEP 03 指定第一点

在绘图区中捕捉大圆柱的圆心，作为指定镜像平面的第一个点。

STEP 04 指定其他点

在绘图区中指定镜像平面的第二点和第三点。

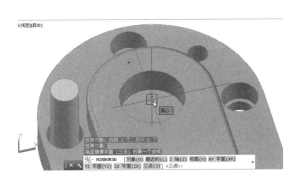

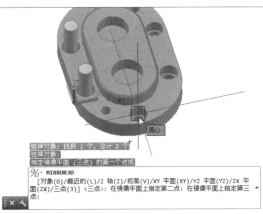

STEP 05 选择"否"选项

在弹出的菜单中选择"否"选项，保留源对象。

STEP 06 查看镜像效果

此时，可沿指定平面三维镜像复制出对象的副本。

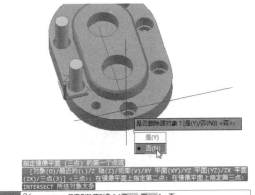

小提示

默认情况下，在进行镜像复制时，镜像文字、属性和属性定义时它们在镜像图像中不会反转或倒置。

12.1.5 三维阵列

使用"三维阵列"工具可以在三维空间中创建对象的矩形阵列或环形阵列。下面通过实例介绍"三维阵列"工具的使用方法，具体操作方法如下：

素材文件	光盘\素材\第 12 章\三维阵列.dwg

STEP 01 选择"三维阵列"命令

打开素材文件，选择"修改"|"三维操作"|"三维阵列"命令。

STEP 02 选择阵列对象

在绘图区中选择要阵列的对象，并按【Enter】键确认。

STEP 03 选择阵列类型

在弹出的菜单中选择"环形"阵列类型。

STEP 04 输入项目数目

输入阵列项目数目为 12，并按【Enter】键确认。

STEP 05 指定填充角度

指定要填充的角度为 360°，并按【Enter】键确认。

STEP 06 确认阵列对象

在弹出的菜单中选择"是"选项。

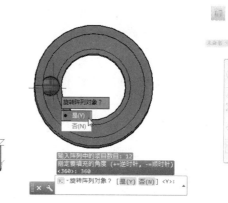

STEP 07 指定阵列中心点

启用圆心捕捉模式,捕捉圆心为阵列的中心点。

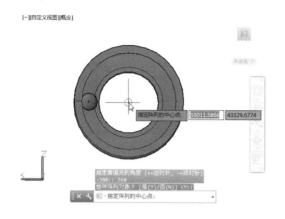

STEP 08 指定旋转轴

在绘图区指定旋转轴,即可完成小圆的三维环形阵列操作。

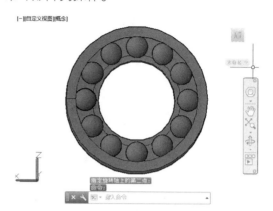

12.2 三维图形的修改

在对三维实体进行编辑时,除了对三维实体对象进行编辑操作外,还可对其进行剖切、加厚、抽壳、倒圆角、倒直角等操作。

12.2.1 剖切对象

使用"剖切"工具可以拆分现有对象来创建新的三维实体或曲面。使用"剖切"工具剖切三维实体或曲面时,可以通过多种方法定义剪切平面。使用"剖切"工具剖切对象的具体操作方法如下:

🔘 素材文件	光盘\素材\第 12 章\剖切对象.dwg

STEP 01 单击"剖切"按钮

打开素材文件,单击"实体"选项卡下"实体编辑"面板中的"剖切"按钮。

STEP 02 选择剖切对象

选择三维实体作为要剖切的对象,并按【Enter】键确认。

STEP 03 选择曲面

输入 S 并按【Enter】键确认，然后选择曲面。

STEP 04 选择要保留的对象

选择曲面一侧要保留的三维对象，即可剖切三维实体，查看剖切效果。

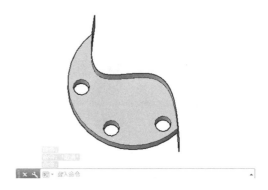

12.2.2　加厚对象

"加厚"工具是创建复杂的三维曲线实体的实用工具。使用"加厚"工具可以将某个曲面转换为一定厚度的三维曲线形实体，具体操作方法如下：

素材文件	光盘\素材\第 12 章\加厚对象.dwg

STEP 01 单击"加厚"按钮

打开素材文件，单击"实体"选项卡下"实体编辑"面板中的"加厚"按钮。

STEP 02 选择加厚曲面

在绘图区中选择要加厚的曲面，并按【Enter】键确认。

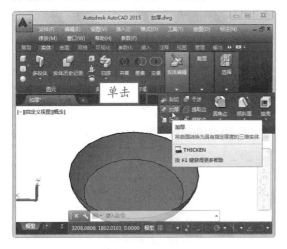

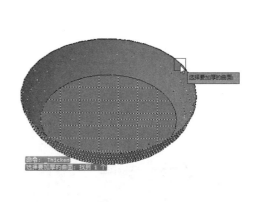

STEP 03 指定厚度

输入 2 并按【Enter】键确认，即可完成加厚对象操作。

12.2.3 抽壳对象

使用"抽壳"工具可以指定的厚度在三维实体对象上创建中空的薄壁,具体操作方法如下:

素材文件	光盘\素材\第 12 章\抽壳对象.dwg

STEP 01 单击"抽壳"按钮

打开素材文件,单击"实体"选项卡下"实体编辑"面板中的"抽壳"按钮。

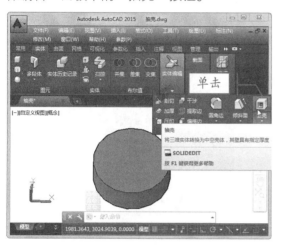

STEP 02 选择删除面

在绘图区选择要抽壳的对象,在三维实体上单击,选择要删除的面,并按【Enter】键确认。

STEP 03 输入抽壳偏移距离

输入抽壳偏移距离为 40,并按【Enter】键确认。

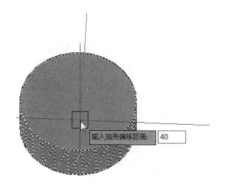

STEP 04 查看抽壳效果

按【Esc】键结束命令,即可完成抽壳操作,查看图形效果。

小提示

"抽壳"工具只可用于三维实体,如果选择了网格,将会出现提示信息,提示是否将网格转换为三维实体,而且一个三维实体只能有一个壳。

12.2.4　三维对象倒圆角

三维圆角边是指使用与对象相切，且具有指定半径的圆弧连接两个对角。下面通过实例介绍如何使用"圆角边"工具为三维对象倒圆角，具体操作方法如下：

素材文件	光盘\素材\第 12 章\圆角边.dwg

STEP 01　单击"圆角边"按钮

打开素材文件，单击"实体"选项卡下"实体编辑"面板中的"圆角边"按钮。

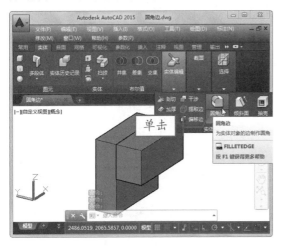

STEP 02　选择边

在绘图区选择要倒圆角的边，并按【Enter】键确认。

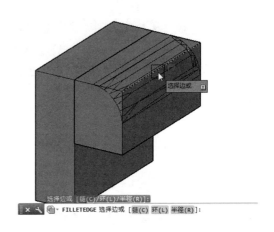

STEP 03　设置半径

在弹出的菜单中选择"半径"选项，设置半径为 20，并按【Enter】键确认。

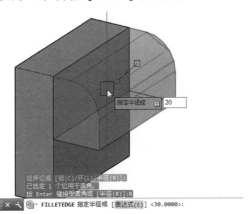

STEP 04　查看图形效果

再次按【Enter】键确认倒圆角操作，查看图形效果。

12.2.5　三维对象倒直角

使用"倒角边"工具可以为三维对象倒直角，具体操作方法如下：

素材文件	光盘\素材\第 12 章\倒角边.dwg

STEP 01 选择"倒角边"选项

打开素材文件,单击"实体"选项卡下"实体编辑"面板中的"圆角边"下拉按钮,选择"倒角边"选项。

STEP 02 选择边

在绘图区选择要倒角的一条边,并按【Enter】键确认。

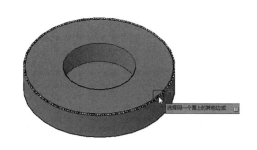

STEP 03 选择"距离"选项

弹出快捷菜单,选择"距离"选项,接受倒角距离。

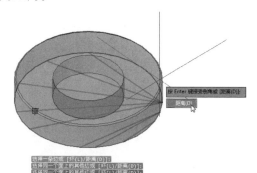

STEP 04 指定基面倒角距离

输入 10,指定基面倒角距离,并按【Enter】键确认。

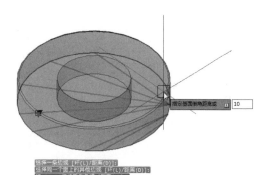

STEP 05 指定其他曲面倒角距离

输入 8,指定其他曲面倒角距离,并按【Enter】键确认。

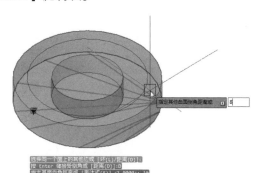

STEP 06 查看图形效果

按【Enter】键确认操作,此时即可完成倒直角操作,查看图形效果。

12.2.6 编辑实体边

用户可对三维实体边进行各种编辑操作，如提取边、压印、着色边和复制边等。下面通过实例介绍如何编辑实体边，具体操作方法如下：

素材文件	光盘\素材\第 12 章\编辑实体边.dwg

STEP 01 单击"提取边"按钮

打开素材文件，单击"常用"选项卡下"实体编辑"面板中的"提取边"按钮。

STEP 02 选择提取对象

在绘图区选择要提取的对象，并按【Enter】键确认。

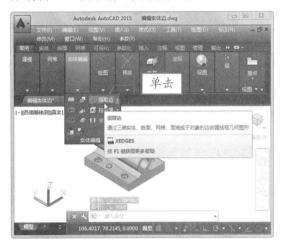

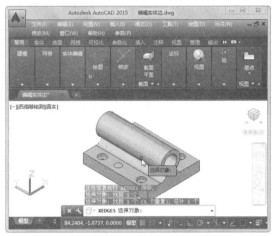

STEP 03 移动对象

移动对象，即可出现提取的对象边。

STEP 04 压印边

单击"实体编辑"面板中的"压印"按钮。

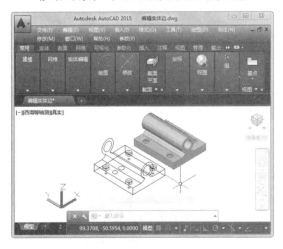

STEP 05 删除源对象

选择三维实体或曲面，选择要压印的对象，在命令行窗口输入 Y，删除源对象，查看图形效果。

STEP 06 选择"着色边"选项

单击"实体编辑"面板中的"提取边"下拉按钮，选择"着色边"选项。

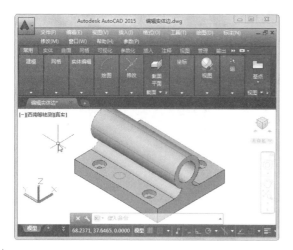

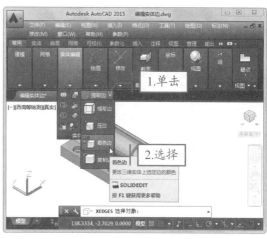

STEP 07 选择着色边

在绘图区选择要着色的边，并按【Enter】键确认。

STEP 08 选择颜色

弹出"选择颜色"对话框，选择洋红色，单击"确定"按钮。

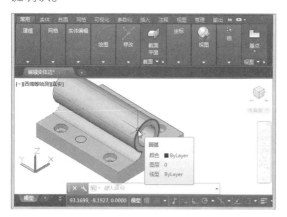

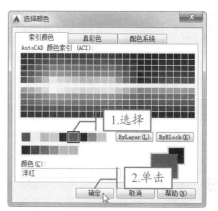

STEP 09 查看着色边

单击对象，即可查看着色边。

STEP 10 选择"复制边"选项

单击"实体编辑"面板中的"提取边"下拉按钮，选择"复制边"选项。

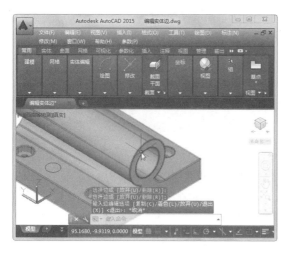

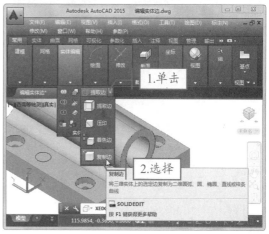

STEP **11** 选择复制边

在绘图区选择要复制的边，并按【Enter】键确认。

STEP **12** 指定基点和第二点

指定位移的基点和第二点，按【Esc】键结束命令，即可完成复制边操作。

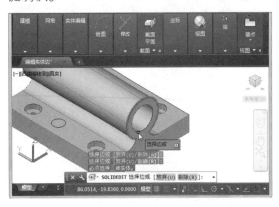

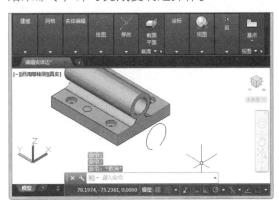

12.2.7 编辑实体面

AutoCAD 2015 提供了多种修改三维实体面的方法，可以对实体面执行拉伸、移动、旋转、偏移、倾斜、复制和删除等操作，为指定面添加颜色或材质。下面通过实例介绍如何编辑实体面，具体操作方法如下：

素材文件	光盘\素材\第 12 章\编辑实体面.dwg

STEP **01** 单击"拉伸面"按钮

打开素材文件，在"常用"选项卡下单击"实体编辑"面板中的"拉伸面"按钮。

STEP **02** 选择拉伸面

在绘图区选择要拉伸的面，并按【Enter】键确认。

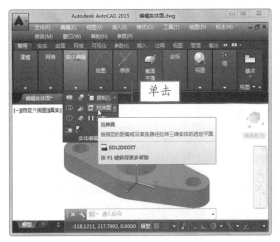

STEP **03** 指定拉伸高度和角度

在绘图区指定拉伸的高度为 50，并按【Enter】键确认。指定拉伸的倾斜角度为 30º，并按【Enter】键确认。

STEP **04** 查看拉伸效果

按【Esc】键取消命令，即可查看拉伸后的图形效果。

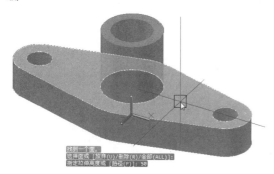

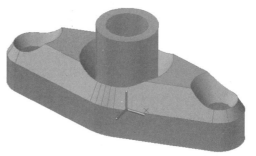

STEP 05 选择"着色面"选项

单击"实体编辑"面板中的"拉伸面"下拉按钮,选择"着色面"选项。

STEP 06 选择着色面

在绘图区选择要着色的面,并按【Enter】键确认。

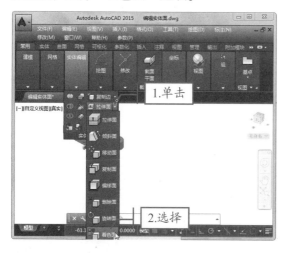

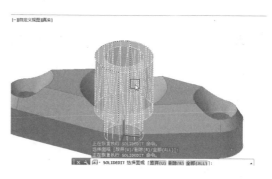

STEP 07 选择颜色

弹出"选择颜色"对话框,选择红色,单击"确定"按钮。

STEP 08 查看着色效果

按【Esc】键取消命令,即可查看着色后的图形效果。

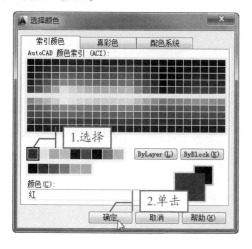

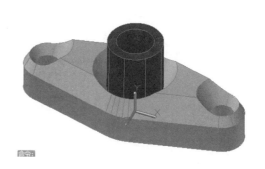

12.3　三维网格的编辑

创建网格对象，并对其进行平滑化、锐化、拆分或优化处理，可以将现有实体或曲面模型转换为网格对象，或将网格的传统样式转换为新网格对象类型。

12.3.1　创建网格图元

利用"网格建模"选项卡下的"图元"面板可以创建网格长方体、圆锥体、圆柱体、棱锥体、球体、楔体和圆环体。下面介绍三维网格图元的创建方法，具体操作方法如下：

STEP 01 单击"网格长方体"按钮

新建文件，将视图改为东北等轴测方向。单击"网格"选项卡下"图元"面板中的"网格长方体"按钮。

STEP 02 指定两个对角点

在绘图区依次单击，指定两个对角点。

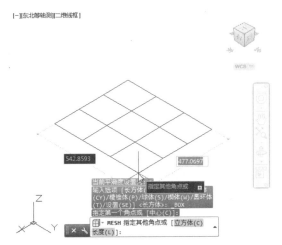

STEP 03 指定高度

通过移动光标或输入数值来指定网格长方体的高度。

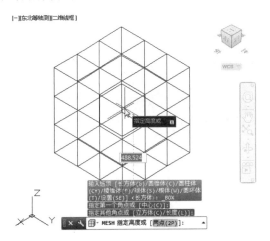

STEP 04 选择"网格圆环体"选项

单击"图元"面板中的"网格长方体"下拉按钮，选择"网格圆环体"选项。

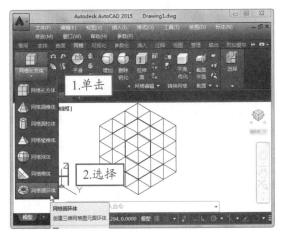

STEP 05 指定中心点和半径

在绘图区任意单击一点为圆环的中心点，通过移动光标或输入数值来指定圆环的半径和圆管的半径。

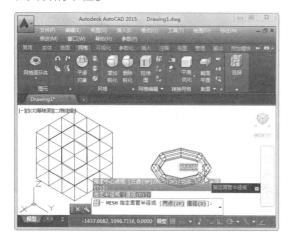

STEP 06 更改视觉样式

将视觉样式更改为"概念"，查看此时的图形效果。

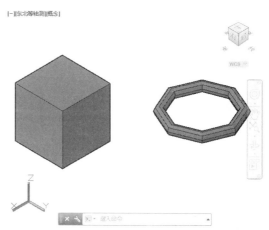

12.3.2 绘制曲面网格

填充直线、圆弧等对象之间的空隙可以创建多种网格曲面，如两条直线或曲线之间的直纹曲面的网格，常规展平曲面的平移网格，绕指定轴旋转轮廓来创建与旋转曲面近似的网格等。下面通过实例介绍曲面网格的创建方法，具体操作方法如下：

素材文件	光盘\素材\第 12 章\三维曲面的绘制.dwg

STEP 01 单击"建模，网格，旋转曲面"按钮

打开素材文件，单击"网格"选项卡下"图元"面板中的"建模，网格，旋转曲面"按钮 。

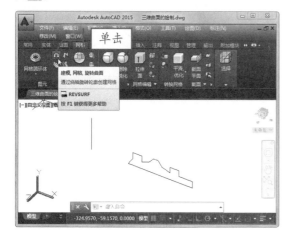

STEP 02 选择对象

在绘图区中选择指定多段线作为旋转对象，选择其左侧的垂线作为旋转轴对象。

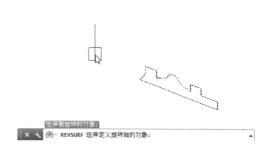

STEP 03 指定角度

指定起点角度为 0，指定包含角为 360º，并按【Enter】键确认。

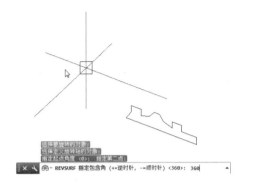

STEP 04 查看图形效果

此时，即可查看旋转曲面后的图形效果。

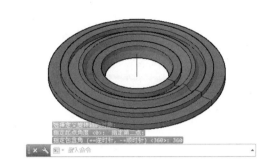

STEP 05 更改线框密度

在命令行窗口输入 SURFTAB1，并按【Enter】键确认。设置 SURFTAB1 的新值为 8，并按【Enter】键确认。

STEP 06 查看图形效果

删除刚才创建的网格，重新创建一个网格，即可发现其形状发生了变化。

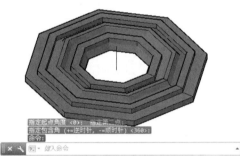

绘制法兰盘实体模型

下面通过绘制法兰盘实体模型的实例来巩固之前所学的三维图形的编辑、三维图形的修改，以及三维网格的编辑等知识，具体操作方法如下：

STEP 01 绘制圆柱体

更改视图方向为西南等轴测方向。单击"圆柱体"按钮，绘制一个圆心为（0,0），半径为 60，高度为 20 的圆柱体。

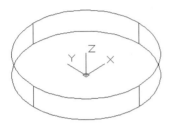

STEP 02 绘制同心圆柱体

执行"圆柱体"命令，分别绘制半径为 30 和 20，高度为 35 的两个同心圆柱体。

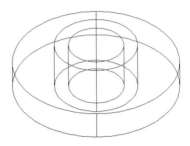

STEP 03 绘制直线

执行"直线"命令，分别捕捉两个圆柱体的象限点，从而绘制一条直线。

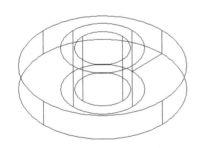

STEP 04 绘制圆柱体

执行"圆柱体"命令，通过中点对象捕捉直线的中点，绘制半径为 4，高度为 20 的圆柱体。

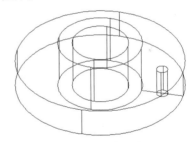

STEP 05 阵列图形

执行"三维阵列"命令，选择小圆柱体为阵列对象，选择"环形"阵列，输入项目数为 6，填充角度为 360°，选择"是"选项，指定阵列中心点和旋转轴，阵列图形。

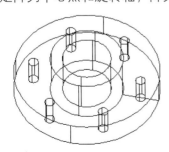

STEP 06 执行并集

执行"并集"命令，分别选择两个大圆柱体作为运算对象，并按【Enter】键确认，将其合并为一个整体。

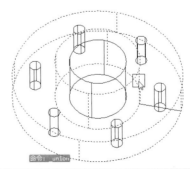

STEP 07　执行差集

　　执行"差集"命令，选择刚合并的对象作为源对象，选择 6 个小圆柱体和中心的圆柱体作为要减去的对象，并按【Enter】键确认。

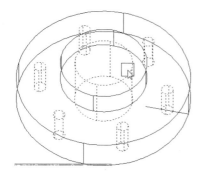

STEP 08　更改视觉样式

　　此时即可减去指定对象，更改视觉样式，查看差集运算后的效果。

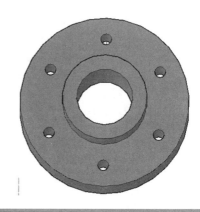

STEP 09　添加倒角

　　执行"倒角"命令，在三维实体上单击选择基面，然后分别指定基面和其他曲面的倒角距离为 3。

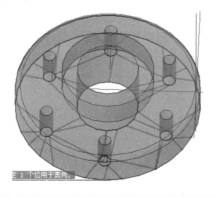

STEP 10　继续添加倒角

　　此时，即可创建指定距离的倒角。采用同样的方法，对另一个环形边添加倒角效果。

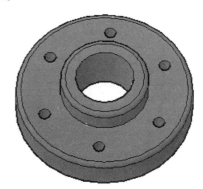

高手秘籍——AutoCAD 常用系统变量的设置

通常 AutoCAD 中系统变量值都是默认的，但有特殊要求时就必须修改相关的系统变量。下面介绍几种常用的变量的设置方法。

1 PICKBOX 和 CURSORSIZE

这两个变量用于控制十字光标和拾取框的尺寸，绘图时可以适当修改其大小以适应用户的视觉要求。PICKBOX 默认值为 3，取值范围为 0~32 767；CURSORSIZE 默认值为 5，取值范围为 1~100。

2 APERTURE

该变量用于控制对象捕捉靶区大小。在进行对象捕捉时，取值越大，越能在较远的位置捕捉到对象。当图形线条密集时，应设置得小一些，反之则设置得大一些，以方便操作。默认值为 10，取值范围为 1~50。

3 LTSCALE 和 CELTSCALE

这两个变量用于控制非连续线型的输出比率，该变量的值越大，间距就越大。其中，LTSCALE 对所有的对象有效，CELTSCALE 只对新对象有效。对于某一对象来说，线型比率=LTSCALE × CELTSCALE。这两个变量的默认值为 1，取值为正实数。

4 SURFTAB1 和 SURFTAB2

这两个变量用于控制三维网格面的径、纬线数量，该值越大，图形的生成线越密，显示就越精确。默认值为 6，取值范围为 2~32 766。

5 ISOLINES

使用该系统变量可以控制对象上每个曲面轮廓线的数目，数目越多，模型精确度越高，但渲染时间越长，有效取值范围为 0~2 047，默认值为 4。

6 FACETRES

该变量可以控制着色和渲染曲面实体的平滑度，值越高，显示性能越差，渲染时间越长，有效取值范围为 0.01~10，默认值为 0.5。

7 DISPSILH

该变量用于控制是否将三维实体对象的轮廓曲线显示为线框，还可以控制当三维实体对象隐藏时是否绘制网格。

秒杀疑惑

1 三维镜像与二维镜像有什么区别？

二维镜像是在一个平面内完成的，其镜像介质是一条线，而三维镜像是在一个立体空间内完成的，其镜像介质是一个面，所以在进行三维镜像时必须指定面上的三个点，且这三个点不能处于同一直线上。

2 "复制边"工具可以复制哪些对象？

使用"复制边"工具不仅可以复制直线对象，还可以复制圆弧、圆、椭圆和样条曲线等多种对象。

3 在进行三维旋转时，旋转轴的位置是固定的吗？

默认情况下三维旋转小控件显示在选定对象的中心，可以通过使用快捷菜单更改小控件的位置来调整旋转轴。

本章学习计划与目标

　　添加材质可以使实体模型更真实地展现在用户面前，添加光源可以为场景提供真实的外观。使用"渲染"工具通过光源和已应用的材质渲染出最终三维效果。本章将对材质、光源、渲染的相关知识进行详细介绍。

Chapter 13

三维图形的渲染

新手上路重点索引

▶ 添加材质 242　　　　　　　▶ 添加渲染 252
▶ 添加光源 246

本章重点实例展示

将贴图添加到对象

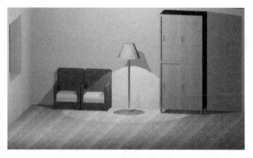

添加聚光灯

添加平行光

设置渲染

13.1　添加材质

材质是色彩、纹理、光滑度和透明度等可视属性的结合，为对象添加材质可以实现逼真的渲染效果。AutoCAD 2015 提供了含有预定义材质的大型材质库，用户可以通过材质浏览器浏览这些材质并将其添加到对象中。

13.1.1　创建材质

用户可以通过材质浏览器创建材质，并对材质库进行浏览与管理，具体操作方法如下：

STEP 01 打开文件

单击"可视化"选项卡下"材质"面板中的"材质浏览器"按钮⊗。

STEP 02 将材质添加到文档

弹出"材质浏览器"面板，单击"主视图"折叠按钮，选择"Autodesk 库"，在右侧材质缩略图中单击所需材质的编辑按钮✎。

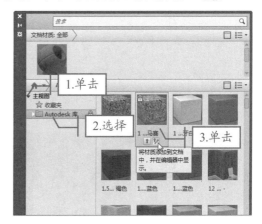

STEP 03 输入材质名称

在弹出的面板中输入新名称，即可完成使用自带材质创建材质操作。

STEP 04 选择"新建常规材质"选项

打开"材质浏览器"面板，单击"在文档中创建新材质"按钮，选择"新建常规材质"选项。

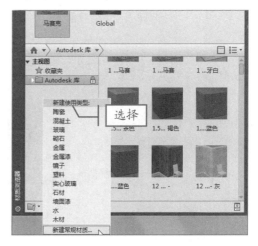

STEP 05 编辑材质

在名称文本框中输入"地板",单击"颜色"下拉按钮,选择"按对象着色"选项。

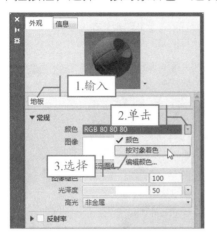

STEP 07 设置材质选项

单击添加的图像,弹出"纹理编辑器 - COLOR"面板,可以对材质的显示比例、位置等进行设置。

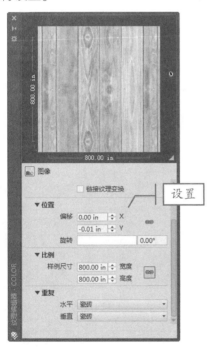

STEP 06 添加材质图

单击"颜色"下拉按钮,选择"图像"选项,弹出"材质编辑器打开文件"对话框。选择需要的材质图选项,单击"打开"按钮。

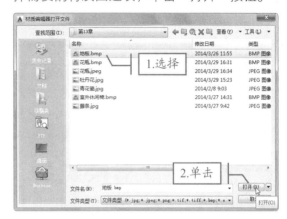

STEP 08 查看自定义材质

设置完成后关闭面板,此时在"材质编辑器"面板中将会显示自定义的材质。

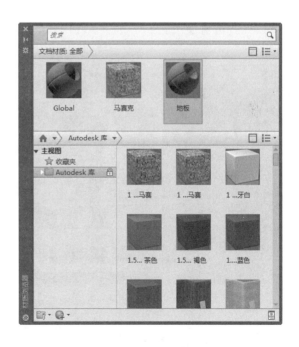

13.1.2 将材质添加到对象

下面通过实例介绍如何用材质浏览器将材质添加到对象,并通过材质编辑器调整材质特性,具体操作方法如下:

素材文件 　光盘\素材\第 13 章\添加材质到对象.dwg

STEP 01 打开素材

　　打开素材文件，打开"材质浏览器"面板，单击"Autodesk 库"下拉按钮，在弹出的下拉列表中选择"织物"选项。

STEP 02 赋予材质

　　选择需要的材质缩略图，按住鼠标左键，将材质图拖曳至模型合适位置后松开鼠标，即可赋予材质。

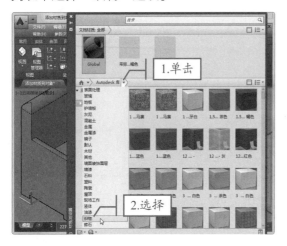

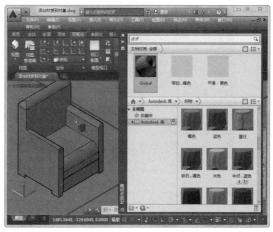

STEP 03 赋予其他材质

　　选择要赋予的材质，在"材质浏览器"面板中右击材质图，选择"指定给当前选择"命令。

STEP 04 渲染材质

　　执行"渲染"命令，查看将材质添加到对象后的渲染效果。

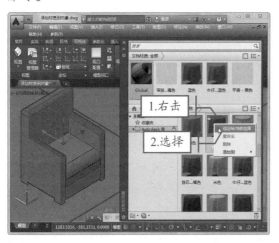

13.1.3　将贴图添加到对象

　　贴图即添加到材质中的图像，应用贴图可以增强材质的外观和真实感。贴图可以模拟纹理、反射和折射等效果。下面通过实例介绍如何将贴图添加到对象，具体操作方法如下：

 素材文件 　光盘\素材\第 13 章\添加贴图到对象.dwg

STEP 01 选择"陶瓷"选项

打开素材文件，打开"材质浏览器"面板，单击"Autodesk 库"下拉按钮，选择"陶瓷"选项。

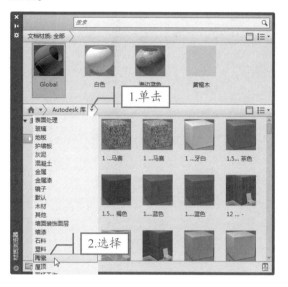

STEP 02 选择材质

在右侧材质缩略图中单击所需材质的编辑按钮。

STEP 03 编辑材质

打开"材质编辑器"面板，单击"颜色"下拉按钮，选择"图像"选项。

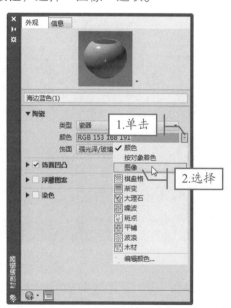

STEP 04 添加材质图

弹出"材质编辑器打开文件"对话框，选择需要的材质图，单击"打开"按钮。

STEP 05 设置参数

在面板中单击添加的图像，弹出"纹理编辑器-Color"面板，在"样例尺寸"文本框中输入 400。

STEP 06 赋予材质

选择设置好的材质缩略图，按住鼠标左键，将材质图拖曳至模型合适位置后松开鼠标，即可赋予材质。

STEP 07 赋予其他材质

　　单击"木材"下拉按钮，选择需要的材质缩略图，按住鼠标左键，将材质图拖曳至模型合适位置后松开鼠标，即可赋予材质。

STEP 08 渲染材质

　　执行"渲染"命令，查看将材质添加到对象后的渲染效果。

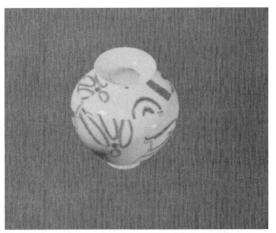

13.2 添加光源

　　使用"添加光源"功能可以为场景提供真实的外观，增强场景的真实性。如果用户没有在场景中创建光源，将使用默认光源对场景进行着色。可以手动创建点光源、聚光灯和平行光等光源，以达到指定的光源效果，还可以利用阳光与天光来创建自然照明的光源。

13.2.1 添加点光源

点光源是一种从其所在位置向四周发射光线，且不以一个对象为目标的光源，用户可以通过使用点光源来达到基本的照明效果，还可以使用 TARGETPOINT 命令创建目标点光源。目标点光源和点光源的区别在于可用的目标特性，目标点光源可以指向一个对象，可以通过修改点光源的目标特性将点光源转换为目标点光源。

下面通过实例介绍点光源的创建方法，具体操作方法如下：

素材文件	光盘\素材\第 13 章\添加点光源.dwg

STEP 01 渲染图形

打开素材文件，执行"渲染"命令，查看应用默认光源后的渲染效果。

STEP 02 关闭默认光源

在"光源"面板中选择"默认光源"选项，关闭默认光源。

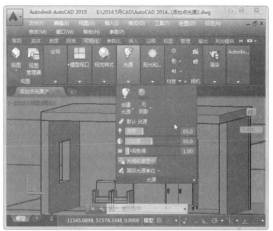

STEP 03 添加点光源

单击"光源"面板中的"创建光源"下拉按钮，选择"点"选项。

STEP 04 放置点光源

将点光源放置在绘图区的合适位置。

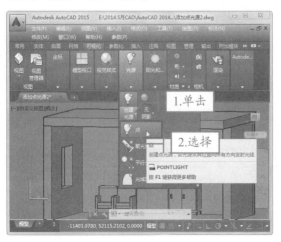

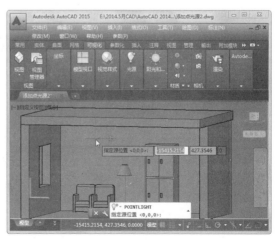

STEP 05 渲染图形

执行"渲染"命令，查看渲染效果。

STEP 06 设置特性

双击点光源，弹出特性面板。将"强度因子"数值更改为2，在"过滤颜色"下拉列表中选择"选择颜色"选项。

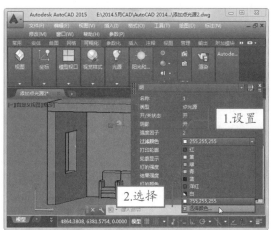

STEP 07 选择颜色

弹出"选择颜色"对话框，在"真彩色"选项卡下选择所需的颜色，单击"确定"按钮。

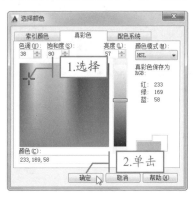

STEP 08 渲染图形

执行"渲染"命令，查看渲染效果。

13.2.2 添加聚光灯

聚光灯是一种发射定向锥形光聚焦光束的光源。聚光灯的强度根据相对于聚光灯的目标矢量的角度进行衰减，即受聚光角角度和照射角角度的影响。聚光灯用于亮显模型中的特定区域。下面通过实例介绍聚光灯的创建方法，具体操作方法如下：

素材文件　光盘\素材\第13章\添加聚光灯.dwg

STEP 01 选择"聚光灯"选项

打开素材文件，关闭默认光源。单击"光源"面板中的"创建光源"下拉按钮，选择"聚光灯"选项。

STEP 02 指定光源位置

在绘图区中指定聚光灯的源位置。

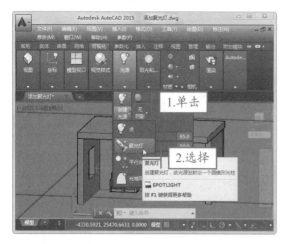

STEP 03 指定目标位置

在绘图区中为聚光灯指定目标位置。

STEP 04 设置参数

双击聚光灯，弹出特性面板，对"聚光角角度"、"衰减角度"和"强度因子"等参数进行设置。

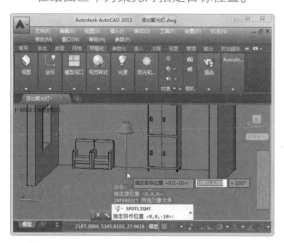

STEP 05 渲染图形

执行"渲染"命令，查看渲染效果。

13.2.3　添加平行光

平行光仅向一个方向发射统一的平行光线。光束的强度不随距离而改变，保持恒定。下面通过实例介绍平行光的创建方法，具体操作方法如下：

素材文件	光盘\素材\第 13 章\添加平行光.dwg

STEP 01 更改光源单位

打开素材文件，关闭默认光源，更改光源单位为"常规光源单位"。

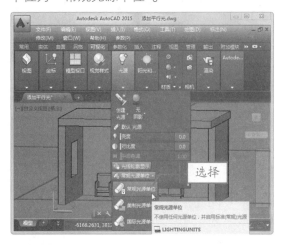

STEP 03 指定光源的来向和去向

在合适的位置单击，指定平行光源的来向和去向。

STEP 05 设置平行光特性

在"特性"面板中对平行光的强度因子、柔和度等进行设置。

STEP 02 选择"平行光"选项

单击"光源"面板中的"创建光源"下拉按钮，选择"平行光"选项。

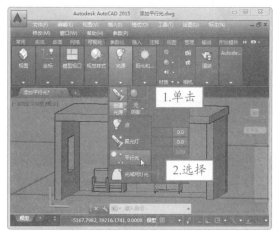

STEP 04 选择"特性"命令

单击"光源"面板右下角的 按钮，在弹出的面板中右击平行光名称，选择"特性"命令。

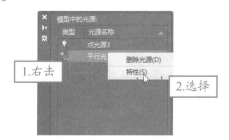

STEP 06 渲染图形

执行"渲染"命令，查看渲染效果。

13.2.4 添加光域网灯光

与聚光灯、点光源等光源相比，光域网灯光对于模拟现实光的分布具有更为精确的调整参数。下面通过实例介绍光域网灯光的创建方法，具体操作方法如下：

素材文件 光盘\素材\第 13 章\添加光域网灯光.dwg

STEP 01 选择"光域网灯光"选项

打开素材文件，关闭默认光源。单击"光源"面板中的"创建光源"下拉按钮，选择"光域网灯光"选项。

STEP 02 指定位置

在场景中分别为光域网灯光指定源位置与目标位置。

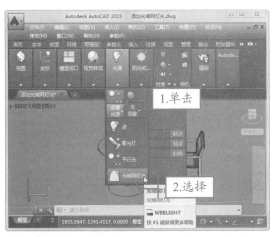

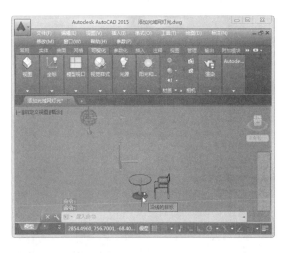

STEP 03 设置灯光特性

在特性面板中对光域网灯光的强度因子、灯的颜色等进行设置。

STEP 04 渲染图形

调整视图角度，执行"渲染"命令，查看添加光域网灯光后的渲染效果。

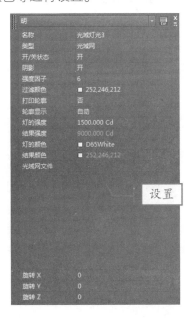

13.3 添加渲染

渲染即通过已设置的光源、已应用的材质和相关环境设置等因素为场景中的三维几何图形进行着色。渲染器包括光线跟踪反射、折射及全局照明等，可生成真实的模拟光照效果。

13.3.1 设置渲染

通过设置渲染环境可以生成真实准确的模拟光照效果。下面通过实例介绍如何设置曝光相关参数和渲染环境，具体操作方法如下：

素材文件	光盘\素材\第 13 章\设置渲染.dwg

STEP 01 选择"草稿"选项

打开素材文件，单击"渲染"面板中的"渲染预设"下拉按钮，选择"草稿"选项。

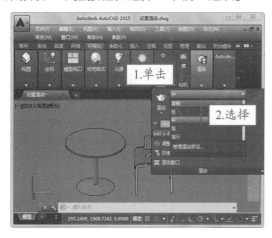

STEP 02 执行渲染命令

执行"渲染"命令，可以快速得到草稿级别的渲染效果。该设置适合以较短时间查看图形的简单渲染效果。

STEP 03 选择渲染级别

单击"渲染"面板右下角的 按钮，在弹出的"选择渲染预设"下拉列表选择"演示"选项。

STEP 04 选择尺寸

单击"渲染"面板中的下拉按钮，在打开的面板中单击"渲染输出尺寸"下拉按钮，选择尺寸。

STEP 05 调整渲染曝光

在打开的"渲染"面板中单击"调整曝光"按钮，弹出"调整渲染曝光"对话框，设置相关参数，单击"确定"按钮。

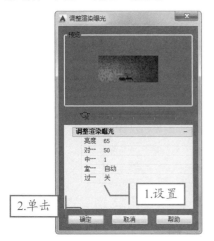

STEP 06 查看渲染效果

执行"渲染"命令，即可查看设置后的渲染效果。

13.3.2　渲染输出对象

当光源和材质调整到最佳状态后，即可渲染输出对象。此时，可以调整渲染预设的级别及渲染尺寸等参数，从而得到较高的渲染质量，具体操作方法如下：

素材文件　光盘\素材\第 13 章\渲染输出对象.dwg

STEP 01 单击"确定是否写入文件"按钮

打开素材文件，单击"渲染"面板右下角的 按钮，弹出"高级渲染设置"面板，单击"确定是否写入文件"按钮 。

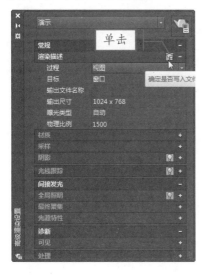

STEP 02 单击 按钮

单击变为可编辑状态的"输出文件名称"文本框，单击其右侧的 按钮。

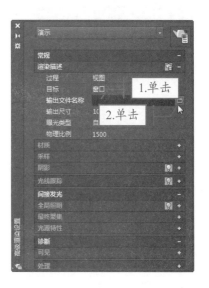

STEP 03 设置保存选项

弹出"渲染输出文件"对话框，设置文件名、文件类型及输出路径等，单击"保存"按钮。

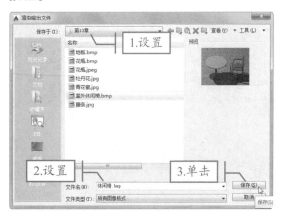

STEP 04 设置颜色位数

在弹出的"BMP 图像选项"对话框中设置颜色位数，单击"确定"按钮。

STEP 05 设置输出尺寸

设置输出尺寸等其他参数，单击"渲染"按钮。

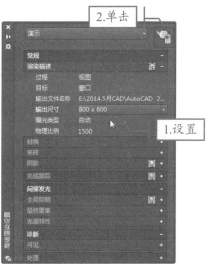

STEP 06 保存图形

渲染完成后，将其存储到指定位置。也可以选择"文件"|"保存"命令，将其保存到所需的位置。

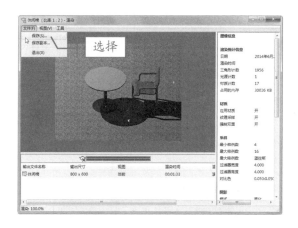

绘制并渲染花瓶

下面通过绘制并渲染花瓶的实例来巩固之前所学的绘制三维图形，创建光源、材质，以及渲染输出模型等知识，具体操作方法如下：

STEP 01 绘制图形

单击"样条曲线"和"多段线"按钮，绘制一个由曲线和多段线组合的图形。

STEP 02 创建曲面对象

使用"旋转"工具将多段线创建为曲面对象，并更改其视觉样式。

STEP 03 加厚实体

使用"加厚"工具将曲面创建为厚度为10 的三维实体对象。

STEP 04 创建平面曲面

单击"平面曲面"按钮，在场景中创建一个合适大小的平面曲面。

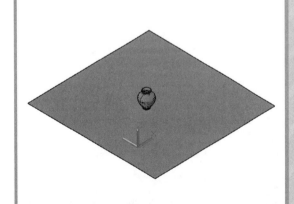

STEP 05 添加材质

在材质浏览器中将白色陶瓷材质添加到三维实体对象上。

STEP 06 添加地板材质

采用同样的方法，将枫木地板材质添加到平面曲面对象上。

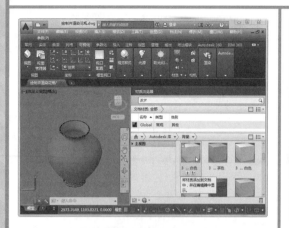

STEP 07 渲染图形

执行"渲染"命令，查看添加地板材质后的渲染效果。

STEP 08 单击"分解"按钮

在"修改"面板中单击"分解"按钮，将三维实体分解为单个对象。

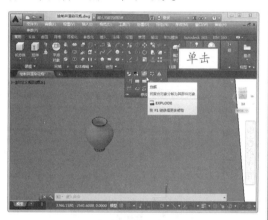

单击

STEP 09 添加材质

复制"白色"陶瓷材质，创建该材质的副本对象，并将该材质添加到刚分解的对象上。

STEP 10 选择"图像"选项

打开"材质编辑器"面板，单击"颜色"右侧的按钮，选择"图像"选项。

1.单击

2.选择

STEP 11 选择图片文件

弹出"材质编辑器打开文件"对话框，选择图片文件，单击"打开"按钮。

STEP 12 设置图像比例

在"纹理编辑器 - COLOR"面板中设置图像比例。

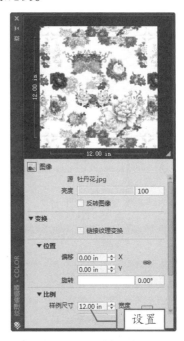

STEP 13 修改参数

打开地板材质对应的材质编辑器，修改其比例，设置重复方式。

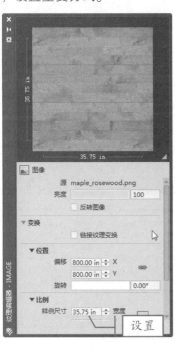

STEP 14 渲染图形

再次执行"渲染"命令，查看修改材质各项参数后的渲染效果。

在场景的合适位置添加两个点光源，并调整其强度因子为合适值。

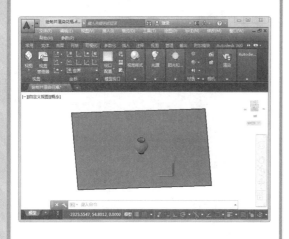

打开"高级渲染设置"面板，设置渲染预设级别、输出尺寸等参数。

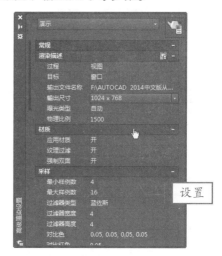

当"输出文件名称"右侧出现┅按钮时，单击该按钮，在弹出的对话框中选择保存路径，单击"保存"按钮。

查看最终的渲染效果，并将其存储到所需的位置即可。

高手秘籍——创建阳光与天光

阳光与天光是 AutoCAD 中主要的自然照明来源。阳光可用于模拟平行的淡黄色自然光线，而天光照明会将额外的光源添加到场景中，从而在整个场景中模拟由大气散射造成的光线效果。下面通过实例介绍阳光与天光模拟的使用方法，具体操作方法如下：

素材文件	光盘\素材\第 13 章\创建阳光与天光.dwg

步骤 01 选择"透视"命令

打开素材文件，登录 Autodesk360，右击 ViewCube 图标，选择"透视"命令，切换到透视图。

步骤 02 选择天光背景和照明

单击"天光背景和照明"下拉按钮，选择"天光背景和照明"选项。

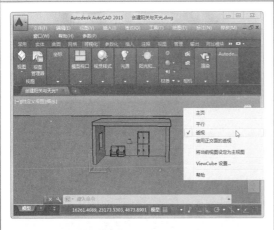

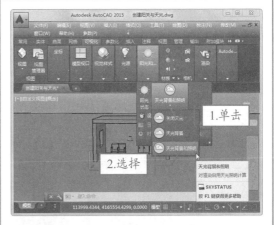

步骤 03 设置位置

单击"阳光和设置"面板中的"设置位置"下拉按钮，选择"从地图"选项。

步骤 04 启动实时地图数据

弹出"地理位置 – 联机地图数据"对话框，单击"是"按钮，启动实时地图数据。

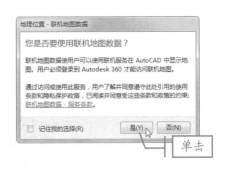

步骤 05 搜索位置

在弹出对话框的"地址"文本框中输入 China 并按【Enter】键。单击地图左上角 China 按钮，即可快速显示 China 地理位置。

步骤 06 选择位置

滚动鼠标中键，放大地图，选择所需的位置。

步骤 07 标记定位

在地图上所需的位置右击，选择"在此处放置标记"命令，即可完成标记定位操作，单击"下一步"按钮。

步骤 08 选择时区

选择具体位置和需要的时区，单击"下一步"按钮。

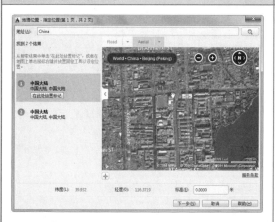

步骤 09 指定光源位置

在绘图区中根据命令行提示指定图纸光源位置。

步骤 10 设置时间参数

在"阳光和位置"面板中设置日期、时间和调整视图角度，单击右下角的 按钮。

步骤 11 单击"天光特性"按钮

弹出"阳光特性"面板，设置天光强度因子等参数，单击"天光特性"按钮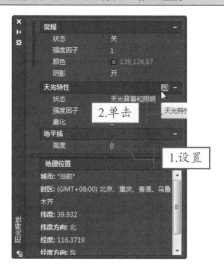

步骤 12 设置天光特性

在弹出的对话框中设置天光特性等参数，单击"确定"按钮。

步骤 13 渲染图形

关闭"阳光特性"面板。执行"渲染"命令，查看添加阳光与天光模拟后的渲染效果。

秒杀疑惑

1 为什么添加了光源后，在进行渲染时其渲染窗口一片漆黑？

这是由于添加的光源位置不对造成的，此时只需调整好光源的位置即可。在三维视图中调整光源位置需要结合其他视图一起调整，这样才能将光源调整到最好的状态。

2 Lightingunits 系统变量的作用是什么？

Lightingunits 系统变量用于确定使用常规光源还是使用光度控制光源，并指示当前的光学单位。其变量值为 0、1、2。其中，0 为未使用光源单位并启用标准光源；1 为使用美制光学单位并启用光度控制光源；2 为使用国际光源单位并启用光度。

3 为什么渲染后的效果无法保存？

AutoCAD 中的渲染效果会在执行任何命令时消失，但不是真正意义上的消失，当再次执行渲染命令时又会出现先前设置好的渲染效果。不可在渲染状态下进行图形修改，只有在非渲染状态下才可修改图形。

4 打印三维图形时能否打印出渲染效果？

如果直接打印渲染的图形，打印出来的会是渲染之前的效果，渲染效果只有通过渲染输出后才能进行打印。

本章学习计划与目标

在图形绘制完成后，往往需要将其输出并应用到实际工作中。图形输出一般会使用打印机或者绘制仪等设备。本章将详细介绍如何对绘制的图形文件进行输出与打印操作。

Chapter 14

图形文件的输出与打印

新手上路重点索引

本章重点实例展示

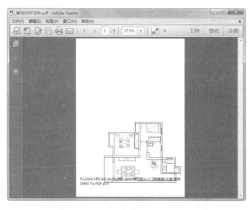

将图形文件输出为 PDF 格式

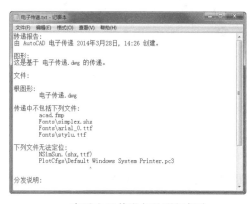

查看电子传递包的详细报告

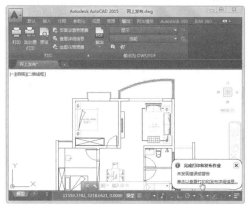

网上发布

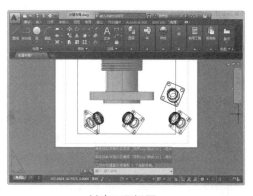

创建工程视图

14.1 图形文件的输出

在绘制图形的过程中可以随时通过多种方式输出图形文件，从而与其他设计者共享或协作完成该文件。例如，可以通过"电子传递"工具将图形文件及字体打包；通过 DWF 和 PDF 等工具将文件输出为特定格式；通过"网上发布"向导创建 Web 页格式文件；通过联机工具上载与联机打开文件等。

14.1.1 输出文件

将图形文件输出为 DWF、DWFx 及 PDF 等格式，可以方便其他未安装 AutoCAD 的设计者通过简单程序即可进行查看，具体操作方法如下：

素材文件	光盘\素材\第 14 章\输出文件.dwg

STEP 01 选择"窗口"选项

打开素材文件，选择"输出"选项卡，单击"要输出内容"下拉按钮，选择"窗口"选项。

STEP 02 指定窗口区域

弹出"输出为 DWF/PDF - 指定窗口区域"对话框，单击"继续"按钮。

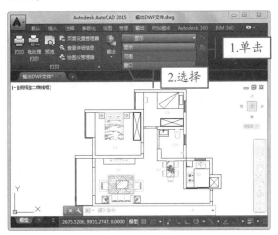

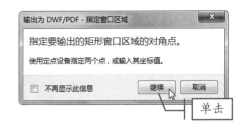

STEP 03 绘制矩形窗口区域

分别指定两个角点，绘制出要输出的矩形窗口区域。

STEP 04 选择"显示预览"选项

弹出"输出为 DWF/PDF- 预览窗口区域"对话框，选择"显示预览"选项。

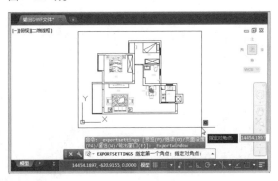

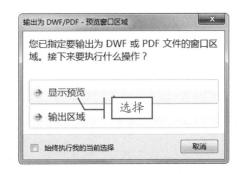

STEP 05 预览图形

弹出预览窗口，预览完毕会自动关闭窗口。

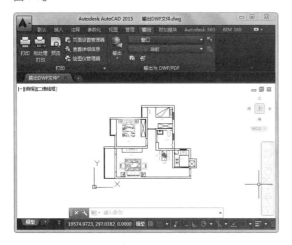

STEP 06 设置替代参数

单击"页面设置"下拉按钮，在弹出的下拉列表中选择"替代"命令，可手动设置替代参数。

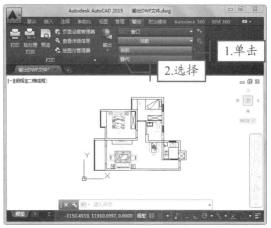

STEP 07 选择 PDF 选项

单击"输出"下拉按钮，选择 PDF 选项。

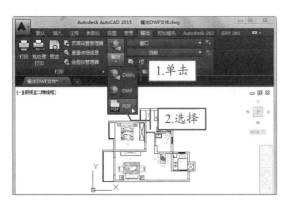

STEP 08 设置保存选项

弹出对话框，设置保存路径和文件名等选项，单击"选项"按钮。

STEP 09 设置输出参数

在弹出的对话框中设置位置、密码保护等参数，单击"确认"按钮。

STEP 10 添加打印戳记

若要添加打印戳记，则选中"包含打印戳记"复选框，然后单击"打印戳记设置"按钮。

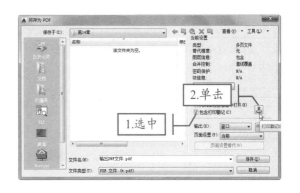

STEP 11 设置打印戳记

弹出"打印戳记"对话框，设置打印戳记参数，单击"高级"按钮。

STEP 12 设置高级选项

设置戳记位置等参数，依次单击"确定"按钮。

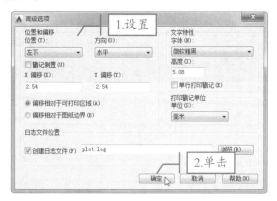

STEP 13 保存到指定位置

返回"另存为 PDF"对话框，单击"保存"按钮，将文件输出到指定位置。

STEP 14 查看文件效果

在指定文件夹内通过 Adobe Reader 电子书阅读软件打开该文件，查看文件效果。

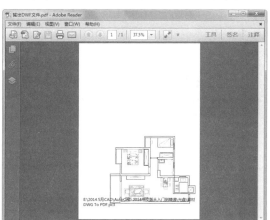

14.1.2 电子传递

在打开其他设计者分享的图形文件时，有时会因为缺少关联字体或参照等从属文件，导致无法正常显示该文件。通过"电子传递"工具将图形文件打包，再分享给其他设计者，可以避免此类问题的发生。下面通过实例介绍如何使用"电子传递"工具，具体操作方法如下：

素材文件	光盘\素材\第 14 章\电子传递.dwg

STEP 01 选择"电子传递"命令

打开素材文件，单击应用程序按钮，选择"发布"|"电子传递"命令。

STEP 02 确认保存当前图形

弹出"电子传递 - 保存修改"对话框，单击"是"按钮，确认保存当前图形。

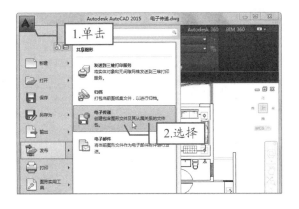

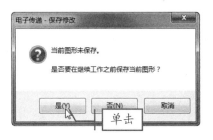

STEP 03 单击"传递设置"按钮

若要添加文件，可单击"添加文件"按钮，然后单击"传递设置"按钮。

STEP 04 新建传递设置

弹出"传递设置"对话框，单击"新建"按钮。弹出"新传递设置"对话框，单击"继续"按钮。

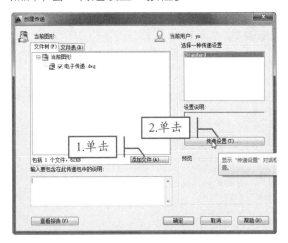

STEP 05 修改传递设置

弹出"修改传递设置"对话框，设置各项参数，依次单击"确定"和"关闭"按钮。

STEP 06 确认创建传递

返回"创建传递"对话框，单击"确定"按钮。

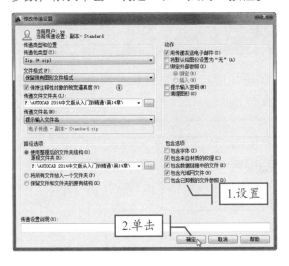

STEP 07 保存文件

弹出"指定 Zip 文件"对话框，选择指定保存路径，单击"保存"按钮。

STEP 09 查看添加文件

双击电子传递包，通过 WinRAR 程序打开压缩包，查看已添加的文件。

STEP 08 创建电子传递包

此时，即可在指定位置创建一个指定格式的电子传递包。

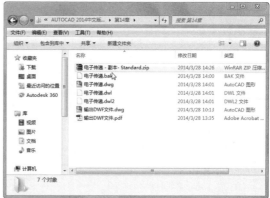

STEP 10 查看详细报告

打开其中以.txt 为扩展名的记事本文件，查看电子传递包的详细报告。

14.1.3 网上发布

使用"网上发布"向导能使不熟悉 HTML 编码的用户也可以轻松创建 Web 页格式的文件，以便在互联网上进行共享，具体操作方法如下：

素材文件	光盘\素材\第 14 章\网上发布.dwg

STEP 01 创建新 Web 页

打开素材文件，在命令行窗口输入 PUBLISHTOWEB 命令，弹出对话框。选中"创建新 Web 页"单选按钮，单击"下一步"按钮。

STEP 02 输入文件信息

输入文件名称及说明信息等，单击"下一步"按钮。

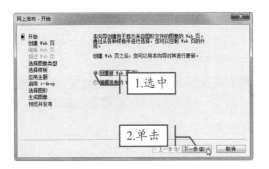

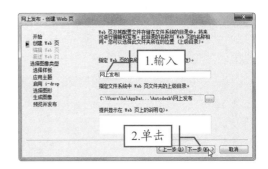

STEP 03 设置图像选项

设置图像类型和图像大小，单击"下一步"按钮。

STEP 04 选择样板

在列表中选择所需的样板，单击"下一步"按钮。

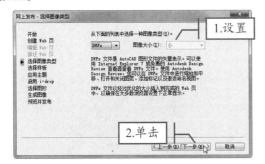

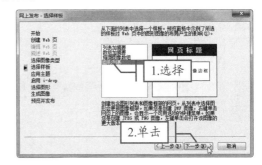

STEP 05 选择预设主题

选择 Web 页预设主题，然后单击"下一步"按钮。

STEP 06 选择启用 i-drop

选中"启用 i-drop"复选框，然后单击"下一步"按钮。

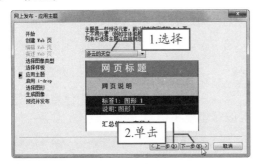

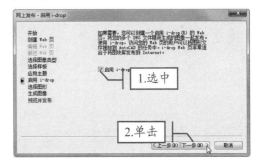

STEP 07 添加图形

单击"添加"按钮，将图形添加到"图像列表"中，单击"下一步"按钮。

STEP 08 生成图像

选中"重新生成已修改图形的图像"单选按钮，单击"下一步"按钮。

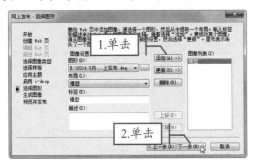

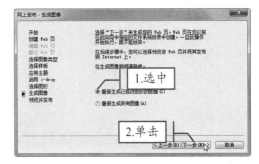

STEP 09 预览效果

单击"预览"按钮，即可预览 Web 页图像效果。

STEP 10 立即发布

返回"网上发布 - 预览并发布"对话框，单击"立即发布"按钮。

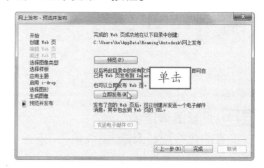

STEP 11 选择保存路径

弹出"发布 Web"对话框，选择保存路径，单击"保存"按钮。

STEP 12 发布成功

弹出提示信息框，提示发布成功，单击"确定"按钮。

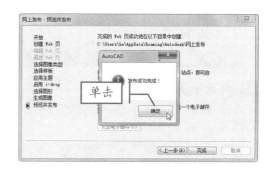

STEP 13 单击蓝色文字链接

返回"网上发布-预览并发布"对话框，单击"完成"按钮。这时，在程序窗口右下角出现信息框，单击其中的蓝色文字链接。

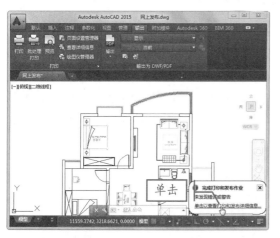

STEP 14 查看发布信息

在弹出的"打印和发布详细信息"对话框中可以查看发布信息。

14.2 图形文件的打印

在 AutoCAD 2015 中，用户可以通过"打印"工具将图形打印到图纸上。在打印图形文件前，可以创建多种不同的布局，或对打印范围、图纸尺寸等进行自定义设置，以满足不同的打印需要。

14.2.1 打印与预览

在打印图形文件前，可以对其各项参数进行设置，还可以预览打印效果，具体操作方法如下：

素材文件	光盘\素材\第 14 章\打印与预览.dwg

STEP 01 单击"打印"按钮

打开素材文件，单击"输出"面板中的"打印"按钮。

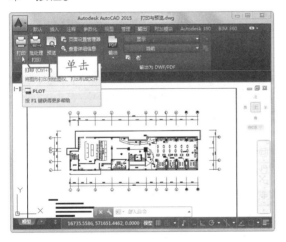

STEP 02 选择打印机

弹出"打印 − 模型"对话框，在"名称"下拉列表中选择打印机的型号。

STEP 03 设置打印参数

设置图纸尺寸、打印范围和打印份数、打印比例等参数。

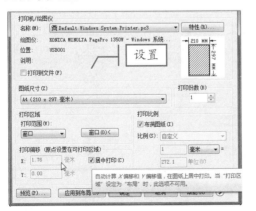

STEP 04 设置其他选项

单击"帮助"按钮右侧的⊙按钮，对打印样式表、着色打印、图形方向等进行设置，单击"预览"按钮。

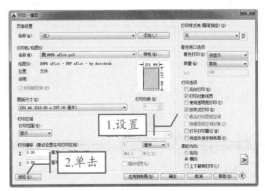

STEP 05 打印图纸

检查无误后，单击窗口左上方的"打印"按钮，即可进行打印。

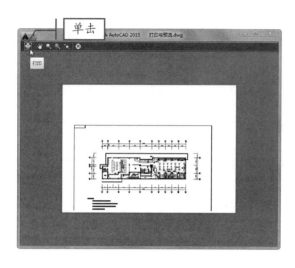

STEP 06 查看打印详情

单击"打印"面板中的"查看详细信息"按钮，在弹出的对话框中可以查看详细信息。

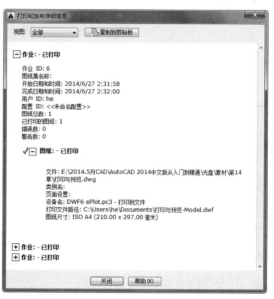

14.2.2 另存打印设置

在打印或发布图形时需要指定图形输出的各种设置与参数，将这些设置另存为页面设置，可以方便使用，节省时间。下面以使用"绘图仪管理器"为例进行介绍，具体操作方法如下：

STEP 01 单击"绘图仪管理器"按钮

打开文件，在"输出"选项卡下的"打印"面板中单击"绘图仪管理器"按钮。

STEP 02 双击配置文件

在打开的窗口中显示已安装的绘图仪配置文件和"添加绘图仪向导"快捷方式图标。双击其中的配置文件。

STEP 03 设置各项参数

在弹出的对话框中可以对其常规参数、端口、设备和文档设置等进行详细设置，单击"确定"按钮。

STEP 05 选择绘图仪类型

选择要配置的绘图仪类型，单击"下一步"按钮。

STEP 07 输入文件

若需从原来的配置文件中输入特定信息，可单击"输入文件"按钮，进行信息输入。输入完毕后，单击"下一步"按钮。

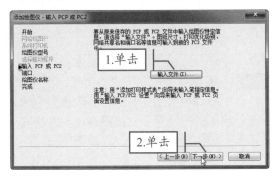

STEP 04 启动添加绘图仪向导

双击"添加绘图仪向导"图标，弹出"添加绘图仪 - 简介"对话框，单击"下一步"按钮。

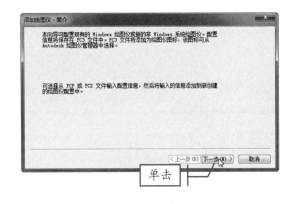

STEP 06 选择型号

分别选择绘图仪的生产商和型号，单击"下一步"按钮。

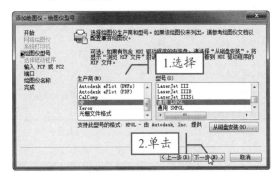

STEP 08 选择打印方式

选择打印方式，单击"下一步"按钮。

STEP 09 输入绘图仪名称

输入绘图仪名称，单击"下一步"按钮。

STEP 10 校准绘图仪

单击"校准绘图仪"按钮，进行校准新配置绘图仪操作，单击"完成"按钮。

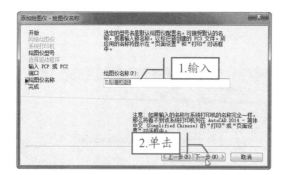

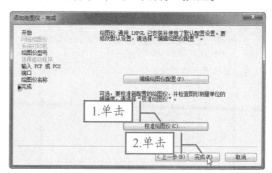

STEP 11 完成配置

此时，新创建的配置文件将出现在"绘图仪管理器"窗口中。

STEP 12 应用配置文件

在打印图形文件时，可在"打印"对话框中的"打印机/绘图仪"选项区下的"名称"下拉列表随时应用该配置文件。

14.2.3 创建布局

在 AutoCAD 2015 中可以创建多种布局，每个布局都代表一张单独的打印输出图纸。绘图区中的各个视图可以使用不同的打印比例，并能够控制绘图区中图层的可见性，从而方便用户打印出不同效果的图纸。下面通过实例介绍如何创建布局，具体操作方法如下：

素材文件	光盘\素材\第 14 章\创建布局.dwg

STEP 01 切换布局

打开素材文件，选择"布局 1"标签项，可切换到该布局。

STEP 02 调整视图

双击布局中的图形区域，进入模型空间，对布局视图进行平移、缩放等操作。调整完毕后双击布局边框外部区域，返回图纸空间。

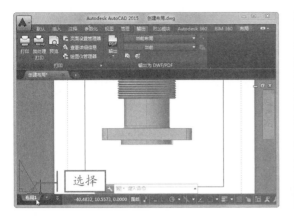

STEP 03 新建布局

在"布局"选项卡下单击"新建布局"按钮，即可新建一个布局。

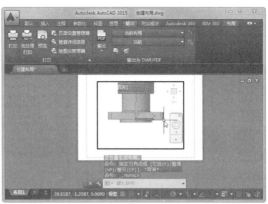

STEP 04 选择"从模型空间"选项

删除布局中的视口，单击"基点"下拉按钮，选择"从模型空间"选项。

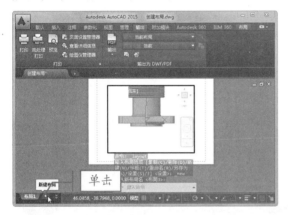

STEP 05 创建工程视图

在"工程视图创建"选项卡下"方向"面板中设置视图方向。在绘图区单击指定视图位置，并按【Enter】键确认。

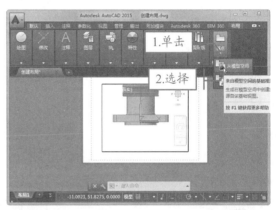

STEP 06 创建工程视图

依次在合适的位置单击，并按【Enter】键确认，即可创建多个方向的工程视图。

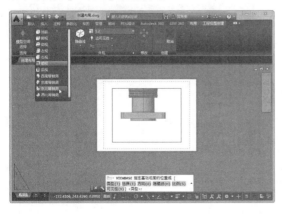

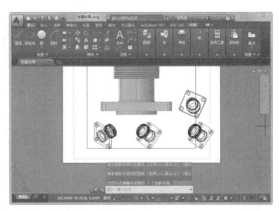

打印餐厅平面布置图

下面练习实际打印工程图纸，使读者进一步熟悉打印工具的使用，以及打印输出为不同文件的设置，具体操作方法如下：

素材文件	光盘\素材\第 14 章\打印餐厅平面布置图.dwg

STEP 01 选择"打印"命令

打开素材文件，单击应用程序按钮，选择"打印"|"打印"命令。

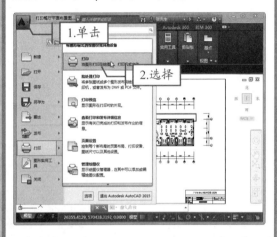

STEP 02 选择打印机型号

弹出"打印 - 模型"对话框，在"打印机/绘图仪"选项区中选择打印机的型号。

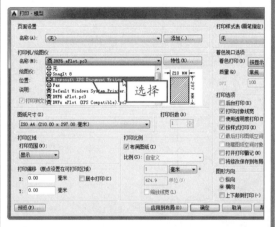

STEP 03 设置图纸尺寸

在"图纸尺寸"下拉列表中将图纸尺寸设置为 A4。

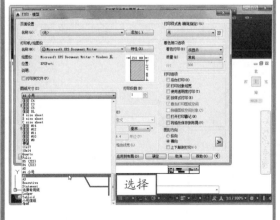

STEP 04 设置打印份数

在"打印份数"数值框中设置打印份数为 1。

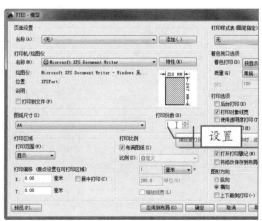

单击"打印范围"下拉按钮，选择"窗口"选项。

在绘图区中框选所要打印的图纸区域。

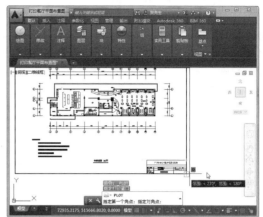

在"打印偏移"选项区中选中"居中打印"复选框，单击"预览"按钮。

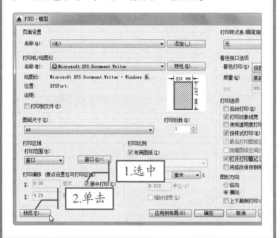

在打印预览界面中浏览打印效果。单击工具栏中的"打印"按钮，即可打印图形。

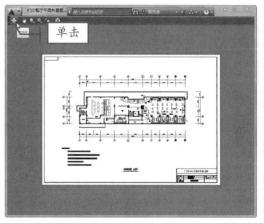

高手秘籍——插入 OLE 对象

在实际绘图过程中，用户可以根据需要插入其他软件的数据，也可借助其他应用软件在 AutoCAD 软件中进行处理操作。下面通过实例介绍如何插入 OLE 对象，具体操作方法如下：

步骤 01 选择"OLE 对象"命令	步骤 02 插入对象
新建文件，选择"插入"|"OLE 对象"命令。	弹出"插入对象"对话框，在"对象类型"列表框中选择"Microsoft Word 文档"选项，单击"确定"按钮。

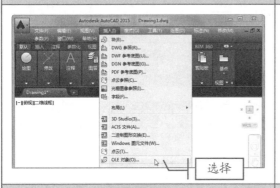

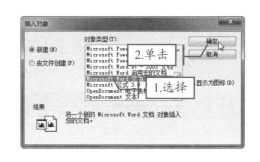

步骤 03 输入文本内容	步骤 04 插入图片
启动 Word 应用程序，在打开的 Word 软件中输入文本内容。	在 Word 软件中插入图片，并放置到合适的位置。

步骤 05 查看插入效果

设置完成后，关闭 Word 应用程序，此时在 CAD 绘图区中会显示相应的操作内容。

秒杀疑惑

1 打印 A3 图纸，各种比例都试过了，为何不是铺不满就是装不下？

　　打开"打印 - 模型"对话框，选择打印机型号，选择图纸尺寸为 A3。在"打印范围"列表中选择"窗口"类型，并在图纸中框选要打印的范围。将"打印偏移"设置为"居中打印"，将"打印比例"设置为"布满图纸"，在扩展选项中将"图形方向"设置为适合的方向即可。

2 不熟悉 HTML 代码怎么办，可以进行网上发布吗？

　　在发布图形文件时，用户即使不熟悉 HTML 代码，也可以方便、迅速地创建格式化 Web 页。

3 打印区域设置中的"显示"、"范围"、"图形界限"、"窗口"代表什么含义？

　　窗口：打印指定的图形部分。若选择"窗口"选项，"窗口"按钮将成为可用按钮。单击"窗口"按钮，以使用定点设备指定要打印区域的两个角点，或输入坐标值。

　　范围：打印包含对象的图形部分的当前空间。当前空间内所有几何图形都将被打印。打印之前可能会重新生成图形，以重新计算范围。

　　图形界限：在打印布局时，将打印指定图纸尺寸的可打印区域内的所有内容，其原点从布局的（0,0）点计算得出。

　　显示：打印选定的"模型"选项卡当前视口的视图，或布局中的当前图纸空间视图。

Chapter
15

本章学习计划与目标

天正建筑 CAD 软件 TArch 是国内最早在 AutoCAD 平台上开发的商品化建筑 CAD 软件之一，使用天正建筑可以轻松绘制出各种建筑基础设施。本章将介绍如何安装与设置天正建筑软件，并使用它绘制建筑设施。

天正建筑基础设施的绘制

新手上路重点索引

▶ 天正建筑的安装与设置　281　　　　　▶ 建筑基础设施的绘制与编辑　286

本章重点实例展示

安装天正建筑

设置天正选项

门窗填墙

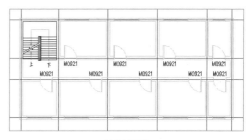

绘制楼梯

15.1 天正建筑的安装与设置

天正建筑软件功能设计的目标定位应用专业对象技术,在三维模型与平面图同步完成的技术基础上进一步满足建筑施工图需要反复修改的要求。

利用天正专业对象建模的优势,为日照分析提供日照分析模型和遮挡模型,为强制实施的建筑节能设计提供节能建筑分析模型。实现高效化、智能化、可视化始终是天正建筑CAD软件的开发目标。

15.1.1 天正建筑的安装

天正建筑是 AutoCAD 的插件,所以必须在安装了 AutoCAD 的系统环境下才能够正常安装并运行。天正建筑 2014 的安装方法如下:

STEP 01 启动安装程序

在天正官网下载安装包,双击安装文件图标,启动安装程序。

STEP 02 接受许可证协议

弹出"许可证协议"对话框,选中"我接受许可证协议中的条款"单选按钮,单击"下一步"按钮。

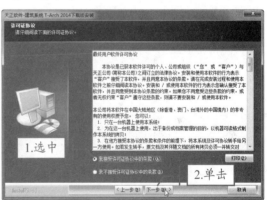

STEP 03 选择授权方式

弹出"选择授权方式"对话框,单击"下一步"按钮。

STEP 04 单击"浏览"按钮

弹出"选择功能"对话框,单击"浏览"按钮,设置安装路径。

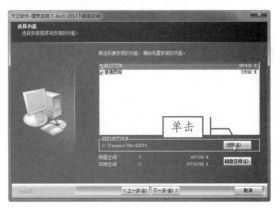

STEP 05 选择安装路径

弹出"选择文件夹"对话框，选择软件的安装路径，单击"确定"按钮。

STEP 06 选择程序文件夹

返回"选择功能"对话框，单击"下一步"按钮，弹出"选择程序文件夹"对话框，单击"下一步"按钮。

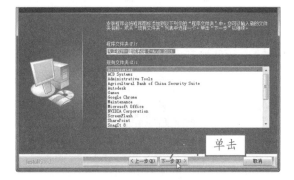

STEP 07 安装完成

开始进行安装，安装结束后在安装完成对话框中单击"完成"按钮。

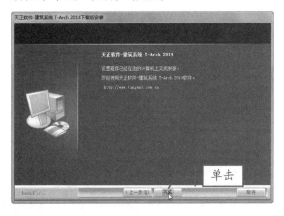

STEP 08 选择启动平台

双击"天正建筑 2014"软件图标，在弹出的对话框中选择 AutoCAD 软件平台选项，单击"确定"按钮。

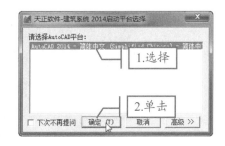

15.1.2 熟悉天正建筑工作界面

天正建筑 2014 界面大致由七大操作区域组成，分别为 AutoCAD 软件功能区、图形选项卡、天正工具栏、天正绘图区、天正常用命令工具条、命令提示行及状态栏。

Work 1 AutoCAD 软件功能区

AutoCAD 软件功能区使用方法与 AutoCAD 2014 软件相同，如下图所示。

Work 2 图形选项卡

　　使用该选项卡可在打开的图形间相互切换。默认情况下，该选项卡位于功能区下方、绘图窗口的上方。右击选项卡空白处，在弹出的快捷菜单中可以进行文件的新建、保存与关闭操作，如右图所示。

Work 3 天正工具栏

　　该工具栏位于操作界面的左侧，选择工具栏中的任意命令选项，在扩展列表中会显示相应的操作命令，选择某个命令即可进行相应的操作，如右图所示。

Work 4 天正绘图区

　　绘图区即用户绘制图形的工作区域。用户可以在该区域进行绘图及编辑图形等操作，所有的绘图结果都将反映在这个窗口中。还可以根据需要关闭功能区，以增大绘图空间，如下图所示。

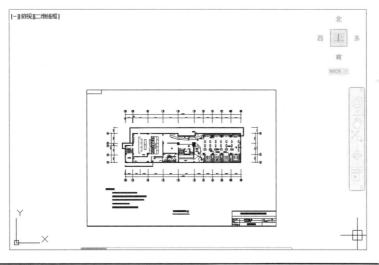

Work 5 天正常用命令工具条

　　在天正软件中，该工具条的显示位置可以根据需要随时移动，如右图所示。

Work 6 命令提示行

命令窗口即显示命令、系统变量、选项、信息和提示的窗口，可以使用键盘在窗口中输入命令，通过系统变量来控制某些命令的工作方式。也可以输入命令缩写快速访问某工具，通过命令行提示进行操作，避免了使用或切换对话框的麻烦，如下图所示。

> MLINE
> 当前设置：对正 = 上，比例 = 20.00，样式 = STANDARD
> MLINE 指定起点或 [对正(J) 比例(S) 样式(ST)]：

Work 7 状态栏

状态栏用于显示光标的坐标值、绘图工具、导航工具，以及用于快速查看和注释缩放的工具。用户可以以图标或文字的形式查看图形工具按钮，如下图所示。

比例 1:100 ▼ 160093.2789, 451706.9059, 0.0000 ... 模型 ... 编组 基线 填充

15.1.3 天正建筑的系统设置

在绘制图形之前，需要进行一些系统参数的设置操作。在天正工具栏中单击"设置"按钮，在打开的扩展列表中可对当前系统参数进行设置，具体操作方法如下：

STEP 01 单击"自定义"选项

在天正工具栏中单击"设置"按钮，在其扩展列表中单击"自定义"选项。

STEP 02 自定义设置

在弹出的对话框中可对"屏幕菜单""操作配置"、"基本界面"、"工具条"及"快捷键"等进行设置。

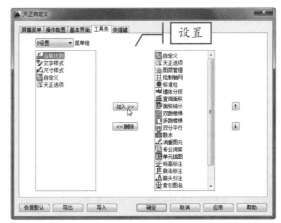

STEP 03 单击"天正选项"选项

在"设置"扩展列表中单击"天正选项"选项。

STEP 04 设置天正选项

在弹出的对话框中可对"基本设定"、"加粗填充"及"高级选项"选项卡中的相关参数进行设置。

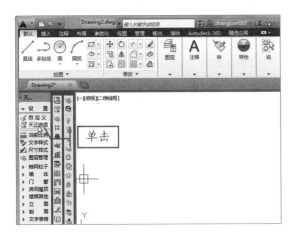

STEP 05 设置当前比例

在"设置"扩展列表中单击"当前比例"选项，在命令行窗口输入当前图形的比例值，按【Enter】键确认。

STEP 06 设置文字样式

在"设置"扩展列表中单击"文字样式"选项，在弹出的对话框中可以设置图纸的文字样式、高度等选项。

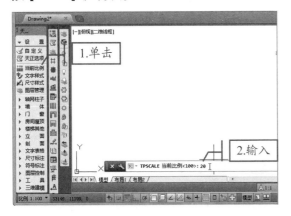

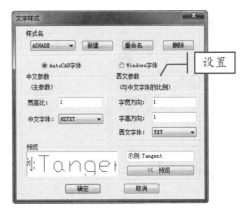

STEP 07 设置尺寸样式

在"设置"扩展列表中单击"尺寸样式"选项，在弹出的对话框中可以对其尺寸样式进行设置。

STEP 08 设置图层参数

在"设置"扩展列表中单击"图层管理"选项，在弹出的对话框中可以对图层的颜色、名称、线型进行设置，也可以根据需要自定义图层标准。

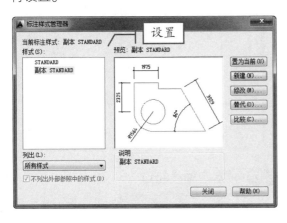

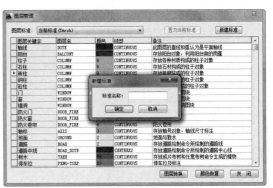

15.2 建筑基础设施的绘制与编辑

下面介绍建筑基础设施的绘制方法，其中包括建筑墙体、建筑门窗、建筑屋顶、房间布置、室内楼梯及其他设施等。

15.2.1 绘制与编辑轴网

轴网是建筑物各组成部分的定位中心线，是图形定位的基准线。通常在绘制建筑墙体时需要先定位墙体轴线，然后根据轴线来绘制墙体。绘制与编辑轴网的具体操作方法如下：

STEP 01 单击"绘制轴网"选项

在天正工具栏中单击"轴网柱子"按钮，在弹出的列表中单击"绘制轴网"选项。

STEP 02 设置上开轴线尺寸

弹出"绘制轴网"对话框，选中"上开"单选按钮，在"轴间距"和"个数"列表中输入数值，按【Enter】键输入下一条轴线尺寸。

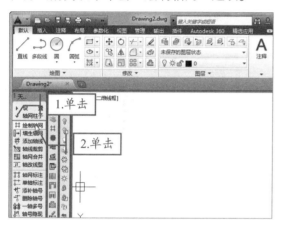

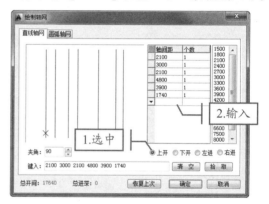

STEP 03 设置下开轴线尺寸

选中"下开"单选按钮，输入相应的轴线尺寸。

STEP 04 设置左进轴线尺寸

选中"左进"单选按钮，并输入轴线尺寸值。

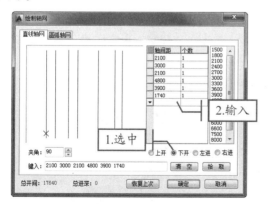

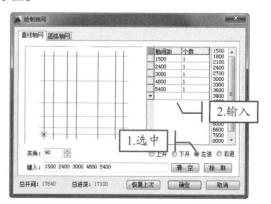

STEP 05 设置右进轴线尺寸

选中"右进"单选按钮，同样输入轴线尺寸值，并单击"确定"按钮。

STEP 06 指定轴线起点

在绘图区指定轴线起点，即可完成墙体轴线的绘制。

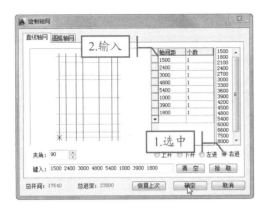

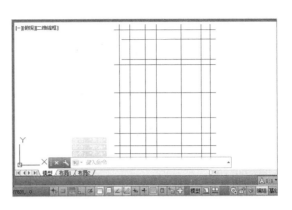

STEP 07 添加轴线

单击"添加轴线"选项,根据命令行提示在绘图区选择参考轴线。

STEP 08 选择"否"选项

根据需要选中是否为附加轴线,选择"否"选项,并按【Enter】键确认。

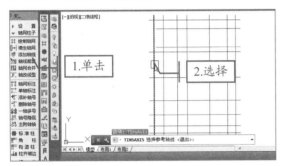

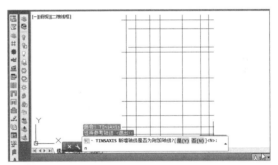

STEP 09 指定参考线偏移方向

选择是否重排轴号,选择"是"选项,向左移动光标,指定参考线偏移方向。

STEP 10 指定偏移距离

输入偏移距离值为600,并按【Enter】键确认,查看图形效果。

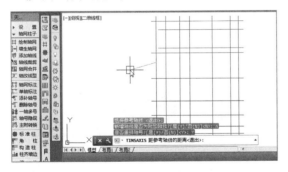

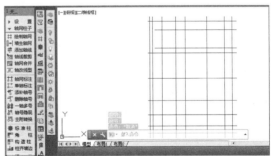

15.2.2 绘制与编辑柱子

在天正软件中,在创建了轴网线后才能添加墙体柱。墙体柱在建筑图纸上的表现形式也很多,如标准柱、角柱、构造柱、异形柱等。下面介绍不同表现形式的柱子的绘制与编辑方法,具体操作方法如下:

| 💿 素材文件 | 光盘\素材\第15章\绘制与编辑柱子.dwg |

STEP 01 单击"标准柱"选项

打开素材文件，单击"轴网柱子"按钮，在弹出的列表中单击"标准柱"选项。

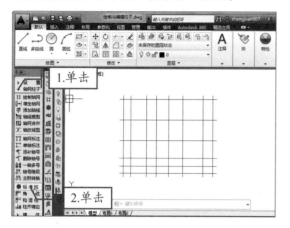

STEP 02 设置标准杆参数

弹出"标准柱"对话框，输入柱子"横向"、"纵向"及"柱高"参数值，设置"材料"及"形状"等参数。

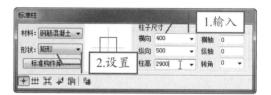

STEP 03 单击"沿着一根轴线布置柱子"按钮

在"标准柱"对话框中单击"沿着一根轴线布置柱子"按钮。

STEP 04 指定轴线

在绘图区指定轴线，并按【Enter】键确认，即可完成绘制操作。

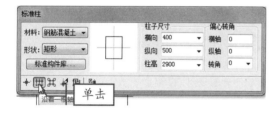

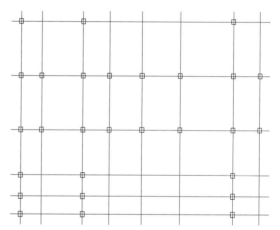

STEP 05 选择墙角

单击"轴网柱子"按钮，在弹出的列表中单击"角柱"选项，在绘图区选择所需的墙角。

STEP 06 设置转角柱参数

在弹出的"转角柱参数"对话框中设置角柱长度和宽度值，单击"确定"按钮。

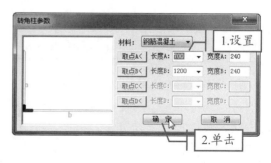

STEP 07 选择墙角

单击"轴网柱子"按钮，在弹出的列表中单击"构造柱"选项，在绘图区选择所需的墙角。

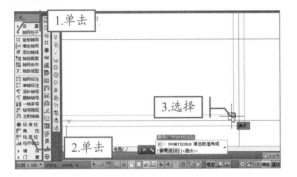

STEP 08 设置构造柱尺寸

在弹出的"构造柱参数"对话框中设置构造柱的尺寸，单击"确定"按钮。

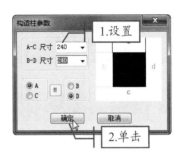

STEP 09 设置墙柱参数值

弹出"标准柱"对话框，设置墙柱的参数值，单击"替换图中已插入的柱子"按钮。

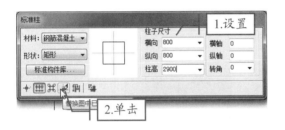

STEP 10 替换墙柱

选择一条轴线，选择要替换的墙柱，按【Enter】键确认操作。

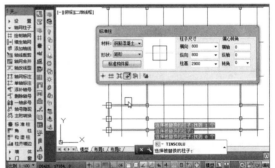

STEP 11 单击"柱齐墙边"选项

单击天正工具条中的"柱齐墙边"选项。

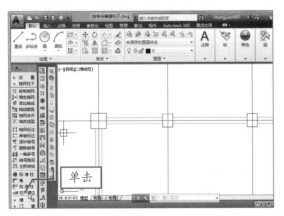

STEP 12 选择墙边线

在绘图区选择要对齐的墙边线。

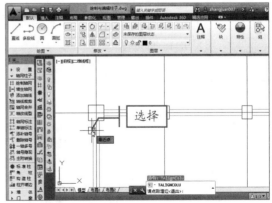

STEP 13 选择墙柱边线

选择所需的墙柱，按【Enter】键确认。选择要对齐的墙柱边线，即可完成操作。

STEP 14 将另一侧与墙体边对齐

按照同样的方法，将该墙柱的另一侧与墙体边对齐。

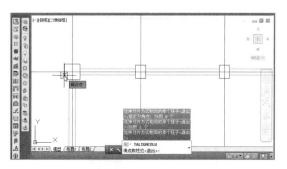
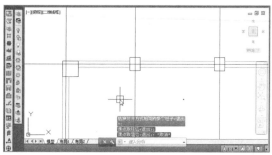

15.2.3 绘制与编辑墙体

在完成轴网线的绘制后，即可添加建筑墙体线。下面介绍在天正建筑软件中墙体的绘制与编辑方法，具体操作方法如下：

素材文件	光盘\素材\第 15 章\绘制与编辑墙体.dwg

STEP 01 单击"绘制墙体"选项

单击"墙体"按钮，在弹出的列表中单击"绘制墙体"选项。

STEP 02 设置墙体的高度

弹出"绘制墙体"对话框，单击"高度"下拉按钮，选择 3300。

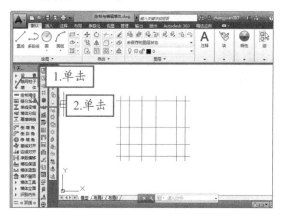
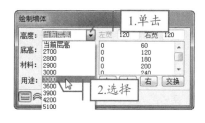

STEP 03 设置墙体的宽度

在"左宽"和"右宽"文本框中设置墙体的宽度。

STEP 04 绘制墙体

设置完成后，在绘图区捕捉所需轴线的起点，捕捉轴线的另一端点，即可绘制墙体。

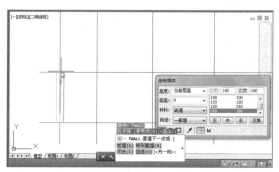

STEP 05 完成墙体操作

继续捕捉轴线端点，绘制完成后按【Enter】键确认，即可完成操作。

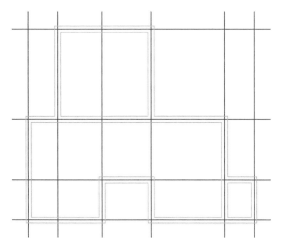

STEP 06 选择墙体段

单击"等分加墙"选项，根据命令行提示选中所要等分的墙体段。

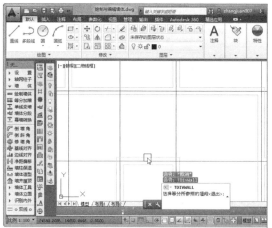

STEP 07 设置等分加墙参数

在弹出的"等分加墙"对话框中设置"等分数"、"墙厚"、"材料"及"用途"等参数。

STEP 08 完成等分墙体操作

在绘图区选择延长至此的墙体段，即可完成等分墙体的操作。

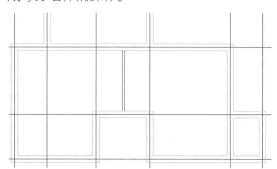

STEP 09 单击"改墙厚"选项

单击"墙体工具"按钮，在弹出的列表中单击"改墙厚"选项。

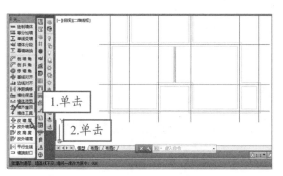

STEP 10 更改墙厚

在绘图区选择要更改的墙体，按【Enter】键确认。输入新墙厚度值，按【Enter】键确认。

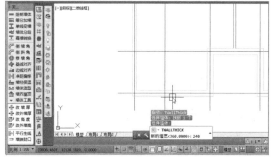

15.2.4 绘制与编辑门窗

墙体绘制完成后，即可根据需要添加相应的门和窗。在天正建筑软件中内置了多种门窗图块，用户只需对图块参数进行设置，即可将其添加到墙体中，具体操作方法如下：

素材文件	光盘\素材\第 15 章\绘制与编辑门窗.dwg

STEP 01 单击"门窗"选项

打开素材文件，单击"门窗"按钮，在弹出的列表中单击"门窗"选项。

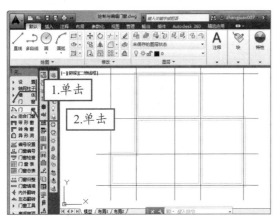

STEP 02 设置门宽

在弹出的对话框中将"门宽"设置为 900，"编号"设置为"自动编号"，单击左侧的门平面视图。

STEP 03 选择"平开门"选项

打开"天正图库管理系统"窗口，单击 DorLib2D 折叠按钮，在展开的列表中选择"平开门"选项。

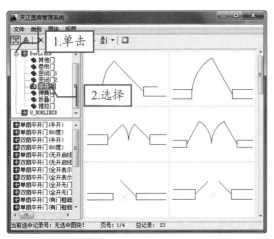

STEP 04 选择门样式

在右侧平开门预览视图中选择平开门样式。双击门样式，关闭窗口。

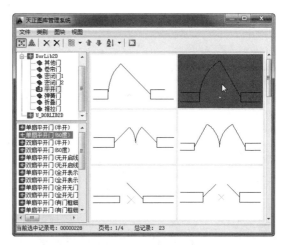

STEP 05 选择插入类型

返回"门"对话框，单击"垛宽定距插入"按钮。

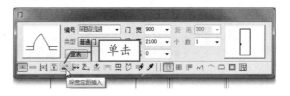

STEP 06 指定门位置

在绘图区指定门位置，调整好开门方向，即可完成门图块的插入。

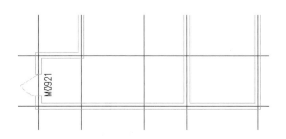

STEP 07 插入其他门图块

按照同样的方法插入其他门图块，并按【Enter】键确认，查看图形效果。

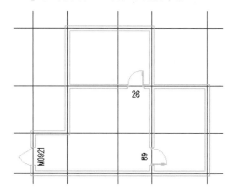

STEP 08 设置窗参数

打开"门"对话框，单击"插窗"按钮🔳，弹出"窗"对话框。将"窗宽"设置为1200，"窗高"设置为1500，"窗台高"设置为900。

STEP 09 插入窗图块

在绘图区单击指定窗的位置，即可完成插入窗图块操作。

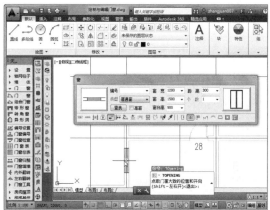

STEP 10 插入其他窗图块

按照同样的方法设置参数，插入其他窗图块。

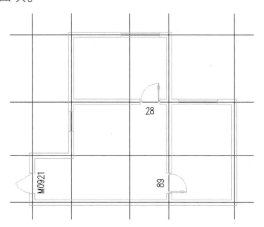

STEP 11 单击"插凸窗"按钮

打开"窗"对话框，单击"插凸窗"按钮🔲。

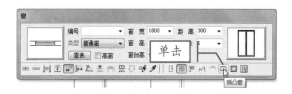

STEP 12 设置凸窗参数

在弹出的"凸窗"对话框中设置各项参数。

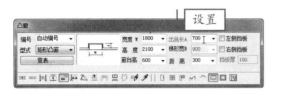

STEP 13 插入凸窗图块

在绘图区指定凸窗位置，即可完成凸窗图块的插入操作。

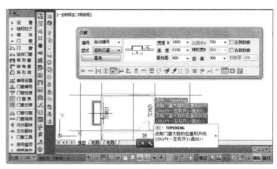

STEP 14 内外翻转

单击"门窗"按钮，在弹出的列表中单击"内外翻转"选项，选择要翻转的门图块，按【Enter】键确认。

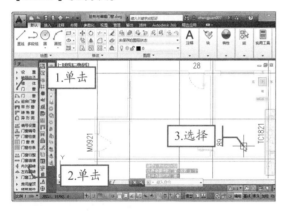

STEP 15 门窗填墙

单击"门窗"按钮，在弹出的列表中单击"门窗填墙"选项，选择要删除的门窗，按【Enter】键确认。

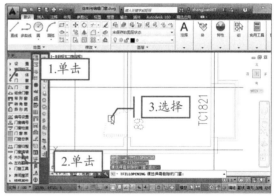

STEP 16 选择墙体材料

选择"砖墙"为填墙的墙体材料，并按【Enter】键确认。

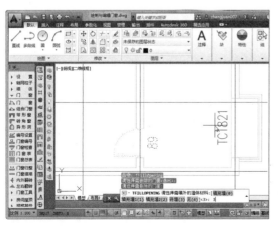

STEP 17 完成门窗填墙操作

此时，即可完成门窗填墙操作，查看图形效果。

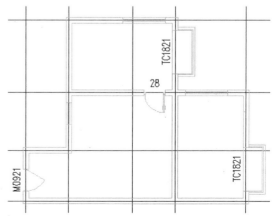

15.2.5 绘制楼梯

在天正建筑软件中，用户可以根据需要添加任意楼梯图块，如直线梯段、圆弧梯段等。下面以绘制楼梯为例进行介绍，具体操作方法如下：

✦ 素材文件	光盘\素材\第 15 章\绘制楼梯.dwg

STEP 01 单击"双跑楼梯"选项

打开素材文件，单击"楼梯其他"按钮，在弹出的列表中单击"双跑楼梯"选项。

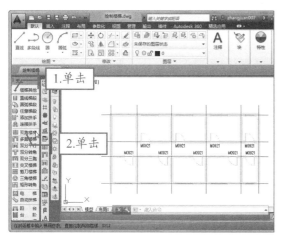

STEP 02 设置楼梯参数

在弹出的对话框中选择"层类型"为"中间层"，设置"楼梯高度"、"踏步总数"、"梯间宽"、"梯段宽"及"平台宽度"等参数。

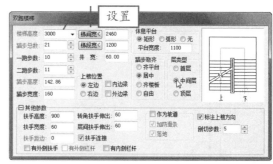

STEP 03 绘制楼梯

在绘图区捕捉端点，并按【Enter】键确认，即可完成楼梯绘制。

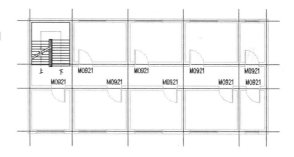

绘制建筑墙体图

下面综合运用本章所学的知识绘制建筑墙体图，具体操作方法如下：

STEP 01 单击"绘制轴网"选项

新建文件，在工具栏中单击"轴网柱子"按钮，在弹出的列表中单击"绘制轴网"选项。

STEP 02 设置上开轴线尺寸

弹出"绘制轴网"对话框，选中"上开"单选按钮，在"轴间距"列表中输入轴线尺寸数值。

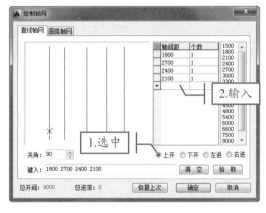

STEP 03 设置下开轴线尺寸

选中"下开"单选按钮，在"轴间距"列表中输入轴线尺寸数值。

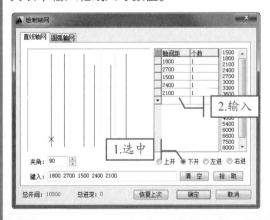

STEP 04 设置左进轴线尺寸

选中"左进"单选按钮，在"轴间距"列表中输入轴线尺寸数值。

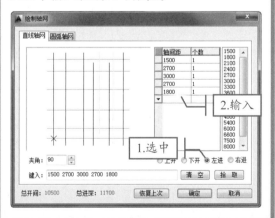

STEP 05 设置右进轴线尺寸

选中"右进"单选按钮，在"轴间距"列表中输入轴线尺寸数值，单击"确定"按钮。

STEP 06 指定轴网

在绘图区中指定轴网，即可完成轴网线的绘制。

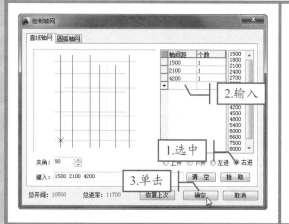

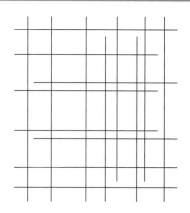

STEP 07 设置墙柱尺寸

打开"标准柱"对话框，将墙柱的"横向"和"纵向"设置为 500，"柱高"设置为 2800，单击"点选插入柱子"按钮 ✛。

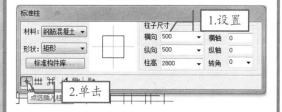

STEP 08 添加标准柱

在绘图区轴网中指定标准柱的位置，并按【Enter】键确认。

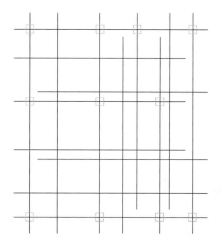

STEP 09 填充图案

单击"图案填充图案"按钮，选择 SOLID 图案。

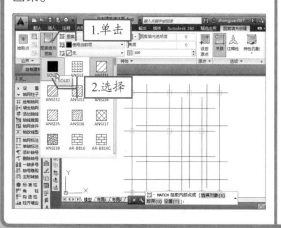

STEP 10 填充标准柱

选择标准柱，填充图案，查看图形效果。

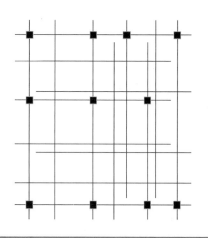

STEP 11 设置墙体参数

打开"绘制墙体"对话框,设置"高度"为 2800,"左宽"和"右宽"分别为 180。

STEP 12 绘制墙体

在绘图区依次捕捉端点,绘制墙体。

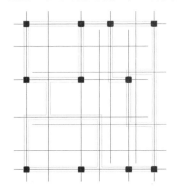

STEP 13 设置墙体颜色

单击"图层"下拉按钮,选择 WALL图层选项,设置图层颜色。

STEP 14 更改轴网线颜色

按照同样的方法更改轴网线颜色,查看设置效果。

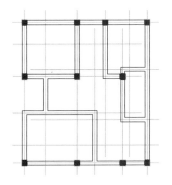

STEP 15 设置门参数

单击"门窗"按钮,在弹出的列表中单击"门窗"选项,弹出"门"对话框,设置门参数。

STEP 16 选择门样式

在弹出的对话框中单击门平面视图,打开"天正图库管理系统"窗口,选择门样式。双击门样式,关闭窗口。

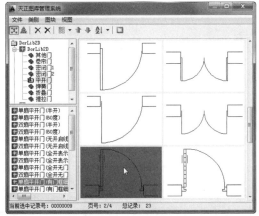

在绘图区中指定门的位置，即可完成绘制。按照同样的方法，绘制其他门。

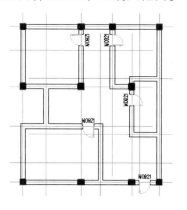

打开"门"对话框，单击"插窗"按钮，弹出"窗"对话框，设置相关参数。

设置完成后，将窗图块插入到墙体的合适位置。按照同样的方法，插入其他窗图块。

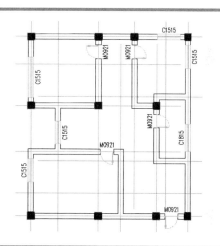

高手秘籍——其他设施的绘制

在天正建筑软件中，还可以绘制建筑屋顶、阳台、台阶及散水等设施。下面以绘制屋顶为例进行介绍，具体操作方法如下：

素材文件	光盘\素材\第 15 章\其他设施的绘制.dwg

步骤01 选中所有墙体及门窗

在工具栏中单击"房间屋顶"按钮，在弹出的列表中单击"搜屋顶线"选项。根据命令行提示选中建筑所有墙体及门窗，并按【Enter】键确认。

步骤02 指定偏移外皮距离

在命令行窗口输入偏移外皮距离为600，并按【Enter】键确认。

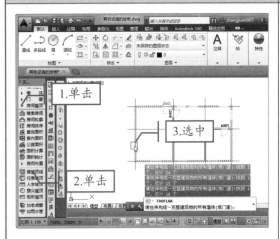

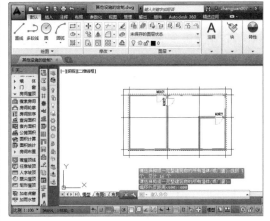

步骤03 绘制人字坡顶

单击"人字坡顶"按钮，根据命令行提示选中屋顶线，指定屋脊线的起点与端点。

步骤04 设置坡顶角度值

在"人字坡顶"对话框中设置坡顶角度值，并单击"参考墙顶标高"按钮。

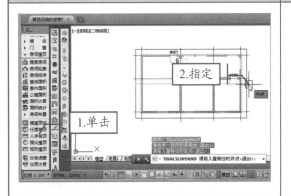

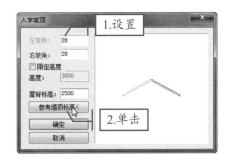

步骤05 选择墙体

在绘图区选择墙体，返回"人字坡顶"对话框，单击"确定"按钮。

步骤06 查看三维效果

在命令行窗口输入3DO，并按【Enter】键确认。按住鼠标左键，拖动至满意为止，即可查看三维效果。

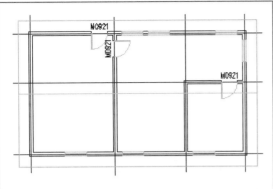

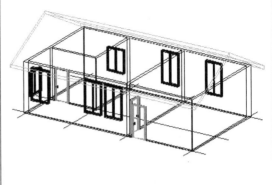

秒杀疑惑

1 在天正和 AutoCAD 中绘制墙体有何区别?

使用天正和 AutoCAD 两种软件绘制墙体,从图形外观看没有任何区别,但实质却完全不同。天正有专门绘制墙体的工具,使用起来相当方便;而 AutoCAD 虽然有多种操作方法,可使用起来比较烦琐。从编辑方法上看,天正在对某段墙体进行移动或删除后,与之相交的另一段墙体会自动形成一整段墙,无须对其进行修改;而 AutoCAD 则不同,需要通过"分解"、"修剪"、"延长"等编辑命令才能完成整个墙体的编辑修改。

2 输入轴网尺寸时需要注意哪些内容?

在"绘制轴网"对话框中,"上开"是指图纸上方轴线,"下开"是指图纸下方轴线,"左进"和"右进"是指图纸左右两侧的轴线。其中,"上开"和"下开"的绘制顺序是从左至右,而"左进"和"右进"的绘制顺序是从下至上。此外,在输入一个尺寸值后需按【Enter】键确认,再输入下一个数值,切勿按逗号键或其他分隔符隔开。

3 在绘制过程中不小心把轴网线删除了,怎么办?

若在绘制过程中不小心把轴网线删除,可以使用"墙生轴网"命令自动生成轴网线,方法为:在天正工具栏中单击"轴网柱子"按钮,在弹出的列表中单击"墙生轴网"选项,根据命令行提示在绘图区选中所需的墙体,按【Enter】键确认即可生成墙体轴网线。

Chapter

16

本章学习计划与目标

在天正建筑软件中，用户只需使用"建筑立面"及"建筑剖面"命令，即可快速生成相关的建筑立面图和建筑剖面图。本章将介绍在天正建筑软件中建筑立面图、建筑剖面图的创建与编辑的方法与技巧。

天正建筑立面图/剖面图的绘制

新手上路重点索引

本章重点实例展示

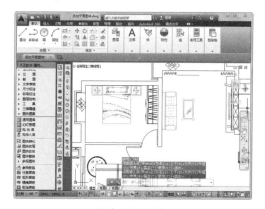

添加平面图块

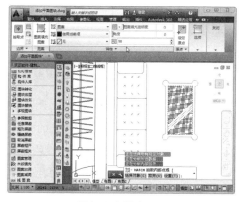

添加图案填充

编辑建筑立面图

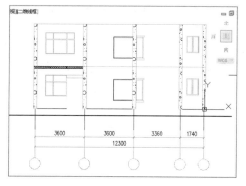

编辑建筑剖面图

16.1 平面图块图案的添加

在天正建筑软件中，用户可以打开天正图库管理系统，对绘制的图形进行布置。天正图库管理系统包括二维图库、立面图库、二维门库等，在图案填充上天正建筑软件在AutoCAD 的基础上又增加了不少图案，在绘制立面图、剖面图时可以快速、便捷地使用。

16.1.1 添加平面图块

在天正建筑软件中，加载天正图库就可以使用"通用图库"命令插入图块。下面通过实例介绍平面图库的添加操作，方法如下：

素材文件	光盘\素材\第 16 章\添加平面图块.dwg

STEP 01 单击"通用图库"选项

打开素材文件，单击天正工具栏中的"图块图案"按钮，在弹出的列表中单击"通用图库"选项。

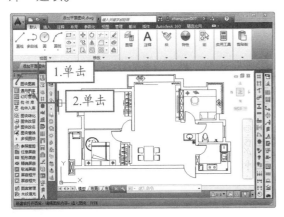

STEP 02 选择"二维图库"选项

弹出"天正图库管理系统"对话框，单击"打开—图库"下拉按钮，在弹出的列表中单击"二维图库"选项。

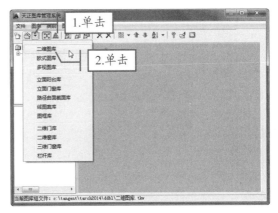

STEP 03 查看图块

单击 plan | "平面家具" | "床具" | "双人床"选项。

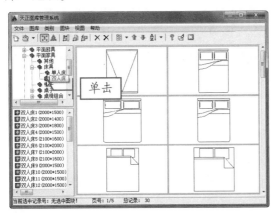

STEP 04 选择图块

在图库右侧图块列表中双击选择满意的双人床图块。

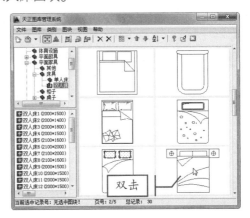

STEP 05 设置图块参数

弹出"图块编辑"对话框，选中"输入尺寸"单选按钮，对双人床图块进行参数设置。

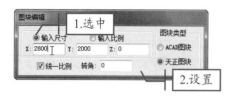

STEP 07 选择图块

在"天正图库管理系统"窗口中依次单击plan |"平面家具"|"沙发"|"单体"选项，选择沙发图块并双击。

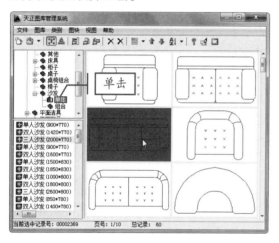

STEP 09 插入图块

指定插入点，并按【Enter】键确认，插入图块。

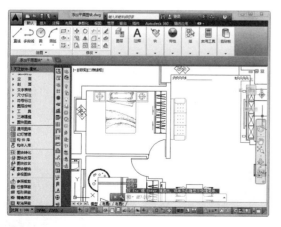

STEP 06 插入图块

指定插入点，并按【Enter】键确认，插入图块。

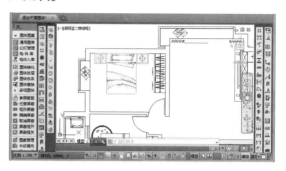

STEP 08 设置转角

在弹出的"图块编辑"对话框中将"转角"设置为90。

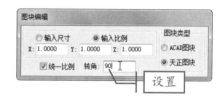

STEP 10 插入茶几图块

采用同样的方法，插入茶几图块。

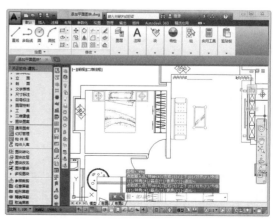

16.1.2 添加图案填充

在天正建筑软件中，"图案填充"功能的使用方法与 AutoCAD 图案填充的方法相同，只不过又增加了多个填充图案。添加图案填充的方法如下：

STEP 01 选择"图案填充"选项

单击"图案填充"下拉按钮，在弹出的下拉列表中选择"图案填充"选项。

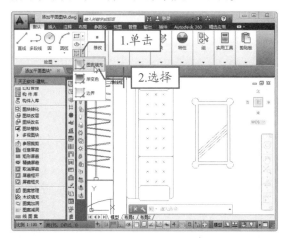

STEP 02 选择填充图案

单击"图案填充图案"按钮，选择合适的填充图案。

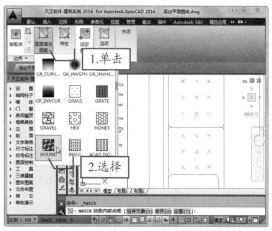

STEP 03 选择填充位置

在需要填充的位置单击，即可进行图案填充。

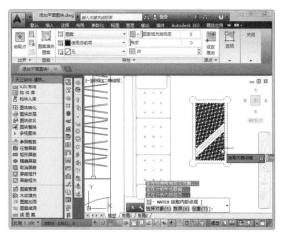

STEP 04 设置相关参数

在"特性"面板中设置相关参数，按【Enter】键确认，查看图形效果。

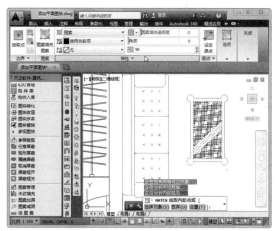

小提示

如果要填充边界未完全闭合的区域，可以将 HPGAPTOL 系统变量设置为桥接间隔，并将边界视为闭合。

16.2 建筑立面图的创建与编辑

在天正建筑软件中，建筑立面图是通过"建筑立面"命令自动生成的，与 AutoCAD 相比，其操作更加方便。下面介绍建筑立面图的创建与编辑方法。

16.2.1 创建建筑立面图

立面图是在平面图的基础上进行创建的，在天正工具栏中只需单击相应的选项即可轻松创建，具体操作方法如下：

素材文件	光盘\素材\第 16 章\创建建筑立面图.dwg

STEP 01 单击"建筑立面"选项

打开素材文件，单击天正工具栏中的"立面"按钮，在弹出的列表中单击"建筑立面"选项。

STEP 02 确认操作

弹出 AutoCAD 提示信息框，单击其中的"确定"按钮。

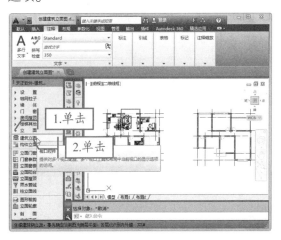

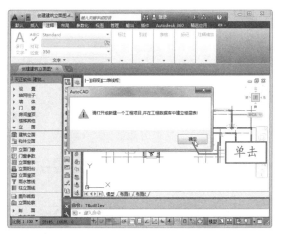

STEP 03 新建工程

在打开的"工程管理"窗格中单击"工程管理"下拉按钮，在弹出的下拉列表中选择"新建工程"选项。

STEP 04 保存设置

在弹出的"另存为"对话框中设置保存路径，输入文件名，单击"保存"按钮，即可完成工程项目的创建。

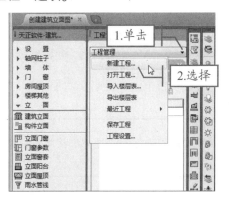

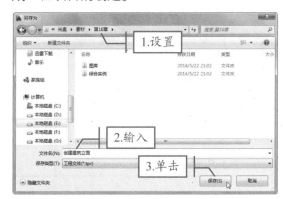

STEP 05 设置楼层

在"工程管理"窗格中单击"楼层"下拉按钮，展开列表，在"层号"列表中输入 1，单击"框选范围"按钮📧。

STEP 06 框选范围

在绘图区框选第一幅建筑平面图。

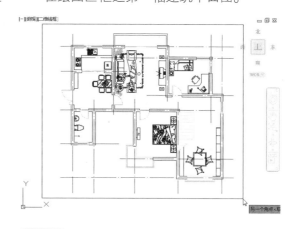

STEP 07 选择对齐点

框选完成后，根据命令行提示选择对齐点。

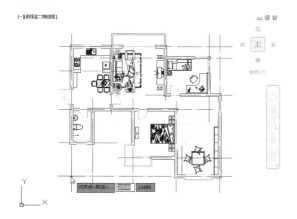

STEP 08 显示图纸信息

此时，在"工程管理"窗格中会自动显示该图纸的相关信息。

STEP 09 设置第二层

在"层号"列表中输入 2，单击"框选范围"按钮📧。

STEP 10 框选范围并选择对齐点

采用同样的方法框选第二幅建筑平面图，并根据提示选择对齐点。

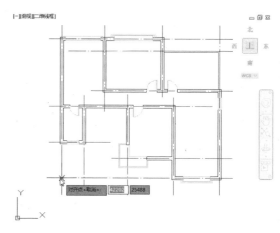

STEP 11 单击"建筑立面"按钮

在"工程管理"窗格中分别显示图纸信息，然后单击"建筑立面"按钮 。

STEP 12 选择立面方向

根据命令行提示选择立面方向，在此选择背立面（B）。

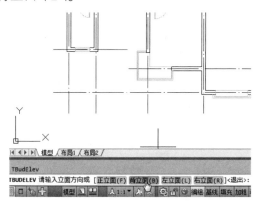

STEP 13 选择轴线

根据提示选择一层平面图中的轴线，按【Enter】键确认。

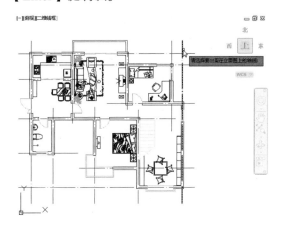

STEP 14 单击"生成立面"按钮

弹出"立面生成设置"对话框，单击"生成立面"按钮。

STEP 15 输入文件名

在弹出的对话框中输入文件名，单击"保存"按钮。

STEP 16 查看图形效果

此时，系统将自动生成所需的建筑立面图，查看图形效果。

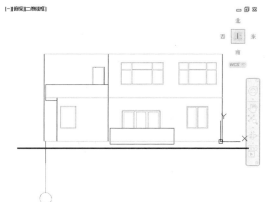

16.2.2 编辑建筑立面图

创建建筑立面图后，即可对其进行编辑修饰，如添加窗套、阳台、屋顶等部件，让建筑立面图更加美观，具体操作方法如下：

STEP 01 单击"立面窗套"选项

单击天正工具栏中的"立面"按钮，在弹出的列表中单击"立面窗套"选项。

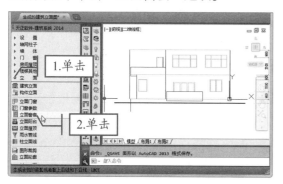

STEP 02 指定左下角点

根据命令行提示指定窗套的左下角点。

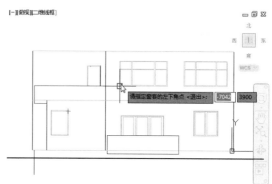

STEP 03 指定右上角点

移动光标，指定窗套的右上角点。

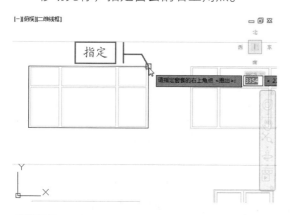

STEP 04 设置窗套参数

弹出"窗套参数"对话框，设置相关参数，单击"确定"按钮。

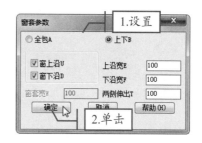

STEP 05 查看窗套效果

此时即可添加窗套，查看窗套效果。

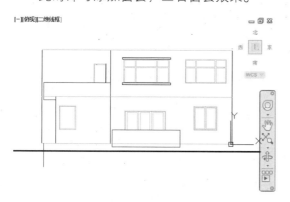

STEP 06 添加其他窗套

采用同样的方法，为其他窗户添加窗套。

STEP 07 单击"立面门窗"选项

单击天正工具栏中的"立面"按钮，在弹出的列表中单击"立面门窗"选项。

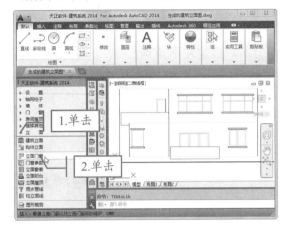

STEP 09 替换立面窗

将图块放置在合适的位置，并删除原来的立面窗。

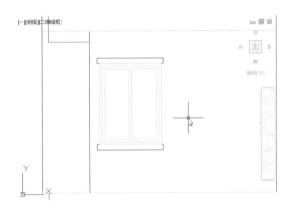

STEP 11 替换立面门

将图块放置到合适的位置，并删除原来的立面门。

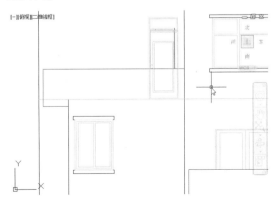

STEP 08 选择窗图块

弹出"天正图库管理系统"窗口，选择需要的立面窗图块并双击。

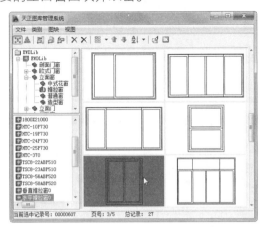

STEP 10 选择门图块

在"天正图库管理系统"窗口中选择需要的立面门图块并双击。

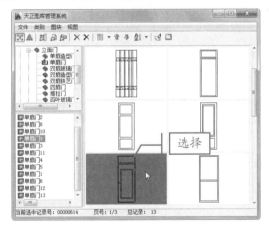

STEP 12 单击"立面阳台"选项

单击天正工具栏中的"立面"按钮，在弹出的列表中单击"立面阳台"选项。

STEP 13 选择阳台图块

在"天正图库管理系统"窗口中选择需要的立面阳台图块并双击。

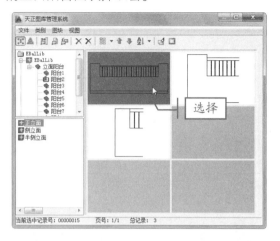

STEP 14 设置图块参数

在弹出的"图块编辑"对话框中设置相关参数。

STEP 15 替换立面阳台

将图块放置在合适的位置,并删除原来的立面阳台。

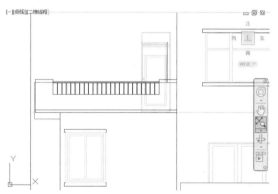

STEP 16 添加另一个阳台图块

采用同样的方法,添加另外一个阳台图块。

STEP 17 设置屋顶图块

单击天正工具栏中的"立面"按钮,单击"立面屋顶"选项,弹出"立面屋顶参数"对话框。选择需要的立面坡顶图块,设置相关参数,单击"定位点 PT1-2<"按钮。

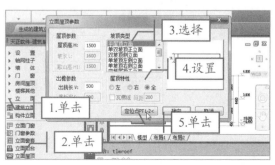

STEP 18 捕捉起点和端点

在立面图中分别捕捉图纸的起点和端点。

STEP 19 确认操作

返回"立面屋顶参数"对话框，单击"确定"按钮。

STEP 20 查看图形效果

此时，即可查看绘制的建筑立面图的最终效果。

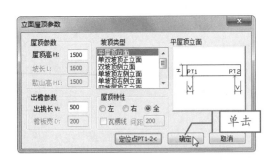

16.3 建筑剖面图的创建与编辑

剖面图又称为剖切图，是将图形按照一定剖切方向所展示的内部构造图样。建筑剖面图的创建与编辑和建筑立面图的创建与编辑的操作方法基本一样。

16.3.1 创建建筑剖面图

创建建筑剖面图需要先在图纸上绘制剖面符号，然后根据剖面符号来创建其剖面图，具体操作方法如下：

素材文件	光盘\素材\第16章\创建建筑立面图.dwg

STEP 01 单击"剖切符号"选项

打开素材，创建工程，并框选楼层范围。单击天正工具栏中的"符号标注"按钮，单击"剖切符号"选项。

STEP 02 绘制剖切符号

根据命令行提示在绘图区绘制剖切符号。

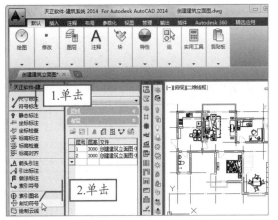

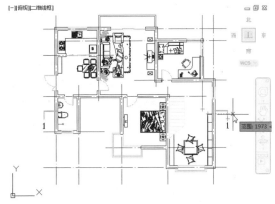

STEP 03 选择剖切符号和剖面符号

单击天正工具栏中的"剖面"按钮，单击"建筑剖面"选项。根据命令行提示分别选择剖切符号和需要的剖面符号，按【Enter】键确认。

STEP 04 单击"生成剖面"按钮

弹出"剖面生成设置"对话框，单击"生成剖面"按钮。

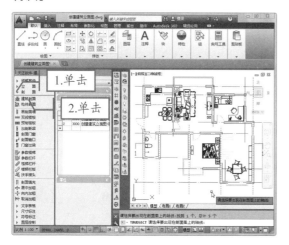

STEP 05 保存设置

在弹出的对话框中选择保存路径，并输入文件名，单击"保存"按钮。

STEP 06 查看图形效果

此时，即可查看生成的建筑剖面图效果。

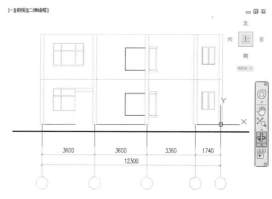

16.3.2 编辑建筑剖面图

创建建筑剖面图之后，需要对其进行修饰处理，如添加剖面楼板、剖面墙体等，具体操作方法如下：

STEP 01 设置剖面楼板参数

单击天正工具栏中的"剖面"按钮，单击"预制楼板"选项，在弹出的对话框中设置各项参数，单击"确定"按钮。

STEP 02 设置楼板位置及方向

根据命令行提示指定楼板位置及方向。

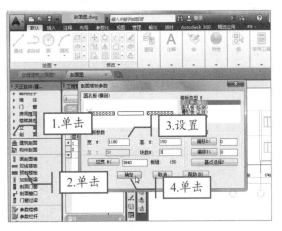

STEP 03 选择墙体剖面线

单击天正工具栏中的"剖面"按钮，单击"剖面填充"选项。根据命令行提示在绘图区中选择墙体剖面线，并按【Enter】键确认。

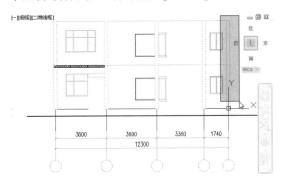

STEP 04 选择填充图案

弹出"请点取所需的填充图案"对话框，选择需要填充的图案，单击"确定"按钮。

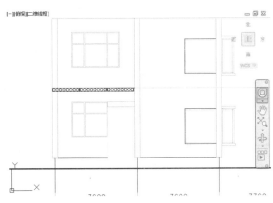

STEP 05 查看填充效果

此时，即可查看填充图案后的图形效果。

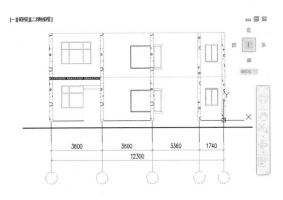

STEP 06 加粗墙面

单击天正工具栏中的"剖面"按钮，单击"居中加粗"选项。根据命令行提示选择墙体剖面线，按【Enter】键确认选择，即可将其加粗。

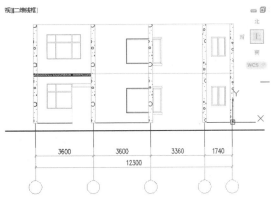

绘制二层别墅立面图

下面结合本章所学的知识，绘制二层别墅立面图，具体操作方法如下：

素材文件	光盘\素材\第 16 章\别墅平面图.dwg

STEP 01 单击"通用图库"选项

打开素材文件，单击天正工具栏中的"图块图案"按钮，在弹出的列表中单击"通用图库"选项。

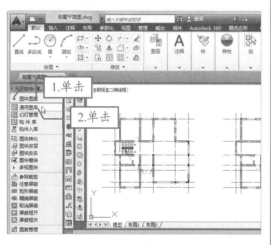

STEP 02 选择沙发图块

弹出"天正图库管理系统"窗口，依次展开目录，选择合适的沙发图块并双击。

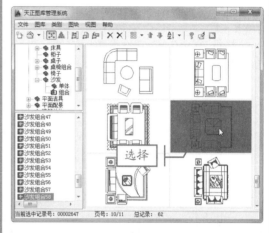

STEP 03 设置图块参数

在弹出的"图块编辑"对话框中设置相关参数。

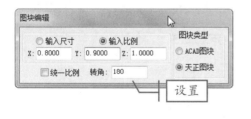

STEP 04 插入图块

在绘图区中指定沙发图块位置，添加沙发图块。

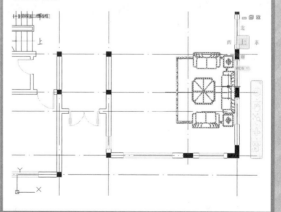

STEP 05 选择图块

弹出"天正图库管理系统"窗口，选择合适的电视机图块并双击。

STEP 06 添加电视机图块

设置相关参数后，在合适的位置添加电视机图块。

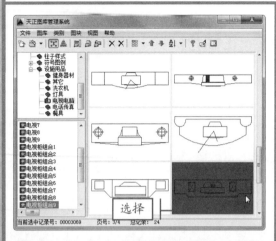

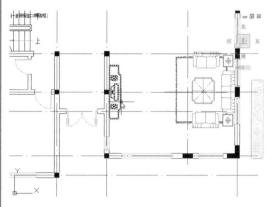

STEP 07 绘制直线

执行 AutoCAD 直线命令，在厨房中绘制直线。

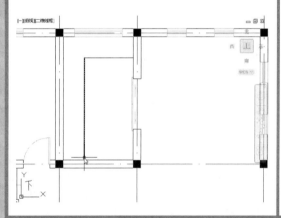

STEP 08 添加厨具

在"天正图库管理系统"窗口中分别选择合适的厨具（如冰箱、橱柜、煤气灶和洗涤槽），将其添加到图形中。

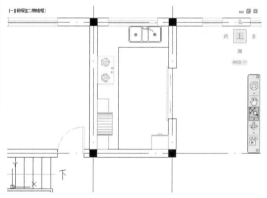

STEP 09 添加其他图块

采用同样的方法，分别在卧室、书房及餐厅中添加图块。

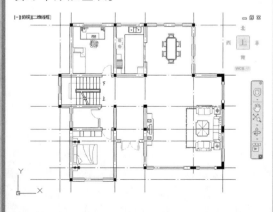

STEP 10 单击"布置洁具"选项

单击天正工具栏中的"房间屋顶"按钮，单击"房间布置" | "布置洁具"选项。

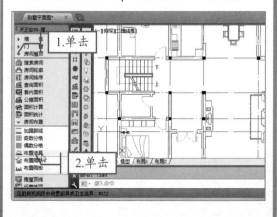

STEP 11 选择图块

弹出"天正洁具"对话框，选择合适的洗脸盆图块并双击。

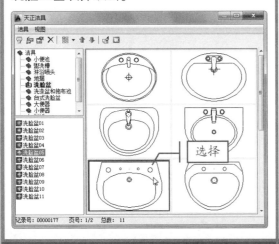

STEP 12 插入图块

在绘图区中选择合适的位置，插入洗脸盆图块。

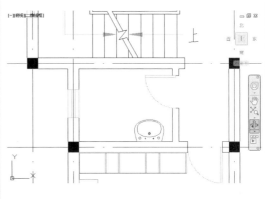

STEP 13 插入其他洁具

采用同样的方法，在卫生间插入其他洁具图块。

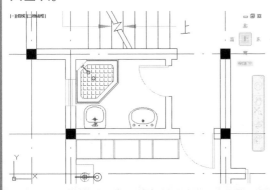

STEP 14 绘制鞋柜

执行直线命令，绘制鞋柜。

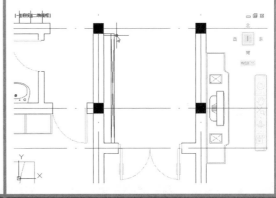

STEP 15 添加座椅

打开"天正图库管理系统"窗口，选择座椅图块，将其添加到合适位置。

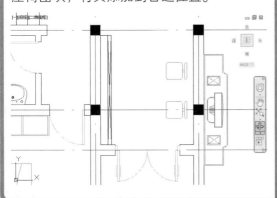

STEP 16 插入装饰品

按照同样的方法，在合适的位置插入室内装饰品，如植物图块、健身器材等。

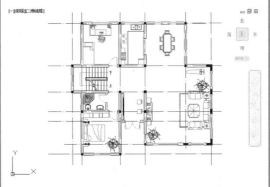

STEP 17 填充图案

执行 AutoCAD 图案填充，对一楼地面进行图案填充操作。

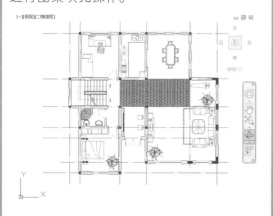

STEP 18 添加图块

采用同样的方法，对二楼进行图块添加。

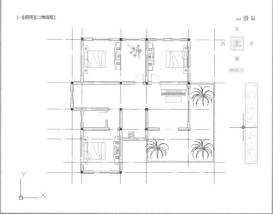

STEP 19 填充图案

执行 AutoCAD 图案填充，对二楼地面进行图案填充操作。

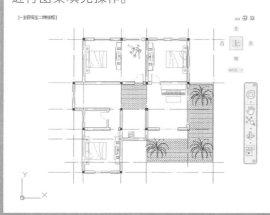

STEP 20 新建工程

单击天正工具栏中的"立面"按钮，单击"建筑立面"选项，在打开的"工程管理"窗格中单击"工程管理"下拉按钮，选择"新建工程"选项。

STEP 21 保存文件

弹出"另存为"对话框，设置保存路径，输入文件名，单击"保存"按钮。

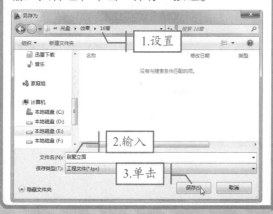

STEP 22 设置楼层

在"工程管理"窗格中单击"楼层"下拉按钮，展开列表，在"层号"列表中输入1，单击"框选范围"按钮。

STEP 23 框选范围

在绘图区框选第一幅建筑平面图。

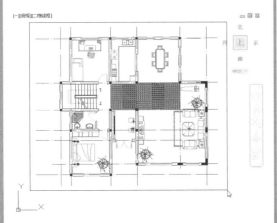

STEP 24 选择对齐点

框选完成后，根据命令行提示选择对齐点。

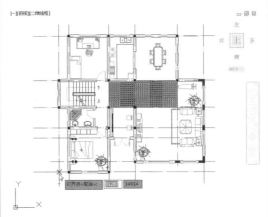

STEP 25 单击"建筑立面"按钮

在"工程管理"窗格中自动显示该图纸的相关信息。用同样的方法框选第二幅建筑平面图，并根据提示选择对齐点，然后单击"建筑立面"按钮。

STEP 26 选择立面方向

根据命令行提示选择立面方向，在此选择正立面（F）。

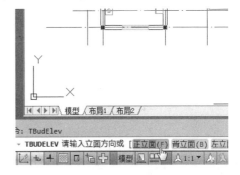

STEP 27 选择轴线

根据提示选择一层平面图中的轴线，并按【Enter】键确认。

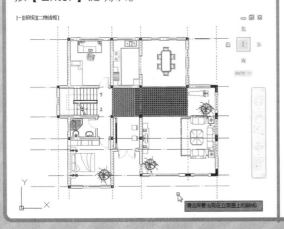

STEP 28 单击"生成立面"按钮

弹出"立面生成设置"对话框，单击"生成立面"按钮。

STEP 29 输入文件名

在弹出的对话框中输入文件名，单击"保存"按钮。

STEP 30 查看图形效果

此时，将自动生成所需的建筑立面图，查看图形效果。

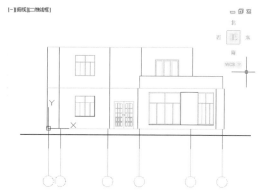

STEP 31 单击"立面窗套"选项

单击天正工具栏中的"立面"按钮，在弹出的列表中单击"立面窗套"选项。

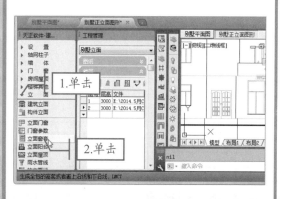

STEP 32 指定窗套角点

根据命令行提示分别指定窗套的左下角点和右上角点。

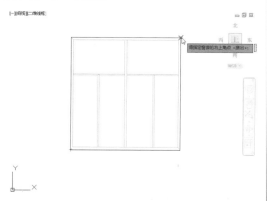

STEP 33 设置窗套参数

弹出"窗套参数"对话框，设置相关参数，单击"确定"按钮。

STEP 34 查看窗套效果

此时，即可在图纸中添加窗套，查看窗套效果。

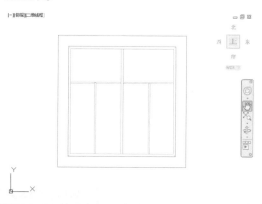

STEP 35 添加其他窗套

采用同样的方法，为其他窗户添加窗套。

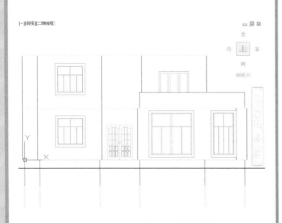

STEP 36 选择门图块

打开"天正图库管理系统"窗口，选择需要的立面门图块并双击。

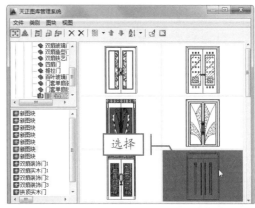

STEP 37 替换立面门

将图块放置到合适的位置，并删除原来的立面门。

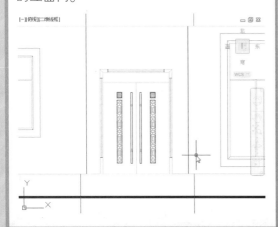

STEP 38 单击"立面阳台"选项

单击天正工具栏中的"立面"按钮，在弹出的列表中单击"立面阳台"选项。

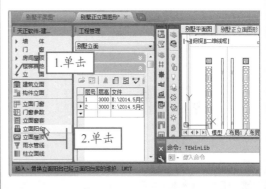

STEP 39 选择阳台图块

打开"天正图库管理系统"窗口，选择需要的立面阳台图块并双击。

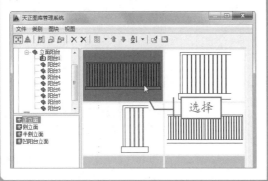

STEP 40 设置图块参数

在弹出的"图块编辑"对话框中设置相关参数。

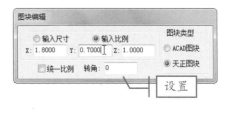

STEP 41 替换立面阳台

将图块放置到合适的位置，并删除原来的立面阳台。

STEP 42 选择屋顶图块

单击天正工具栏中的"立面"按钮，单击"立面屋顶"选项，弹出"立面屋顶参数"对话框。选择需要的立面坡顶图块，设置相关参数，单击"定位点 PT1-2<"按钮。

STEP 43 捕捉起点和端点

在立面图中分别捕捉图纸的起点和端点。

STEP 44 确认操作

返回"立面屋顶参数"对话框，单击"确定"按钮。

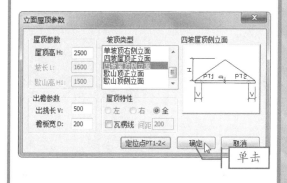

STEP 45 查看立面图效果

此时，即可查看绘制的别墅立面图效果。

STEP 46 单击"剖切符号"选项

单击天正工具栏中的"符号标注"按钮，在弹出的列表中单击"剖切符号"选项。

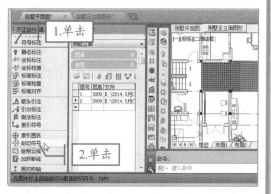

根据命令行提示在平面图的绘图区中绘制剖切符号。

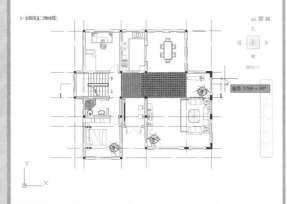

单击天正工具栏中的"剖面"按钮，单击"建筑剖面"选项。根据命令行提示分别选择剖切符号和需要的剖面符号，并按【Enter】键确认。

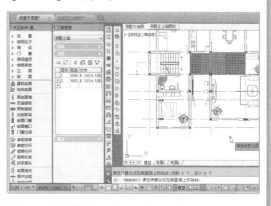

弹出"剖面生成设置"对话框，单击"生成剖面"按钮。

在弹出的对话框中选择保存路径，并输入文件名，单击"保存"按钮。

此时，即可查看生成的别墅剖面图效果。

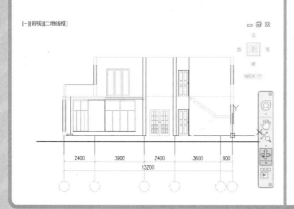

单击天正工具栏中的"剖面"按钮，单击"预制楼板"选项，在弹出的对话框中设置各项参数，单击"确定"按钮。

STEP 53 指定楼板位置及方向

根据命令行提示指定楼板位置及方向。

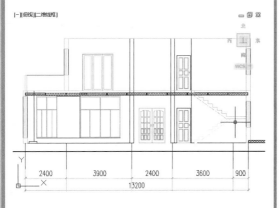

STEP 54 选择填充图案

单击天正工具栏中的"剖面"按钮,单击"剖面填充"选项。根据命令行提示选择墙体剖面线,并按【Enter】键,在弹出的对话框中选择需要填充的图案,单击"确定"按钮。

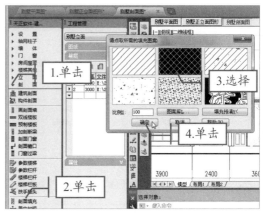

STEP 55 查看填充效果

此时,即可查看填充图案后的最终别墅剖面图效果。

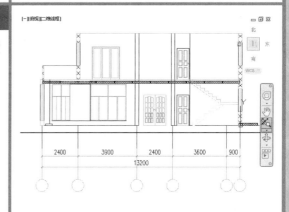

高手秘籍——快速添加楼梯

在建筑绘图中经常会用到楼梯，使用天正建筑的"参数楼梯"命令可以快速绘制出需要的楼梯，具体操作方法如下：

素材文件	光盘\素材\第16章\别墅剖面图.dwg

步骤 01 单击"参数楼梯"选项

单击天正工具栏中的"剖面"按钮，在弹出的列表中单击"参数楼梯"选项。

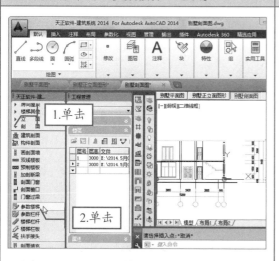

步骤 02 设置楼梯参数

弹出"参数楼梯"对话框，选择楼梯类型，设置相关参数，单击"详细参数"折叠按钮。

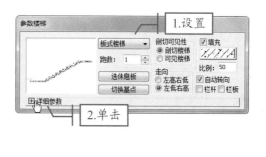

步骤 03 设置详细参数

展开详细参数设置扩展列表，进行更多的设置。

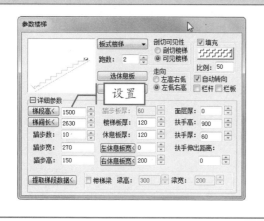

步骤 04 添加楼梯图块

设置完毕后，在绘图区需要的位置直接添加楼梯图块即可。

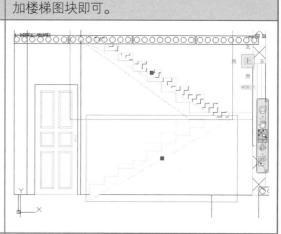

秒杀疑惑

1 在创建立面图形时，生成的图形为什么上下层没有对齐？

如果在创建立面图形时生成的图形上下层不能对齐，出现错位，这是因为平面图未对齐造成的。需要将两个平面图移到一个统一的坐标系下，并以某个固定点为基点，这样再生成的时候就不会出现错位问题。在绘图时，最好绘制完底层后将底层另存为第二层，再进行修改。

2 创建立面图时总提示"标准层模型不存在"，怎么回事？

出现这个问题是因为在创建立面图时没有创建好楼层列表信息造成的。在生成立面之前，必须创建好楼层信息。

3 为什么生成的立面图形只有窗洞？

这是因为立面上的门窗表现比较多元化，导致在没有指定立面门窗的前提下默认按门窗的轮廓进行生成，生成的立面就只有门窗洞，需要对其再进行修饰，可以使用"立面门窗"命令进行操作。

Chapter 17

本章学习计划与目标

尺寸标注在图纸设计中有着至关重要的作用，天正建筑软件提供了多种尺寸标注类型，如门窗标注、墙体标注、对齐标注和符号标注等。另外，还可以在图纸上添加文字、表格等注释。本章将详细介绍在天正建筑中尺寸标注的绘制方法。

天正建筑尺寸标注的绘制

新手上路重点索引

本章重点实例展示

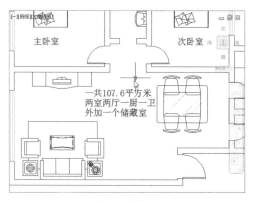

输入文字

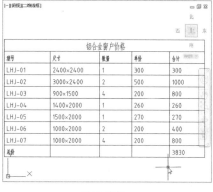

单元编辑

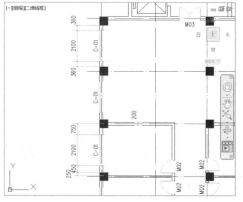

编辑标注尺寸

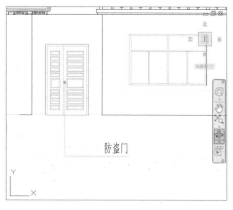

添加标注符号

17.1 文字的添加与编辑

在天正建筑软件的工具栏中，可以使用文字工具对图纸内容添加注释。下面将详细介绍如何新建文字样式，如何输入文字，以及如何使用专业词库等知识。

17.1.1 新建文字样式

文字样式是一组文字设置的集合，这些设置包括字体、文字高度及特殊效果等。若用户对系统自带的样式不满意，还可以新建文字样式，然后自行进行调整，具体操作方法如下：

STEP 01 单击"文字样式"选项

单击天正工具栏中的"文字表格"按钮，在弹出的列表中单击"文字样式"选项。

STEP 02 新建样式

弹出"文字样式"对话框，单击"新建"按钮，在弹出的对话框中输入样式名，单击"确定"按钮。

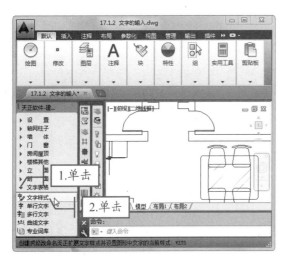

STEP 03 设置文字样式

返回"文字样式"对话框，选中"Windows字体"单选按钮，设置字体为"仿宋"，单击"确定"按钮。

小提示

选中"Windows 字体"单选按钮后，软件可使用字体的数量取决于电脑系统中安装的字体数量。

17.1.2　输入文字

在天正建筑中，文字的输入同样包括单行文字的输入和多行文字的输入，具体操作方法如下：

素材文件	光盘\素材\第 17 章\文字的输入.dwg

STEP 01　单击"单行文字"选项

打开素材文件，单击天正工具栏中的"文字表格"按钮，单击"单行文字"选项。

STEP 02　输入文字

弹出"单行文字"对话框，在文本框中输入要添加的文字，如"主卧室"。

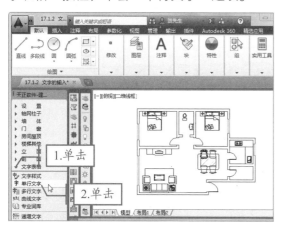

STEP 03　指定插入文字位置

在绘图区移动鼠标，指定插入文字标注的位置后单击。

STEP 04　继续添加文字

移动光标至另外一间卧室，并在合适的位置单击，然后按【Enter】键完成添加。

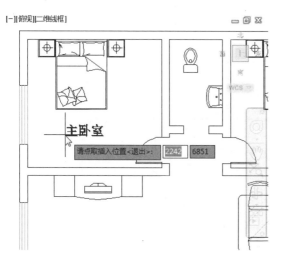

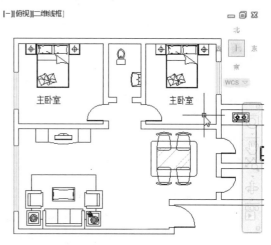

STEP 05　修改文字

双击文字标注，变为可编辑状态，对文字进行修改，改为"次卧室"，然后按【Enter】键确认。

STEP 06　单击"多行文字"选项

单击天正工具栏中的"文字表格"按钮，在弹出的列表中单击"多行文字"选项。

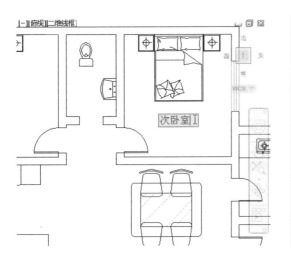

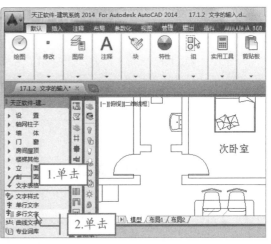

STEP 07 输入多行文字

弹出"多行文字"对话框，在文本框中输入多行文字，单击"确定"按钮。

STEP 08 指定插入位置

在绘图区移动鼠标，指定插入文字标注的位置后单击，即可完成添加。

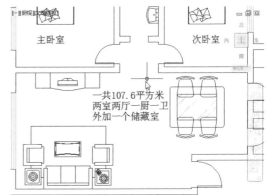

小提示

输入单行文字时，文本框内回车字符将自动忽略；输入多行文字时，文本框内的回车字符将被检测到，并执行到段落格式中。

17.1.3 使用专业词库

专业词库相当于一个"字典"，提供了常用的文字标注，用户在需要时只需选择自己需要的词库，将其添加到绘图区的相应位置即可。还可以自行将需要的文字添加到词库中，以方便日后使用。专业词库的使用方法如下：

STEP 01 单击"专业词库"选项

单击天正工具栏中的"文字表格"按钮，在弹出的列表中单击"专业词库"选项。

STEP 02 添加子目录

弹出"专业词库"对话框，在词库目录列表中右击，在弹出的快捷菜单中选择"添加子目录"命令。

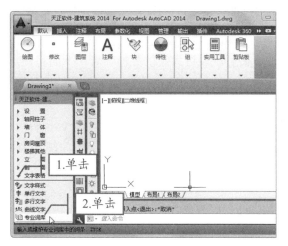

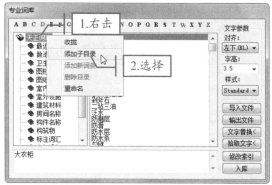

STEP 03 输入数据

输入子目录名称，然后在下方文本框中输入内容。

STEP 04 入库

输入完毕后单击"入库"按钮，在右侧列表中即可显示相关词条关键字。

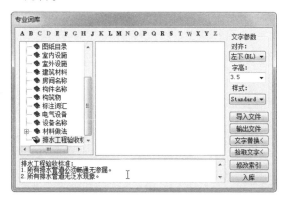

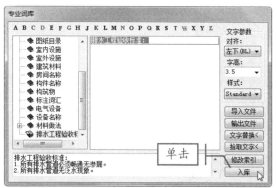

STEP 05 添加标注

选择该词条，在绘图区中指定插入位置，即可添加该标注。

STEP 06 删除目录

选择词库目录并右击，在弹出的快捷菜单中选择"删除目录"命令，即可将其级联下的词条全部删除。

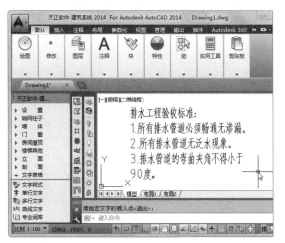

17.2　表格的绘制与编辑

表格是 CAD 绘图中不可缺少的部分，通过表格可以表达大量的数据信息，下面将介绍如何使用天正建筑对表格进行创建和编辑操作。

17.2.1　新建表格

若要使用表格，必须新建合适的表格，具体操作方法如下：

STEP 01　单击"新建表格"选项

单击天正工具栏中的"文字表格"按钮，在弹出的列表中单击"新建表格"选项。

STEP 02　设置表格参数

弹出"新建表格"对话框，设置表格参数，单击"确定"按钮。

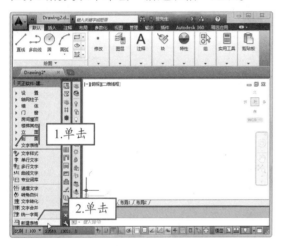

STEP 03　插入表格

在绘图区指定插入位置，即可完成表格的创建操作。

小提示

在绘图区指定插入位置时，光标指定位置为表格左上角位置。

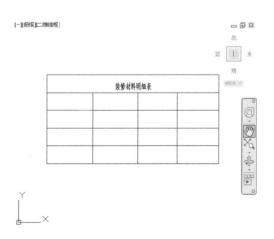

17.2.2　读入 Excel

在天正建筑软件中，用户不仅可以创建表格，还可以导入外部的 Excel 表格，具体操作方法如下：

STEP 01 选择单元格范围

打开 Excel 表格，选择要导入到 CAD 中的单元格范围。

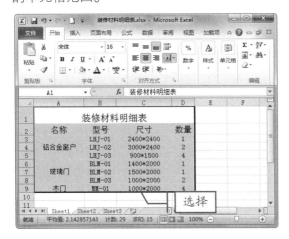

STEP 02 单击"读入 Excel"选项

单击天正工具栏中的"文字表格"按钮，在弹出的列表中单击"读入 Excel"选项。

STEP 03 确认操作

弹出 AutoCAD 提示信息框，单击"是"按钮确认操作。

STEP 04 导入表格数据

在绘图区指定表格位置，即可将其导入。

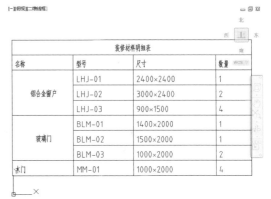

小提示

在读入 Excel 表格时，必须先打开表格，并将所需单元格选中，否则系统将无法检测导入数据，而且导入的数据将不会导入字体格式。

17.2.3 编辑表格

天正建筑中的表格编辑功能与 Excel 表格编辑功能类似，如拆分表格、合并表格、增加和删除表行等。下面介绍常用的表格编辑操作。

Work 1 全屏编辑

在天正建筑软件中创建表格后，可对其进行全屏编辑，以方便查看与修改，具体操作方法如下：

STEP 01 选择表格

单击天正工具栏中的"文字表格"按钮，单击"表格编辑"|"全屏编辑"选项，单击选择表格。

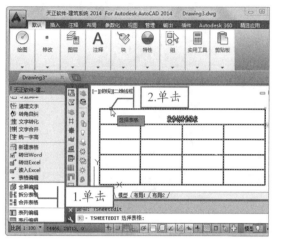

STEP 02 输入内容

弹出"表格内容"对话框，选择单元格，在其中输入内容。

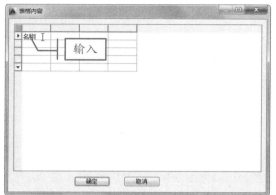

STEP 03 输入其他内容

依次选择其他单元格，并输入内容，输入完成后单击"确定"按钮。

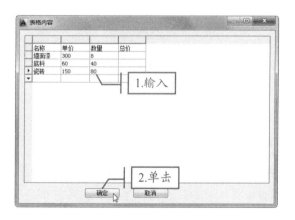

STEP 04 查看表格效果

返回绘图区，即可查看表格效果。

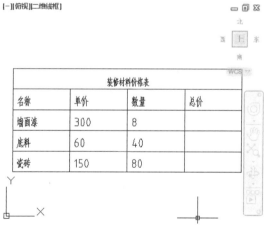

小提示

在全屏编辑模式下，右击单元格列表头或行表头，在弹出的快捷菜单中可进行插入列/行、删除列/行、新建列/行及复制和剪切行等操作。

Work 2 设置表格样式

在完成表格内容输入后，即可对其进行样式设置，如设置字体、边框等，具体操作方法如下：

STEP 01 双击表格

在绘图区双击需要设置样式的表格。

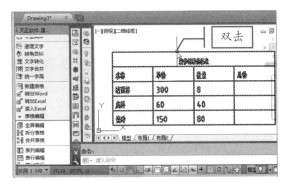

STEP 02 设置标题

弹出"表格设定"对话框，选择"标题"选项卡，设置相关参数。

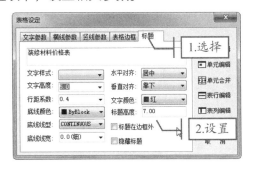

STEP 03 设置边框

选择"表格边框"选项卡，设置相关参数。

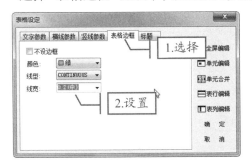

STEP 04 设置文字参数

选择"文字参数"选项卡，设置相关参数。

STEP 05 设置其他参数

依次选择"横线参数"和"竖线参数"选项卡，进行相关设置，单击"确定"按钮。

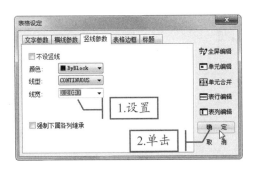

STEP 06 查看表格效果

返回绘图区，查看表格效果。

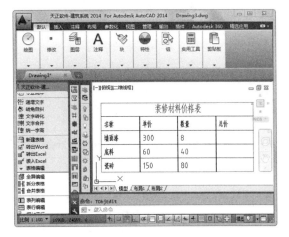

Work 3 拆分与合并表格

拆分表格是将一张表格拆分成两个或两个以上的表格；合并表格是将多个表格合并成一张表格。拆分与合并表格的具体操作方法如下：

STEP 01 单击"拆分表格"选项

单击天正工具栏中的"文字表格"按钮，单击"表格编辑"|"拆分表格"选项。

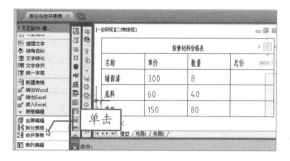

STEP 02 单击"拆分"按钮

弹出"拆分表格"对话框，取消选择"自动拆分"复选框，单击"拆分"按钮。

STEP 03 选择起始行

根据命令行提示，在绘图区中选择要拆分表格的起始行。

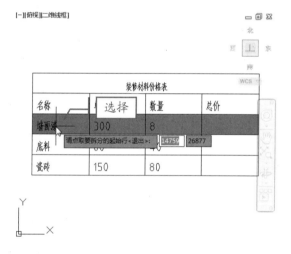

STEP 04 拆分表格

选择完成后，指定拆分表格的位置，按【Enter】键即可完成表格拆分操作。

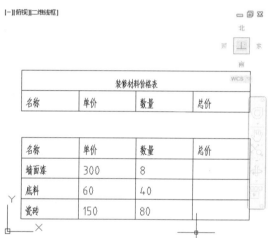

STEP 05 单击"合并表格"选项

单击天正工具栏中的"文字表格"按钮，单击"表格编辑"|"合并表格"选项。

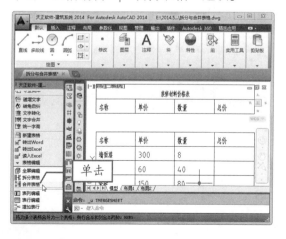

STEP 06 选择第一个表格

在绘图区选择需要合并的第一个表格。

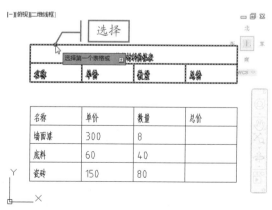

STEP 07 选择第二个表格

继续选择第二个需要合并的表格，并按【Enter】键进行确认。

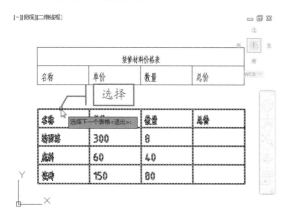

STEP 08 合并表格

此时，即可完成表格合并操作，查看合并后的表格效果。

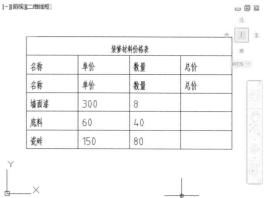

17.2.4 单元编辑

单元编辑类似于 Excel 中的单元格编辑和数据处理，包括单元格式编辑、数据递增、数据累加等，具体操作方法如下：

素材文件	光盘\素材\第 17 章\单元编辑.dwg

STEP 01 选择单元格

打开素材文件，单击天正工具栏中的"文字表格"按钮，单击"单元编辑" | "单元编辑"选项，在绘图区选择需要编辑的单元格。

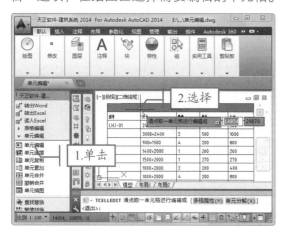

STEP 02 编辑单元格

弹出"单元格编辑"对话框，对格式进行设置，单击"确定"按钮。

STEP 03 查看表格效果

返回绘图区，查看修改后的表格效果。

STEP 04 单元递增

单击天正工具栏中的"文字表格"按钮，单击"单元编辑" | "单元递增"选项，在表格中选中首个单元格。

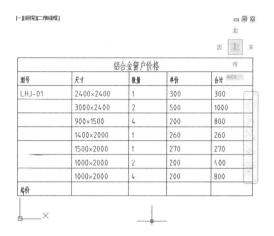

STEP 05 选择末尾单元格

选择末尾的单元格，被选中的单元格将以递增方式进行填充。

STEP 06 单元累加

单击天正工具栏中的"文字表格"按钮，单击"单元累加"|"单元累加"选项，在表格中选中第一个需要累加的单元格。

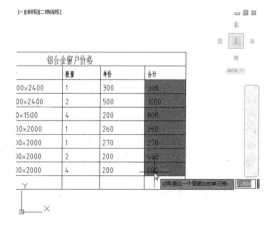

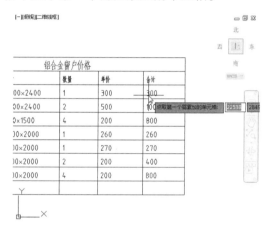

STEP 07 选择末尾单元格

选择最后一个累加的单元格。

STEP 08 显示求和结果

选择存放数据的单元格，即可自动显示求和结果。

17.3 尺寸标注的添加与编辑

使用天正建筑软件添加的标注有很多种，其中包括门窗标注、墙厚标注、弧长标注等。下面将介绍如何添加与编辑标注。

17.3.1 建筑设施标注

建筑设施的标注主要指门窗标注、墙体标注等与建筑物相关的标注，具体操作方法如下：

素材文件	光盘\素材\第 17 章\建筑设施的标注.dwg

STEP 01 单击"门窗标注"选项

打开素材文件，单击天正工具栏中的"尺寸标注"按钮，单击"门窗标注"选项。

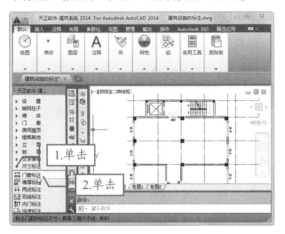

STEP 02 添加窗体标注

根据命令行提示选择尺寸线及墙体，即可添加窗体标注。

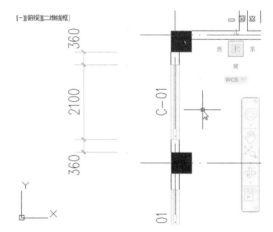

STEP 03 单击"墙厚标注"选项

单击天正工具栏中的"尺寸标注"按钮，在弹出的列表中单击"墙厚标注"选项。

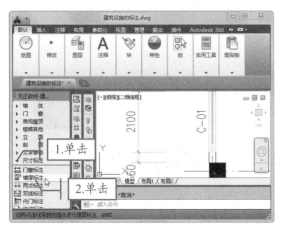

STEP 04 指定墙体

根据命令行提示分别指定墙体的两个外墙，即可添加墙厚标注。

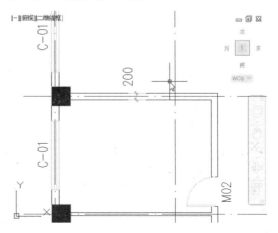

STEP 05 单击"两点标注"选项

单击天正工具栏中的"尺寸标注"按钮，在弹出的列表中单击"两点标注"选项。

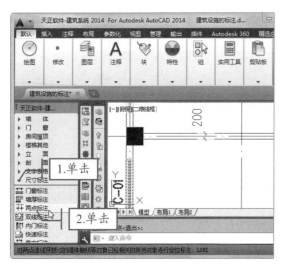

STEP 06 指定两点

根据命令行提示分别指定标注的起点和终点，然后移动光标，指定尺寸线位置，即可添加两点标注。

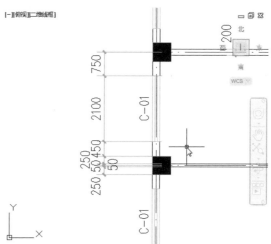

17.3.2 编辑标注尺寸

在完成标注尺寸后，如果有不满意的地方可以进行编辑与修改，无须重新绘制。常用的编辑操作有剪裁延伸、对齐标注等，具体操作方法如下：

素材文件	光盘\素材\第17章\编辑标注尺寸.dwg

STEP 01 单击"裁剪延伸"选项

打开素材文件，单击天正工具栏中的"尺寸标注"按钮，单击"尺寸编辑"|"裁剪延伸"选项。

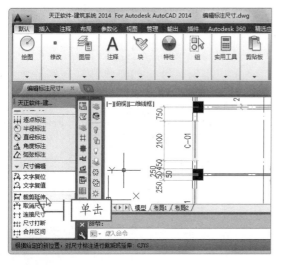

STEP 02 选择尺寸线

根据命令行提示选择需要修改的尺寸线。

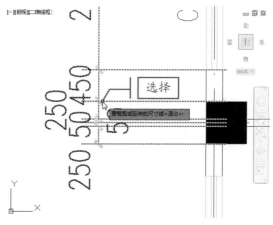

STEP 03 指定基点

移动光标，指定要裁剪的尺寸线基点，即可完成操作。

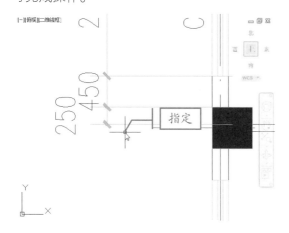

STEP 04 选择参考标注

单击天正工具栏中的"尺寸标注"按钮，单击"尺寸编辑"|"对齐标注"选项，选择参考标注。

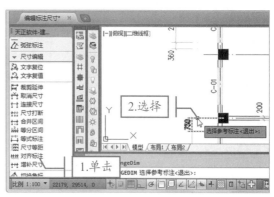

STEP 05 选择对齐标注

选择要对齐的其他标注，并按【Enter】键确认。

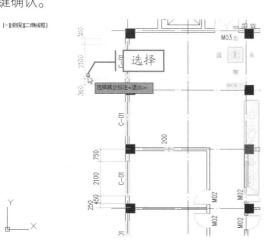

STEP 06 查看对齐效果

此时，即可将标注对齐显示。

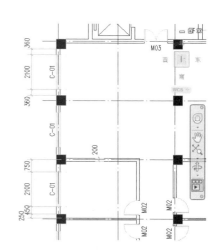

17.4 添加标注符号

在进行 CAD 作图时，实时添加一些标注符号可以让阅读者更容易理解。下面将介绍如何使用天正建筑软件添加标注符号，具体操作方法如下：

素材文件	光盘\素材\第 17 章\添加标注符号.dwg

STEP 01 单击"标高标注"选项

打开素材文件，单击天正工具栏中的"符号标注"按钮，在弹出的列表中单击"标高标注"选项。

STEP 02 设置标高标注

弹出"标高标注"对话框，选中"手工输入"复选框，输入标高值，设置精度为"0.00"。

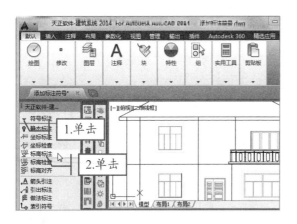

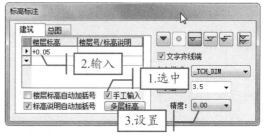

STEP 03 指定位置与方向

在绘图区中指定标高位置，移动光标指定方向。

STEP 04 确认操作

按【Enter】键确认操作，即可添加标高。

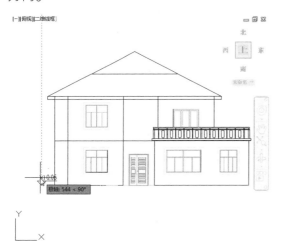

STEP 05 设置引出标注

单击天正工具栏中的"符号标注"按钮，在弹出的列表中单击"引出标注"选项，在弹出的对话框中设置相关参数。

STEP 06 指定标注位置

在绘图区指定标注位置，按【Enter】键即可完成引注操作。

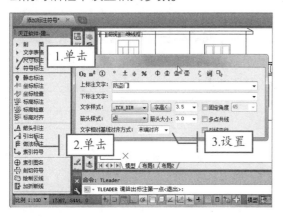

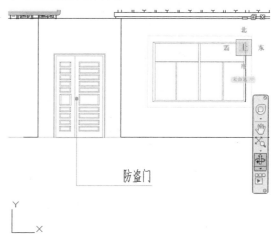

添加饭店平面图标注

下面通过实例介绍如何为一张饭店平面图添加文字、表格、尺寸标注及标注符号，具体操作方法如下：

素材文件	光盘\素材\第 17 章\综合实例：饭店平面图设计.dwg	

STEP 01 单击"单行文字"选项

打开素材文件，单击天正工具栏中的"文字表格"按钮，单击"单行文字"选项。

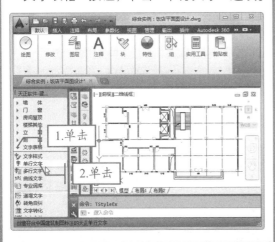

STEP 02 输入并设置文字

弹出"单行文字"对话框，输入文字内容"大厅"，设置相关参数。

STEP 03 添加文字标注

在绘图区指定位置，添加文字标注。

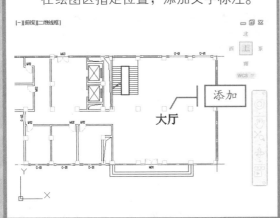

STEP 04 添加其他文字标注

采用同样的方法添加其他文字标注。

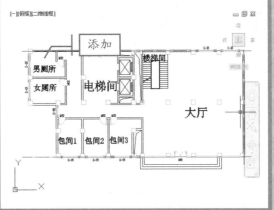

STEP 05 添加门窗表

单击天正工具栏中的"门窗"按钮，在弹出的列表中单击"门窗表"选项。

STEP 06 框选范围

在绘图区框选所需要的门窗表的范围。

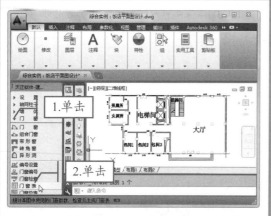

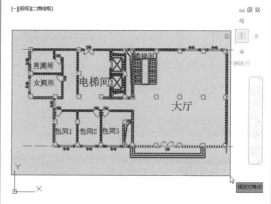

STEP 07 指定插入位置

指定门窗表的插入位置，插入表格。

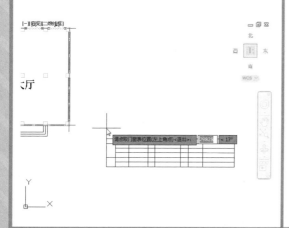

STEP 08 删除列

单击天正工具栏中的"文字表格"按钮，单击"表格编辑"｜"全屏编辑"选项，在弹出的窗口空白列名称上右击，选择"删除列"命令。

STEP 09 删除其他列

采用同样的方法删除其他列，返回绘图区，查看图形效果。

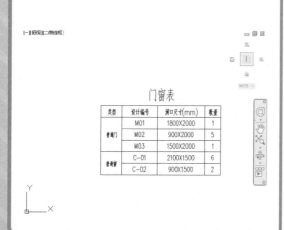

STEP 10 标注门窗

单击天正工具栏中的"尺寸标注"按钮，在弹出的列表中单击"门窗标注"选项，分别指定墙内、墙外点，添加标注。

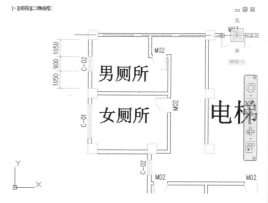

采用同样的方法，添加其他门窗标注。

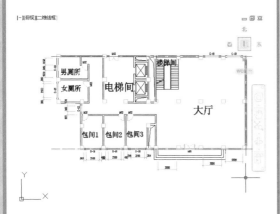

单击天正工具栏中的"尺寸标注"按钮，在弹出的列表中单击"尺寸编辑"|"对齐标注"选项，选择参考标注。

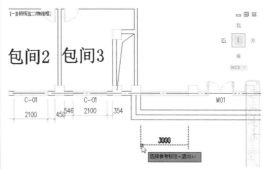

依次选择需要对齐的标注，并按【Enter】键确认，即可将其全部对齐。

单击天正工具栏中的"标注符号"按钮，在弹出的列表中单击"引出标注"选项，在弹出的对话框中设置相关参数。

在绘图区分别指定引出标注的位置和方向，添加引出标注。

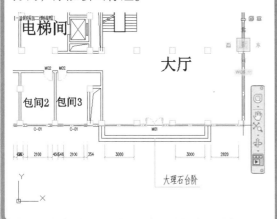

依次添加其他信息，查看最终的饭店平面图标注效果。

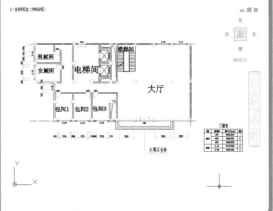

高手秘籍——查询房屋面积

使用天正建筑软件可以很方便地查询房屋面积，具体操作方法如下：

素材文件	光盘\素材\第 17 章\高手秘籍——测量面积.dwg

步骤 01 单击"查询面积"选项

打开素材文件，单击天正工具栏中的"房间屋顶"按钮，在弹出的列表中单击"查询面积"选项。

步骤 02 设置参数

弹出"查询面积"对话框，在其中设置相关参数。

步骤 03 框选房间

在绘图区框选需要查询面积的房间，并按【Enter】键确认。

步骤 04 插入房间面积

此时光标处将显示房间面积，指定插入点，即可插入该房间面积数。

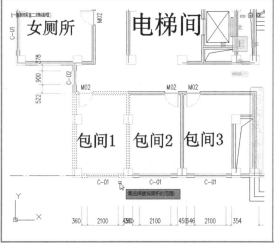

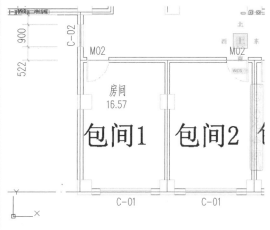

秒杀疑惑

1 如何将多个单行文本转换为多行文本？

可以使用"文字合并"功能将多个单行文本转换为多行文本：单击天正工具栏中的"文字表格"按钮，在弹出的列表中单击"文字合并"选项，框选所有单行文本的内容，并按【Enter】键进行确认，选择"合并为多行文本"命令，按【Enter】键确认即可。

2 如何快速删除标注对象？

在指定尺寸线位置时，若需要删除误选的标注对象，可输入 E 并按【Enter】键确认，单击误标注的对象，即可快速删除标注对象。

3 如何更改尺寸标注值？

在尺寸添加完成后，如果需要对其参数进行修改，可选中该尺寸标注线，双击标注值，打开文本编辑框，在该编辑框内输入新的标注值，然后在空白位置单击确认即可。

Chapter 18

本章学习计划与目标

建筑平面图和立面图主要包括建筑物的总体布局、外部造型、内部布置和装修、构件结构等。机械图样主要包括零件图和装配图，还有布置图、示意图和轴制图等。本章将通过实战演练对建筑和机械领域的绘图流程进行详细介绍，以巩固本书所学知识。

AutoCAD辅助绘图综合演练

新手上路重点索引

本章重点实例展示

绘制户型平面图

绘制小区立面图

绘制机械三维图

自定义 AutoCAD 材质库

18.1 综合演练一——绘制户型平面图

下面以一室一厅户型图的绘制流程为例，巩固之前所学的图层新建与管理，以及各种绘图工具的使用知识，具体操作方法如下：

素材文件	光盘\素材\第 18 章\门图块.dwg
效果文件	光盘\效果\第 18 章\户型平面图.dwg

STEP 01 新建图层

新建"户型平面图"文件，打开"图层特性管理器"面板，新建"墙体轴线"图层，并置为当前图层，单击"线型"图标。

STEP 02 加载线型

在弹出的"选择线型"对话框中单击"加载"按钮。

STEP 03 选择线型

在弹出的对话框中选择点画线线型，单击"确定"按钮。

STEP 04 确认选择

选择刚才加载的线型，然后单击"确定"按钮。

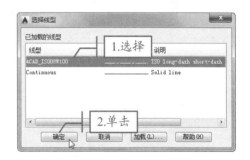

STEP 05 设置颜色

返回"图层特性管理器"面板，单击该图层选项中的"颜色"图标，在弹出的对话框中选择"洋红"，单击"确定"按钮。

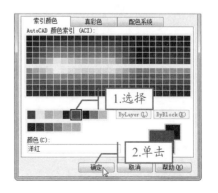

STEP 06 绘制直线

执行"直线"命令，绘制长 8 000 的水平直线与长 8 600 的竖直直线，两条直线垂直相交于一点。

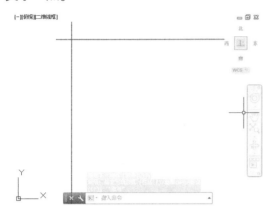

STEP 08 查看图形效果

此时，所绘制的直线的线型即可正确显示，查看图形效果。

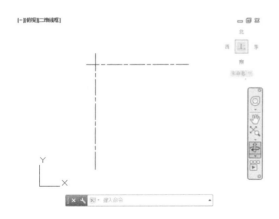

STEP 10 偏移竖直直线

执行"偏移"命令，将竖直直线以 1 700、1 700、2 600 为距离，依次向右进行偏移复制。

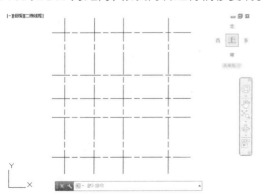

STEP 07 设置全局比例因子

若绘制的直线线型未正确显示，可执行 LINETYPE 命令，弹出"线型管理器"对话框，将"全局比例因子"设置为 50，单击"确定"按钮。

STEP 09 偏移水平直线

执行"偏移"命令，将水平直线以 2 350、1 300、1 050、2 200 为距离，依次向下进行偏移复制。

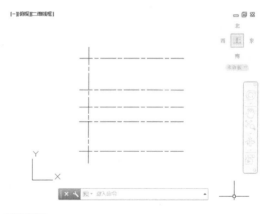

STEP 11 新建"墙体"图层

打开"图层特性管理器"面板，新建"墙体"图层，并将其设置为当前图层。

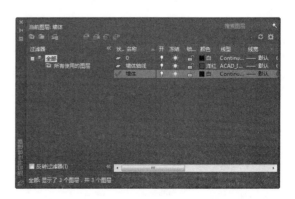

STEP 12 单击"修改"按钮

在命令行窗口执行 MLSTYLE 命令，在弹出的"多线样式"对话框中单击"修改"按钮。

STEP 13 设置多线样式

设置两个图元的偏移量为 6 和 -6，依次单击"确定"按钮。

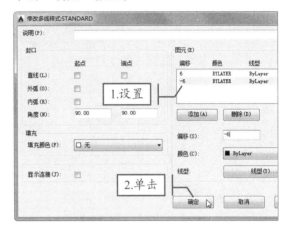

STEP 14 执行 ML 命令

执行 ML 命令，设置多线对正方式为"无"，多线比例为 20，命令提示如下：

命令: ML

MLINE

当前设置: 对正 = 上，比例 = 10.00，样式 = 墙体

指定起点或 [对正(J)/比例(S)/样式(ST)]:　J

输入对正类型 [上(T)/无(Z)/下(B)] <无>:　Z

当前设置: 对正 = 无，比例 = 10.00，样式 = 墙体

指定起点或 [对正(J)/比例(S)/样式(ST)]:　S

输入多线比例 <10.00>:　20

当前设置: 对正 = 无，比例 = 20.00，样式 = 墙体

STEP 15 绘制墙体

通过交点对象捕捉，沿墙体定位轴线绘制出墙体的框架部分。

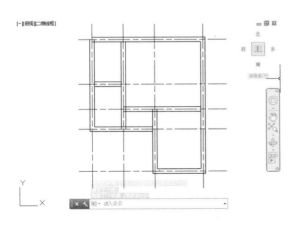

STEP 16 单击"T 形合并"按钮

在命令行窗口执行 MLEDIT 命令，在弹出的对话框中单击"T 形合并"按钮。

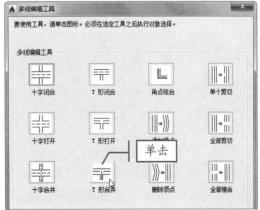

STEP 17 合并多线

分别选择 T 形交叉的两个多线，对其进行合并操作。

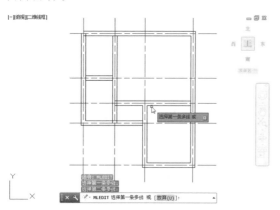

STEP 18 合并其他多线

通过"T 形合并"和"角点结合"工具合并其他多线。

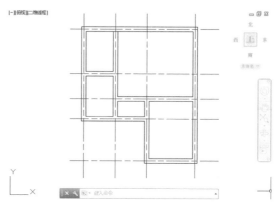

STEP 19 绘制门窗定位线

执行"直线"和"偏移"命令，绘制门窗的定位线。门宽可绘制为 900，窗户宽度可根据实际情况进行绘制。

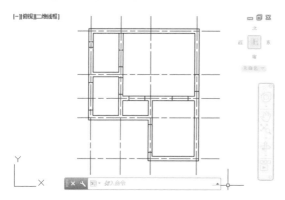

STEP 20 修剪门窗定位线

在"图层特性管理器"面板中关闭"墙体轴线"图层，执行"修剪"命令，根据门窗定位线对墙体进行修剪。

STEP 21 创建"窗户"图层

创建"窗户"新图层，将颜色设置为绿色，并置为当前图层。

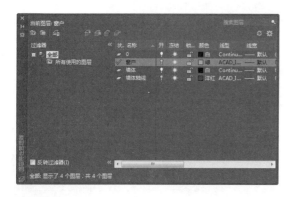

STEP 22 新建多线样式

打开"多线样式"对话框，单击"新建"按钮，新建"窗户"多线样式，单击"继续"按钮。

STEP 23 设置偏移值

通过"图元"列表和"添加"按钮将其偏移值依次设置为 12、4、−4、−12，单击"确定"按钮。

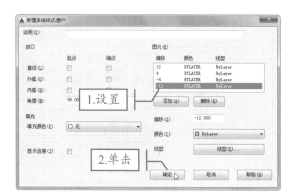

STEP 25 绘制窗户图形

在命令行窗口执行 ML 命令，设置多线比例为 10。通过中点对象捕捉，在窗户定位线中间位置绘制窗户图形。

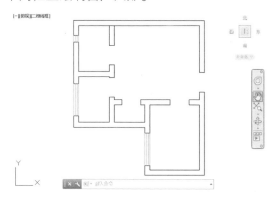

STEP 27 选择图块

在弹出的对话框中选择"门图块.dwg"图形文件，单击"打开"按钮。

STEP 24 置为当前

选择新建样式，单击"置为当前"按钮，单击"确定"按钮。

STEP 26 新建"图块"图层

新建"图块"图层，并置为当前图层。单击"插入"选项卡下"块"面板中的"插入"按钮，在弹出的对话框中单击"浏览"按钮。

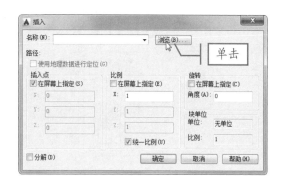

STEP 28 插入图块

设置插入点和比例等参数，单击"确定"按钮，插入图块。

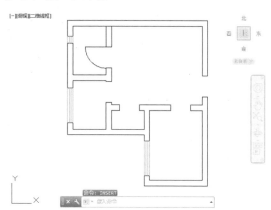

STEP 29 添加多个图块

添加图块后，通过"复制"、"镜像"和"旋转"等工具将其复制到指定位置。

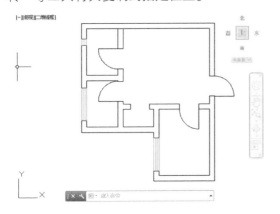

STEP 30 插入其他图块

执行"插入"命令，将沙发、洁具、燃气具和洗衣机等图块分别放置到图形中的合适位置。

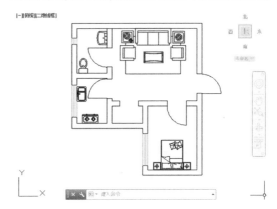

STEP 31 创建"标注"图层

创建"标注"图层，并置为当前图层。执行"单行文字"命令，在合适的位置添加单行文字。

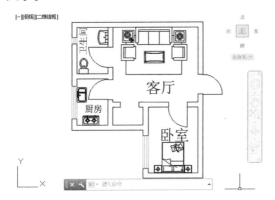

STEP 32 修改标注样式

打开"墙体轴线"图层，单击"注释"面板中的"标注样式"按钮，在弹出的对话框中单击"修改"按钮。

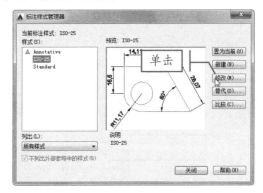

STEP 33 设置线参数

对尺寸线颜色、起点偏移量等参数分别进行修改。

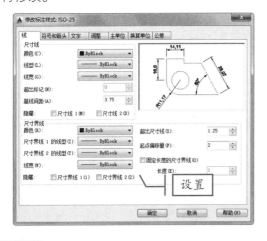

STEP 34 设置箭头样式和大小

选择"符号和箭头"选项卡，将箭头样式修改为"建筑标记"，并对箭头大小进行调整。

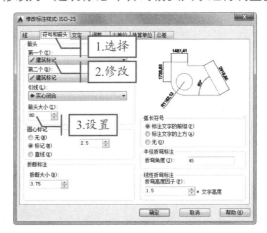

STEP 35 修改文字参数

选择"文字"选项卡，修改"文字高度"、"从尺寸线偏移"等参数，单击"确定"按钮。

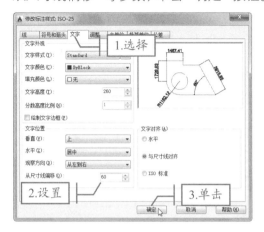

STEP 36 添加尺寸标注

执行"线性"命令，添加尺寸标注，关闭"墙体轴线"图层，查看最终效果。

18.2　综合演练二——绘制小区立面图

下面以小区立面图的绘制流程为例，巩固之前所学的"矩形"、"偏移"、"修剪"、"矩形阵列"、"图案填充"和"单行文字"等工具的使用，具体操作方法如下：

效果文件	光盘\效果\第 18 章\小区立面图.dwg

STEP 01 新建图层

新建"小区立面图"文件，打开"图层特性管理器"面板，创建"墙体轮廓"新图层。

STEP 02 绘制矩形

执行"矩形"命令，绘制长为 17 620，宽为 15 600 的矩形，作为建筑物外部轮廓。

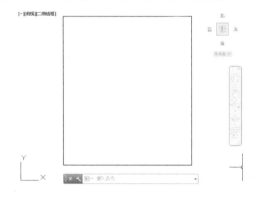

STEP 03 偏移对象

执行"分解"命令，将矩形分解为单个直线。执行"偏移"命令，以 1 500、2 950、2 300 为距离，将矩形左侧边向右进行偏移复制；以 500 为距离，将矩形底边向上偏移复制出一个副本对象；以 2 700 为距离，将矩形底边向上偏移复制出另外 6 个副本对象。

STEP 04 复制对象

执行"复制"命令，选择新创建的 6 个副本对象，以偏移距离为 350 向下进行复制。

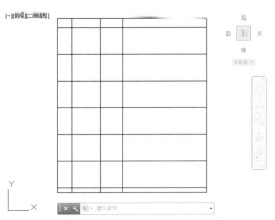

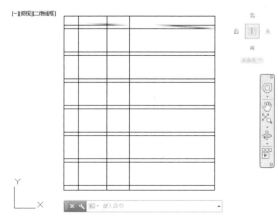

STEP 05 绘制窗户

新建"窗户"图层，并置为当前图层。执行"矩形"命令，绘制长为 1 000、宽为 330 和长为 1 100、宽为 500 的两个矩形。

STEP 06 偏移对象

执行"偏移"命令，以 60 为距离将新绘制的矩形向内进行偏移复制。

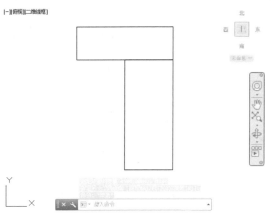

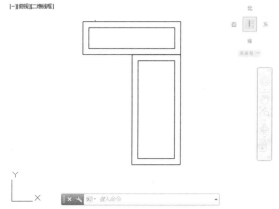

STEP 07 复制对象

执行"复制"命令，将下方两个矩形复制到左侧。执行"分解"命令，将新复制出的小矩形进行分解。

STEP 08 移动夹点

改变其右侧夹点位置，即可完成厨房窗户的绘制。

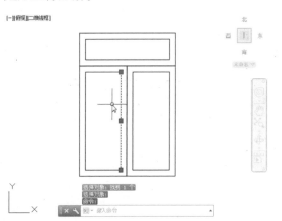

STEP 09 复制窗户

执行"直线"命令，在第 3、4 条垂线间绘制一条水平定位线。执行"复制"命令，沿定位线中点所在垂线将新绘制的厨房窗户图形移到所需的位置。

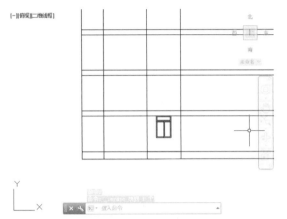

STEP 10 阵列复制对象

执行"矩形阵列"命令，选择窗户图形，按【Enter】键确认，通过移动光标指定项目数为 6，输入 S 并按【Enter】键确认，指定行间距为 2 700，阵列复制对象。

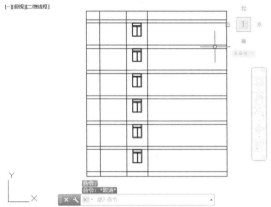

STEP 11 窗交选择

执行"拉伸"命令，通过"窗交"选择方式选择之前绘制窗户图形的一部分，并按【Enter】键确认。

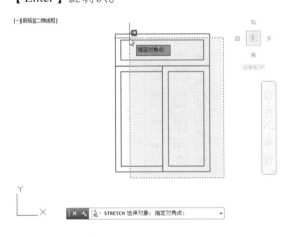

STEP 12 拉伸对象

通过端点对象捕捉，指定图形左下方角点为位移基点，输入位移距离 300，并按【Enter】键确认。

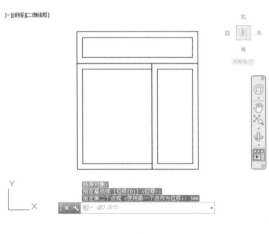

STEP 13 绘制矩形

执行"矩形"命令，在图形下方绘制一个长为 1 480、宽为 100 的矩形作为窗台部分，完成书房窗户的绘制。

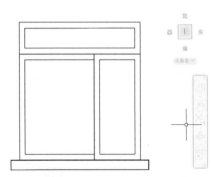

STEP 14 阵列复制

采用同样的方法，将新创建的书房窗户图形阵列复制到合适的位置。

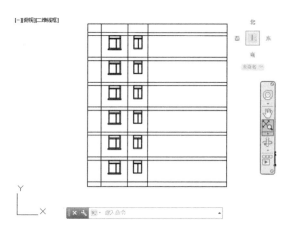

STEP 16 修剪对象

分解复制后的对象，通过"修剪"工具修剪与中间矩形相交的直线。

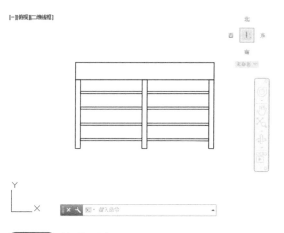

STEP 18 偏移对象

执行"偏移"命令，以350为距离，将第3、4条垂线分别向内进行偏移复制。

小提示

偏移复制后的圆弧和圆与原对象同圆心时，其长度会发生改变。而偏移复制后的直线段长度不会发生改变，即平行复制原对象。

STEP 15 绘制并阵列矩形

执行"矩形"命令，绘制长为1 000、宽为120的矩形。在其下方绘制长为480、宽为36的矩形，并将其复制到指定位置。绘制长为928，宽为15的矩形，并复制阵列对象到指定位置。

STEP 17 移动并阵列对象

将修剪后的对象移到最初绘制的窗户图形的下方作为空调位部分，完成卧室窗户绘制。再将其阵列复制到合适的位置。

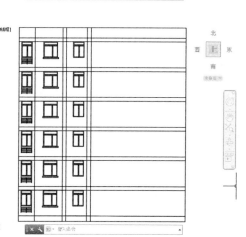

STEP 19 修剪对象

执行"修剪"命令，修剪图形并删除多余的直线。

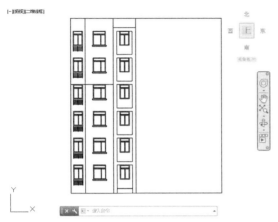

STEP 20 镜像复制

执行"镜像"命令，以墙体外部轮廓的中垂线为镜像线，将全部图形进行镜像复制。

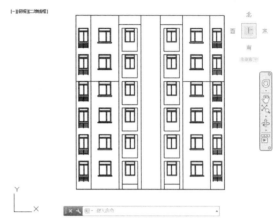

STEP 21 绘制矩形

执行"矩形"命令，绘制长为 1 270、宽为 540 的矩形，然后执行"偏移"命令，以 60 为距离将其向内进行偏移复制。执行"复制"命令，在一侧创建两个矩形的副本对象，完成楼道窗户的绘制。

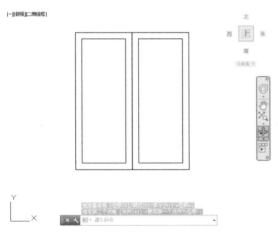

STEP 22 阵列复制楼道窗户

将新创建的楼道窗户图形阵列复制到合适的位置。

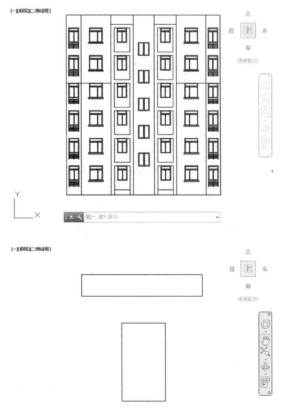

STEP 23 绘制矩形

新建"对讲门"图层，并置为当前图层。执行"矩形"命令，绘制长为 1 900、宽为 1 100 和长为 3 050、宽为 520 的两个矩形，作为楼宇对讲门和其上方平台部分。

STEP 24 修剪图形

移到合适的位置，执行"修剪"命令，减去与其相交的多余线条。

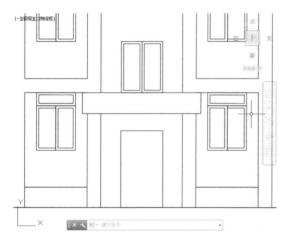

STEP 25 单击"图案填充创建"按钮

创建"填充"图层，并置为当前图层。执行"图案填充"命令，单击"图案填充创建"按钮，打开"图案填充创建"选项卡。

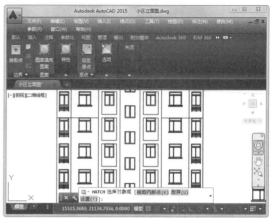

STEP 26 设置填充参数

修改"图案填充类型"为"实体"，选择合适的图案填充颜色。

STEP 27 填充图形

将所选颜色填充到合适的位置，然后采用同样的方法用其他颜色填充墙体图形和对讲门图形对象。

STEP 28 修改标注样式

单击"注释"面板中的"标注样式"按钮，在弹出的对话框中单击"修改"按钮。

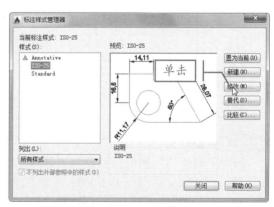

STEP 29 设置线参数

在"线"选项卡下对尺寸线、尺寸界线的颜色及尺寸界线起点偏移量等进行设置。

STEP 30 设置箭头参数

选择"符号和箭头"选项卡，将箭头样式修改为"建筑标记"，修改箭头大小。

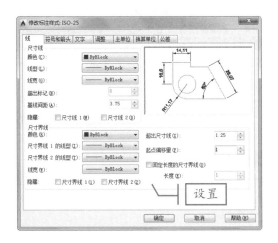

STEP 31 设置文字参数

选择"文字"选项卡,将"文字高度"修改为 470,设置"从尺寸线偏移"值为 100,单击"确定"按钮。

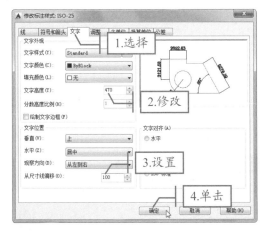

STEP 33 添加标高标注

执行"直线"命令,绘制 45°的等腰三角形和其水平延伸线。执行"单行文字"命令,添加标高数字。

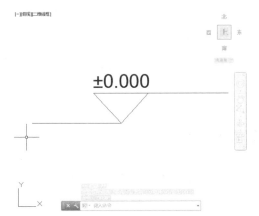

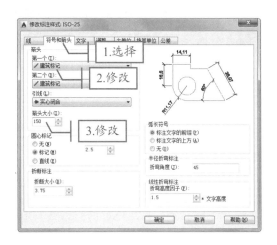

STEP 32 添加尺寸标注

新建"标注"图层,并置为当前图层。执行"线性"和"连续"命令,在合适的位置添加尺寸标注。

STEP 34 复制标高符号

执行"复制"命令,将标高符号复制到图形中的合适位置,依次修改标高数字为合适的值,查看最终效果。

18.3 综合演练三——绘制机械三维图

下面以机械三维图深沟球轴承实体模型的绘制流程为例，巩固之前所学的旋转二维对象、三维阵列、创建材质、渲染对象等操作，具体操作方法如下：

| 效果文件 | 光盘\效果\第 18 章\机械三维图.dwg |

STEP 01 绘制图形

新建"机械三维图"文件，切换到"三维建模"空间。执行"矩形"命令，绘制一个长为15、宽为 5 的矩形。执行"直线"命令，捕捉其下方一边的中点，绘制一条长为 6 的垂线。

STEP 02 复制图形

执行"复制"命令，将一个矩形复制到指定位置，即矩形副本上方一边的中点为垂线下方的端点。

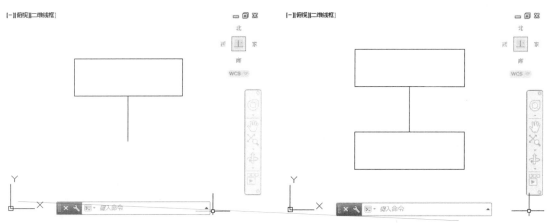

STEP 03 绘制圆

执行"圆心，半径"命令，以垂线中点为圆心绘制一个半径为 4 的圆。

STEP 04 修剪图形

执行"修剪"命令，修剪掉多余的线条。

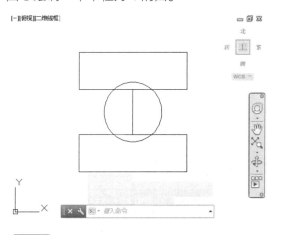

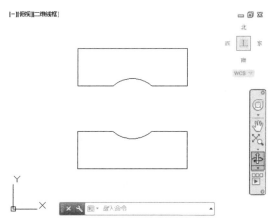

STEP 05 转换面域

单击"绘图"面板中的"面域"按钮，将图形转换为面域，更改视觉样式为"概念"，查看转换效果。

STEP 06 绘制直线

执行"直线"命令，捕捉图形左下角的顶点，绘制一条长为 15 的垂线。再绘制一条通过其下方端点的水平直线。

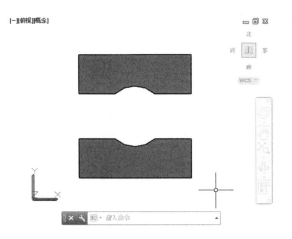

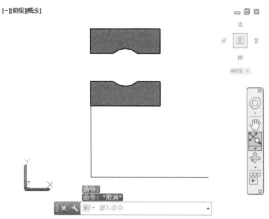

STEP 07 绘制球体

执行"球体"命令，通过对象捕捉模式捕捉图形上圆弧的圆心，绘制一个半径为 4 的球体。

STEP 08 旋转对象

执行"旋转"命令，旋转两个面域图形作为旋转对象，并按【Enter】键确认。选择旋转轴输入 O 并按【Enter】键确认，选择下方的水平直线作为旋转轴。确认旋转角度为 360º，执行旋转操作。

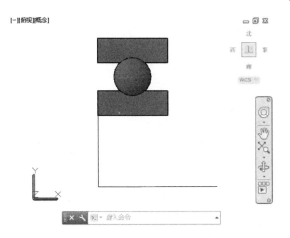

STEP 09 三维阵列

执行"三维阵列"命令，选择球体作为阵列对象，选择环形阵列方式，设置阵列项目总数为 15，指定角度为 360º，并确认旋转阵列对象。依次捕捉垂线上的两个点，指定其为阵列旋转轴，三维阵列复制对象。

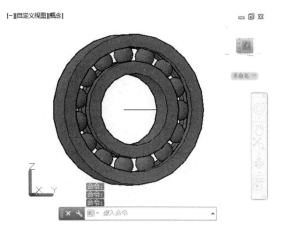

STEP 10 绘制平面曲面

将视图方向更改为"右视"，执行"平面曲面"命令，在指定位置绘制一个平面曲面。

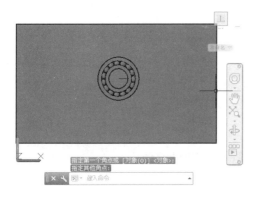

STEP 11 拉伸曲面

执行"拉伸面"命令，将平面曲面拉伸出厚度，从而转换成三维实体。

STEP 12 单击"材质浏览器"按钮

选择"可视化"选项卡，单击"选项板"面板中的"材质浏览器"按钮。

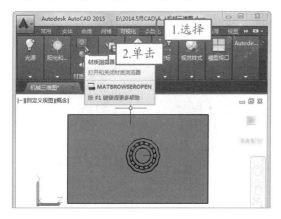

STEP 13 赋予材质

单击左窗格的"Autodesk 库"选项，将其展开，选择"地板-地毯"选项，选择"撒克逊-字形"材质，拖动至指定的素材上。

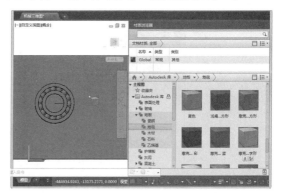

STEP 14 渲染对象

单击"渲染"按钮，查看赋予材质后的渲染效果。

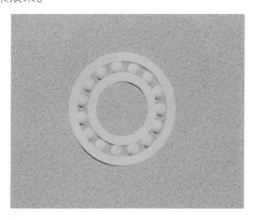

STEP 15 创建新材质

单击"材质浏览器"面板工具栏中的"在文档中创建新材质"下拉按钮，选择"新建常规材质"选项。

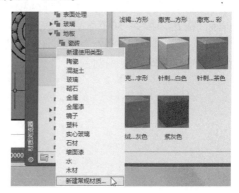

STEP 16 设置参数

输入名称，选择"高光"为"金属"，适当调整其他参数的大小。

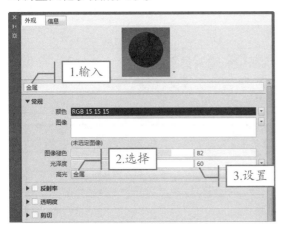

STEP 17 渲染对象

将材质赋于绘图区中的机械零件实体，再次执行"渲染"命令，查看调整材质参数后的渲染效果。

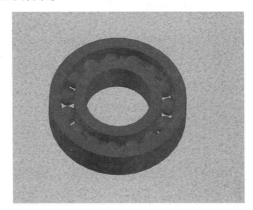

STEP 18 选择"聚光灯"选项

在"光源"面板中将默认光源关闭，单击"创建光源"下拉按钮，在弹出的下拉列表中选择"聚光灯"选项。

STEP 19 设置聚光灯

将聚光灯放置到指定位置，调整光源目标的位置。

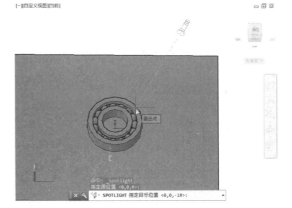

STEP 20 选择"全阴影"选项

单击"光源"面板中的"无阴影"下拉按钮，在弹出的下拉列表中选择"全阴影"选项。

STEP 21 渲染对象

执行"渲染"命令，查看设置聚光灯和阴影后的最终效果。

高手秘籍——自定义 AutoCAD 材质库

在对三维模型添加材质时，可以在材质浏览器中自定义材质，并将其添加到自定义材质库中，以方便日后使用，具体操作方法如下：

步骤 01 选择"创建类别"命令	**步骤 02 输入类别名称**
打开"材质浏览器"面板，右击"收藏夹"选项，选择"创建类别"命令。	新建一个类别，输入类别名称，并按【Enter】键确认。

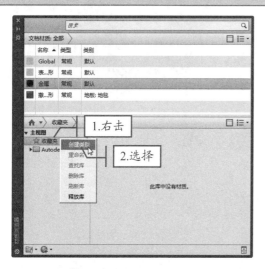

步骤 03 添加材质	**步骤 04 查看类别**
浏览其他材质，选择需要的材质并右击，选择"添加到"|"收藏夹"命令，选择新建的类别。	选择完成后，被选择的材质已添加到自定义类别中。

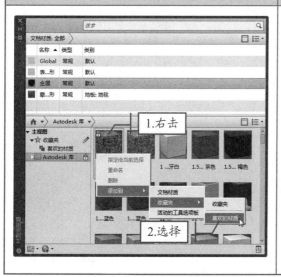
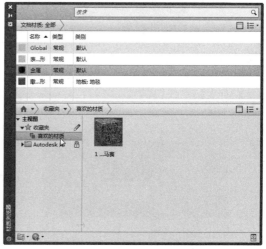

秒杀疑惑

1 如何删除多余的尺寸标注？

若要删除多余的尺寸标注，除了使用"裁剪延伸"命令外，还可使用"取消尺寸"命令进行操作，方法如下：执行"尺寸标注"｜"尺寸编辑"｜"取消尺寸"命令，根据命令行提示框选要删除的尺寸标注，即可删除该标注。

2 为何在缩放注释性对象时看不到变化呢？

在进行缩放注释性对象操作时，对象的位置将相对于缩放操作的基点进行缩放，但对象的尺寸不会发生变化，所以缩放注释行对象时是看不到变化的。

3 为什么使用格式刷刷不了线型与颜色？

在命令行窗口中输入 MA 并按【Enter】键确认，选中源图形，并根据命令行提示输入 S 并按【Enter】键确认，然后在弹出的对话框中选中所需格式刷的对象即可。

附录一　AutoCAD 快捷命令

1. 对象特性

ADC：设计中心"Ctrl＋2"

CH：MO（修改特性 Ctrl＋1）

MA：属性匹配，格式刷

ST：文字样式

COL：设置颜色

LA：图层操作

LT：线型

LTS：线型比例

LW：线宽

UN：图形单位

ATT：属性定义

ATE：编辑属性

EXP：输出其他格式文件

IMP：输入文件

OP：自定义 CAD 设置

PU：清理

R：重显示

RE：重生成

REN：重命名

SN：捕捉栅格

DS：设置极轴追踪

OS：设置捕捉模式

PRE：打印预览

TO：工具栏

V：视图管理器

AA：面积和周长

DI：距离

LI：显示图形数据信息

2. AutoCAD 快捷绘图命令

A：绘圆弧

B：定义块

C：画圆

F：倒圆角

G：对相组合

H：填充

I：插入块

L：直线

P：移动

T：文本输入

U：恢复上一次操作

W：定义块并保存到硬盘中

Z：缩放

PO：点

PL：多段线

ML：多线

RAY：射线

SPL：样条曲线

XL：构造线

POL：正多边形

REC：矩形

DO：圆环

EL：椭圆

REG：面域

MT：多行文本

DIV：等分

SO：绘制二维面

BO：边界创建

3. AutoCAD 快捷修改命令

AL：对齐

AR：阵列

BR：打断

CHA：倒角

CO：复制

E：DEL 键 ERASE 删除

ED：修改文本

EX：延仲

F：倒圆角

J：合并

LEN：直线拉长

M：移动

MI：镜像

O：偏移

PE：多段线编辑

REV：反转

RO：旋转

S：拉伸

SC：比例缩放

TR：修剪

X：分解

4. AutoCAD 快捷视窗缩放

P：平移

Z：缩放

5. AutoCAD 快捷标注命令

DLI：直线标注

DAL：对齐标注

DRA：半径标注

DDI：直径标注

DAN：角度标注

DCE：中心标注

DOR：点标注

TOL：标注形位公差

LE：快速引出标注

DBA：基线标注

DCO：连续标注

D：标注样式

DED：编辑标注

DOV：替换标注系统变量

6. CAD 常用 Ctrl 快捷键

Ctrl＋1：修改特性

Ctrl＋2：设计中心

Ctrl+6：打开图像数据原子

Ctrl＋B：栅格捕捉 F9

Ctrl＋C：复制

Ctrl＋F：对象捕捉

Ctrl L＋G：栅格 F7

Ctrl+J：重复上一步命令

Ctrl+K：超级链接

Ctrl＋L：正交

Ctrl＋N、M：新建文件

Ctrl+O：打开图像文件

Ctrl+P：打开打印对话框

Ctrl+S：保存文件

Ctrl+U：极轴模式控制 F10

Ctrl+v：粘贴剪贴板内容

Ctrl+W：对象追踪式控制 F11

Ctrl+X：剪切所选择的内容

Ctrl+Y：重做

Ctrl+Z：取消前一步的操作

7. AutoCAD 快捷常用功能键

F1：获取帮助

F2：作图窗和文本窗口的切换

F3：控制是否对象自动捕捉

F4：数字化仪控制

F5：等轴测平面切换

F6：状态行上坐标的显示方式

F7：栅格显示模式控制

F8：正交模式控制

F9：栅格捕捉模式控制

F10：极轴模式控制

F11：对象追踪式控制

F12：动态输入

AA：测量面积和周长

AL：对齐

AR：阵列

AP：加载应用程序

AV：打开视图对话框

SE：打开对象自动捕捉对话

ST：打开字体设置对话框

SP：拼音的校核

SN：栅格捕捉模式设置

DT：文本的设置

DI：测量两点间的距离

IO：插入外部对象

附录二 AutoCAD 常用命令列表

1. 常用绘图命令

命　　令	命令缩写	用　　途
LINE	L	绘制直线
MLINE	ML	绘制多线
PLINE	PL	绘制多段线
POLYGON	POL	绘制闭合多边形
RECTANG	REC	绘制矩形
ARC	A	创建圆弧
CIRCLE	C	创建圆
ELLIPSE	EL	创建椭圆
BLOCK	B	创建块
WBLOCK	W	写块
INSERT	DDINSERT、I	插入块
POINT	PO	创建点
HATCH	-H	用图案填充封闭区域
TEXT	无	创建单行文字
MTEXT	T、MT	创建多行文字
DIVIDE	DIV	定数等分对象
MEASURE	ME	定距等分对象

2. 常用编辑命令

命　　令	命令缩写	用　　途
ERASE	E	删除图形对象
COPY	CO、CP	复制对象
MIRROR	MI	创建镜像对象
OFFSET	O	偏移对象
ARRAY	AR	阵列复制对象
MOVE	M	移动对象
ROTATE	RO	旋转对象
SCALE	SC	缩放对象
STRETCH	S	移动或拉伸对象
LENGTHEN	LEN	拉长对象

命　　令	命令缩写	用　　途
TRIM	TR	剪切对象
EXTEND	EX	延伸对象
BREAK	BR	打断对象
CHAMFER	CHA	向对象添加倒角
FILLET	F	向对象添加圆角
EXPLODE	X	分解对象
DDEDIT	ED	编辑注释对象
PEDIT	PE	编辑多段线

3. 常用视图缩放命令

PAN	P	平移视图
ZOOM	Z	缩放视图
REDRAW	R	刷新视口
REDRAWALL	RA	刷新所有视口
REGEN	RE	重新生成整个图形
REGENALL	REA	重新生成图形并刷新所有视口

4. 常用查询命令

AREA	AA	查询面积和周长
DIST	DI	查询距离和角度
ID	ID	查询点坐标

读者意见反馈表

亲爱的读者：

感谢您对中国铁道出版社的支持，您的建议是我们不断改进工作的信息来源，您的需求是我们不断开拓创新的基础。为了更好地服务读者，出版更多的精品图书，希望您能在百忙之中抽出时间填写这份意见反馈表发给我们。随书纸制表格请在填好后剪下寄到：北京市西城区右安门西街8号中国铁道出版社综合编辑部 苏茜 收（邮编：100054）。或者采用传真（010-63549458）方式发送。此外，读者也可以直接通过电子邮件把意见反馈给我们，E-mail地址是：4278268@qq.com。我们将选出意见中肯的热心读者，赠送本社的其他图书作为奖励。同时，我们将充分考虑您的意见和建议，并尽可能地给您满意的答复。谢谢！

- -

所购书名：_____

个人资料：

姓名：_____ 性别：_____ 年龄：_____ 文化程度：_____

职业：_____ 电话：_____ E-mail：_____

通信地址：_____ 邮编：_____

- -

您是如何得知本书的：

□书店宣传 □网络宣传 □展会促销 □出版社图书目录 □老师指定 □杂志、报纸等的介绍 □别人推荐
□其他（请指明）_____

您从何处得到本书的：

□书店 □邮购 □商场、超市等卖场 □图书销售的网站 □培训学校 □其他

影响您购买本书的因素（可多选）：

□内容实用 □价格合理 □装帧设计精美 □带多媒体教学光盘 □优惠促销 □书评广告 □出版社知名度
□作者名气 □工作、生活和学习的需要 □其他

您对本书封面设计的满意程度：

□很满意 □比较满意 □一般 □不满意 □改进建议

您对本书的总体满意程度：

从文字的角度 □很满意 □比较满意 □一般 □不满意
从技术的角度 □很满意 □比较满意 □一般 □不满意

您希望书中图的比例是多少：

□少量的图片辅以大量的文字 □图文比例相当 □大量的图片辅以少量的文字

您希望本书的定价是多少：

本书最令您满意的是：

1.

2.

您在使用本书时遇到哪些困难：

1.

2.

您希望本书在哪些方面进行改进：

1.

2.

您需要购买哪些方面的图书？对我社现有图书有什么好的建议？

您更喜欢阅读哪些类型和层次的计算机书籍（可多选）？

□入门类 □精通类 □综合类 □问答类 □图解类 □查询手册类 □实例教程类

您在学习计算机的过程中有什么困难？

您的其他要求：